高等学校电工电子基础实验系列教材

电力系统继电保护技术基础实验教程

主　编　肖　洪

副主编　李欣唐　肖　洒　窦培培

山东大学出版社

内容提要

为了帮助读者更好地掌握继电保护技术，进一步满足继电保护课程的教学需要，我们编写了《电力系统继电保护技术基础实验教程》。该书是配合“电力系统继电保护”“微机型继电保护”“电力系统工程基础”“电气工程综合实验”等课程的教学实验而编写的。

全书内容共分3篇10章。基础篇介绍了与继电保护相关的基本知识；实验篇介绍了故障模拟方法、电磁型继电器特性实验和电力系统重要元件微机保护原理实验；分析篇介绍了典型实验分析举例及故障录波识图与分析等内容。

本书可作为高等学校电气工程及自动化专业的实验教材，也可作为高职、高专自学、培训教材，同时可供从事继电保护专业的技术人员参考。

图书在版编目(CIP)数据

电力系统继电保护技术基础实验教程/肖洪主编.
—济南：山东大学出版社，2017.2
高等学校电工电子基础实验系列教材/马传峰，王洪君总主编
ISBN 978-7-5607-5710-0

Ⅰ.①电… Ⅱ.①肖… Ⅲ.①电力系统—继电保护—高等学校—教材 Ⅳ.①TM77

中国版本图书馆CIP数据核字(2017)第032347号

责任策划：刘旭东
责任编辑：宋亚卿
封面设计：张　荔

出版发行：山东大学出版社
社　　址：山东省济南市山大南路20号
邮　　编：250100
电　　话：市场部(0531)88364466
经　　销：山东省新华书店
印　　刷：泰安金彩印务有限公司
规　　格：787毫米×1092毫米　1/16
　　　　　11.25印张　260千字
版　　次：2017年2月第1版
印　　次：2017年2月第1次印刷
定　　价：20.00元

版权所有，盗印必究

凡购本书，如有缺页、倒页、脱页，由本社营销部负责调换

《高等学校电工电子基础实验系列教材》
编委会

主　任　马传峰　王洪君

副主任　郁　鹏　邢建平

委　员　（按姓名笔画排序）

于欣蕾　万桂怡　王丰晓　王春兴　朱瑞富
孙国霞　孙梅玉　杨霓清　李　蕾　李德春
肖　洪　邱书波　郑丽娜　赵振卫　姚福安
栗　华　高　瑞　高洪霞　韩学山

前　言

电力系统继电保护是一门理论与实践并重的学科，其中实验教学尤为重要。专业基础实验教学不只是培养学生掌握实验方法和操作技能，它对于学生的综合素质，特别是电力系统二次电路工程实践技能的培养也有着至关重要的作用。本教程是配合“电力系统继电保护”“微机型继电保护”“电力系统工程基础”“电气工程综合实验”等课程的教学实验而编写的，旨在结合在校学生实际情况，理论联系实际，突出教材的针对性和实用性，促进学生对继电保护理论知识的二次理解，解决理论教学中没有能够解决的一些问题。

本教程共分为3篇10章：基础篇第1、2、3、4章分别介绍了继电保护基本知识、故障分析基本知识、互感器基本接线、二次接线基本识图；实验篇第5、6、7、8章分别介绍了故障模拟实验方法、电磁型继电器特性实验、微机继电保护装置认知实验、输电线路微机保护原理实验；分析篇第9、10章分别介绍了典型实验分析举例、故障录波识图与分析。教程将继电保护技术基础的实用知识融汇在一起，通过实验给出了解决继电保护相关问题的基本思路，说明了继电保护静态测试的基本方法。实验操作与电力系统现场实际相结合，让学生在学习过程中就接触和使用生产部门实际设备，解决了学生外出生产实习的困难和生产实习期间生产部门不允许实际操作的问题。通过本教程的学习，读者可以从继电保护技术的各个环节入手，深刻理解继电保护原理的内涵，基本掌握继电保护装置的测试方法，能够结合测试结果分析继电保护装置出口的动作行为，提高分析问题和解决实际问题的能力，对学生毕业后就业和工作有重要指导意义。

在教程的使用方面，教师可根据教学计划和实验设备的条件，灵活安排实验内容，其中有些实验可安排为设计性、综合性实验。本教程也可作为本科生毕业设计和专业实习入门的参考。

本教程第1章(1.1～1.4节)～第7章由肖洪编写，第10章由李欣唐编写，第8、9章由肖洪、国家气象信息中心肖洒编写，第1章的1.5节、1.6节由北京博电公司窦培培编写，并由肖洪统稿。在本教程编写过程中，山东大学高厚磊教授、张文教授、丛伟教授、丁磊教授等提出了很多宝贵意见，在此表示衷心的感谢！

在编写本教程过程中，编者参阅了国内许多兄弟单位的有关资料，融入了作者多年从事继电保护教学和实验的心得体会,同时得到了许多同事和朋友的支持与帮助,在此表示深深的敬意和谢意!本教程承蒙山东大学电工电子教学实验中心王洪君教授、电气工程学院韩学山教授的大力支持与帮助,在此一并表示感谢。

本教程可作为高等院校电气工程专业本科生实践方面的教材,也可供电力系统继电保护专业技术人员阅读和参考。

由于作者水平有限,书中错误和疏漏之处在所难免,敬请读者批评指正。

编　者

2016 年 12 月于山东大学

目　录

基础篇

实验篇

分析篇

基础篇

第1章 继电保护基本知识

电力系统生产的电能具有转换容易、输送方便、控制灵活及清洁经济等优点，一直是推动社会文明进步，各行各业所依赖的重要能源形式。如何保证电力系统安全稳定地运行，即不停电或少停电，这就需要电力系统安全保障体系。在这个体系中，电力系统安全自动装置是负责电力系统整体安全的；电力系统继电保护是负责电力设备安全的。它们各有分工，又互相联系。继电保护是电力系统运行的守护神，与一次设备同样重要，没有继电保护的电力系统是不准运行的。当系统一次设备接入时，二次继电保护设备也要同时接入。因此，学好继电保护原理，掌握好继电保护技术，是培养合格电气工程师的基本要求。

1.1 继电保护概述

1.1.1 继电保护研究的内容

继电保护包括继电保护技术和继电保护装置。继电保护技术是一个完整的体系，它主要包括电力系统故障分析、各种继电保护原理及实现方法、继电保护的设计与测试、继电保护运行及维护等技术。继电保护装置是完成继电保护功能的核心，它是一种能反映电力系统中电气元件发生故障或不正常运行状态，并动作于断路器跳闸或发出信号的自动装置。

1.1.2 电力系统运行的三种状态

1. 正常运行状态

正常运行状态指所有电力设备的电气参数都在规定范围内，电能质量符合规定要求。

2.不正常运行状态

不正常运行状态指某些电力设备的某些运行参数偏离规定范围，电气元件的正常工作遭到破坏，但没有到发生故障的地步。例如，过负荷、过电压、频率降低、系统振荡等。

3.故障状态

故障状态指电力设备的运行参数异常。例如，各种短路（$d^{(3)}$、$d^{(2)}$、$d^{(1)}$、$d^{(1,1)}$）和断线（单相、两相）。其中，最常见且最危险的是各种类型的短路，其后果是：

(1)电流 I 突然增大，危害故障设备和非故障设备。

(2)电压 U 突然降低或增大，影响用户的正常工作。

(3)破坏电力系统稳定性，使事故进一步扩大（系统振荡，电压崩溃）。

(4)发生不对称故障时出现负序电流，使旋转电机产生附加发热；发生接地故障时出现零序电流，对相邻通信系统造成干扰等。

1.1.3　继电保护装置的作用

在电力系统被保护元件发生故障时，继电保护装置应能自动、有选择性地将发生故障的元件从电力系统中切除，使故障元件避免继续遭到损害，保证无故障部分恢复正常运行状态，以缩小停电的范围。当被保护元件出现不正常运行状态时，继电保护装置应能及时反应，并根据维护条件，发出信号、减少负荷或跳闸动作指令。此时，一般不要求保护迅速动作，而是根据对电力系统及其元件的危害程度规定一定的延时，以避免不必要的动作。同时，继电保护装置也是电力系统的监控装置，可以及时测量系统电流、电压，从而反映系统设备的运行状态。

1.1.4　微机保护的特点

数字式微机保护与传统继电保护的主要区别在于：原有的保护输入的是电流、电压信号，直接在模拟量之间进行比较处理，使模拟量与装置中给定的阻力矩进行比较处理；而微机保护进行的是数字运算或逻辑运算，因此，首先要求将输入的模拟量电流、电压的瞬间值变换为离散的数字量，然后才能送入计算机的中央处理器，按规定算法和程序进行运算，且将运算结果随时与给定的数字进行比较，最后作出是否跳闸或发信号的判断。

微机保护装置所有的计算、逻辑判断均由软件完成，不仅能够实现其他类型保护装置难以实现的复杂保护原理、提高继电保护的性能，而且能提供诸如简化调试及整定、自身工作状态监视、事故记录及分析等高级辅助功能，还可以完成电力自动化要求的各种智能化测量、控制、通信及管理等任务。这些特点使得数字式微机保护具有无可比拟的技术优势和经济优势，从它诞生之日起就得到迅速的发展和广泛的应用。现在，全数字化微机型保护已面世，它的特点是直接获取并使用电子式互感器发送的数字量信息，通过光纤发送跳合闸 GOOSE 报文，控制断路器的动作。它取消了模拟量输入变换（AC 变换）、低通滤波（ALF）、采样/保持（S/H）和模/数转换（A/D）等模块，大大地简化了硬件结构，提高了保护的稳定性。在数字化变电站、智能变电站得到了广泛的使用，它代表了当今继电保护技术发展的方向。

1.2　继电保护的基本原理与分类

1.2.1　基本原理

系统正常运行时，输电线路上流过负荷电流，母线电压约为额定电压；不正常运行时，系统中的各种电气量会发生突变。为区分系统正常运行状态与故障或不正常运行状态，必须找出两种情况下电气量的差别，以构成不同原理的继电保护。

(1)电流增大：当输电线路发生短路时，故障相电流增大，在故障点与电源之间流过，根据这一特征，可构成过电流保护。

(2)电压降低：在母线电压上反映出来，可构成低电压保护。

(3)相位变化，即 $\arg\frac{\dot{U}_{\varphi}}{\dot{I}_{\varphi}}$变化，正常时为感性负荷，功率因数角一般为 0°～30°；短路时为输电线路的阻抗角，一般为 60°～85°，可构成功率方向保护。

(4)测量阻抗降低，即 $Z=\frac{\dot{U}}{\dot{I}}$减小，正序故障电流增大，正序故障电压降低，阻抗角增大，可构成阻抗保护。

(5)双侧电源线路故障：当外部故障时，$I_{out}=I_{in}$；当内部故障时：$I_{out}\neq I_{in}$，可构成电流差动保护。

(6)反映零序、负序电流的序分量保护。

(7)区分振荡与短路的振荡闭锁保护。

(8)非电气量：瓦斯保护、过热保护、压力保护等。

原则上，只要找出正常运行与故障时系统中电气量或非电气量的变化特征(差别)，即可找出一种原理。且差别越明显，保护作出的判断越可靠，其性能就越好，也越具有实用价值。

1.2.2　分类

1. 按被保护的元件分类

按被保护的元件分类，继电保护分为输电线路保护、变压器保护、发电机保护、母线保护、电动机保护、电容器保护、电抗器保护等。

2. 按保护原理分类

按保护原理分类，继电保护分为电流保护、电压保护、距离保护、纵联保护、差动保护、方向保护、零序保护、负序保护等。

3. 按保护所反映的故障类型分类

按保护所反映的故障类型分类，继电保护分为相间短路保护、接地故障保护、匝间短路保护、断线保护、失步保护、失磁保护及过励磁保护等。

4.按保护所起的作用分类

按保护所起的作用分类，继电保护分为主保护、后备保护、辅助保护等。

(1)主保护：它是满足系统稳定和设备安全要求，能以最快速度有选择地切除被保护设备和线路故障的保护。

(2)后备保护：它是当主保护或断路器拒动时，用来切除故障的保护，又分为远后备保护和近后备保护两种。远后备保护是当主保护或断路器拒动时，由相邻电力设备或线路的保护来实现的后备保护。近后备保护是当主保护拒动时，由本设备或线路的另一套保护来实现后备的保护；当断路器拒动时，由断路器失灵保护来实现近后备保护。

(3)辅助保护：它是为补充主保护和后备保护的性能或当主保护和后备保护退出运行而增设的简单保护。

5.按构成继电保护装置的型式分类

按构成继电保护装置的型式分类，继电保护分为机电型保护(如电磁型保护和感应型保护)、整流型保护、晶体管型保护、集成电路型保护、数字式微机型保护及全数字化微机型保护等六大类型。

1.3 电力系统对继电保护的基本要求

对动作于跳闸的继电保护，在技术上一般应满足四个基本要求：选择性、速动性、灵敏性、可靠性，即保护的"四性"原则。

1.3.1 选择性

选择性指电力系统发生故障时，保护装置仅将故障元件从系统中切除，而使非故障元件仍能正常运行，以尽量缩小停电范围。根据图 1-1 分析如下：

(1)当 d_1 点发生短路时，保护 1、2 动作，跳开 QF1、QF2，称保护有选择性。

(2)当 d_2 点发生短路时，保护 5、6 动作，跳开 QF5、QF6，称保护有选择性。

(3)当 d_3 点发生短路时，保护 7、8 动作，跳开 QF7、QF8，称保护有选择性。

(4)当 d_3 点发生短路时，若保护 7 拒动或 QF7 失灵拒动，保护 5 动作，跳开 QF5，称保护有选择性。

(5)若保护 7 和 QF7 能正确动作于跳闸，但保护 5 动作跳开 QF5，则保护 5 为误动，或称保护 5 越级跳闸，也称保护 5 失去选择性。

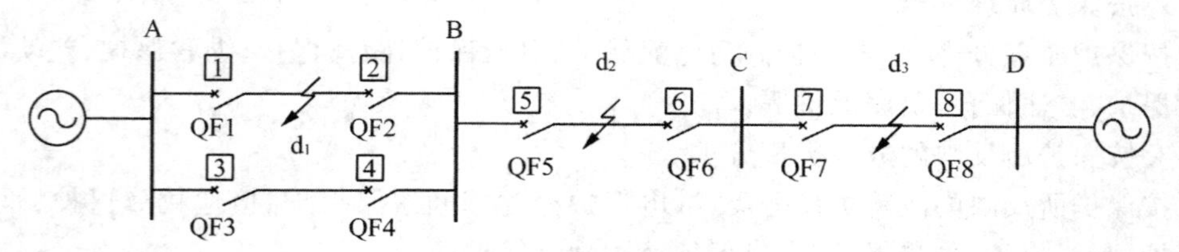

图 1-1 选择性图解

选择性就是故障点在区内就动作，在区外不动作。当主保护未动作时，由近后备或远后备切除故障，使停电面积最小。因远后备保护范围广（对保护装置拒动、断路器拒动、二次回路和直流电源等故障所引起的拒绝动作均起后备作用）且实现简单、经济，故应广泛采用。但远后备保护切除故障的时间较长，在超高压线路中不能满足系统稳定性的要求，因此应加强主保护。选择性对于输电网是绝对的，对于配电网是相对的。保护装置动作的选择性是保证对用户安全供电最基本的条件之一，在研究和设计保护时，必须首先考虑。

1.3.2　速动性

速动性指保护的动作速度应尽可能快。其主要原因有以下几点：

(1)快速切除故障可以减少用户在低电压下工作的时间，从而保持用户电气设备不间断运行。电力系统短路时，系统各处电压下降，当用户电压降至额定电压的70%及以下时，异步电动机的最大力矩将减小50%以上，从而使电动机制动。保护动作太慢，电压下降的时间就长，待故障切除电压恢复时，电动机就很难自启动，从而影响生产。

(2)快速切除故障可以提高发电厂并联运行的稳定性。如图1-2所示，当发电厂A母线附近发生三相短路时，该电厂母线上的电压会大大下降，甚至降为零，发电厂A将送不出负荷，发电机的转速迅速升高。而发电厂B的母线上还保持较高的残余电压，能送出一部分负荷，发电机的转速增加较少。这样，两个发电厂的发电机出现了转速差。如果故障切除时间太长，两个发电厂就会失去同步。快速切除故障，可使在故障切除时两发电厂电势的相角差不大，就能比较容易地再拉入同步，恢复正常运行。

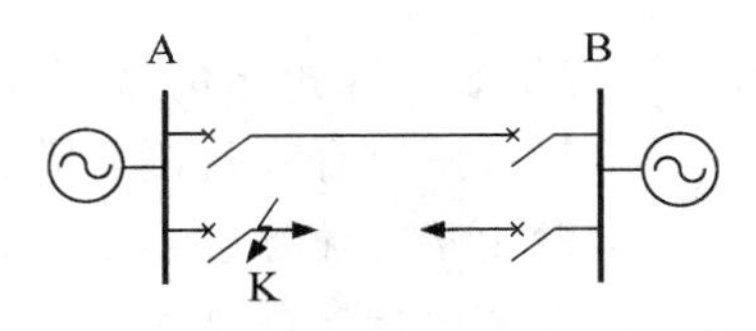

图1-2　发电厂并联运行示意图

(3)快速切除故障可以减小电气设备损坏的程度。因为短路时，不仅会出现很大的短路电流，且故障点常常伴随有电弧，由于电流热效应及电弧的作用，设备将遭到严重损伤。故障切除越慢，短路电流持续时间越长，设备损坏就越严重，甚至全部被烧毁。

(4)快速切除故障可以避免故障进一步扩大。由于短路点常常发生电弧，故障切除时间越长，电弧燃烧的时间就越长，这就有可能使接地故障发展为相间故障，使两相短路发展为三相短路，甚至使暂时性故障发展为永久性故障。

快速切除故障的好处是：①提高系统稳定性；②减少用户在低电压下的运行时间；③减小故障元件的损坏程度，避免故障进一步扩大。

故障总切除时间可用式(1-1)计算：

$$t=t_{bh}+t_{dl} \tag{1-1}$$

式中：t——故障总切除时间；

t_{bh}——保护动作时间；

t_{dl}——断路器动作时间。

一般的快速保护动作时间t_{bh}为60～120 ms，最快的可达10～40 ms；一般的断路器动作时间t_{dl}为60～150 ms，最快的可达20～60 ms。目前，现场最快保护动作时间为20 ms，而断路器动作时间为40 ms，所以最快动作时间可达60 ms。

1.3.3 灵敏性

灵敏性指在最不利的条件下，保护装置对故障的反应能力。满足灵敏性要求的保护装置应在发生区内故障时，不论运行方式大小、短路点的位置与短路的类型如何，都能灵敏地反应。通常，灵敏性用灵敏系数来衡量，并表示为K_{lm}。

对反应于数值上升而动作的过量保护（如过电流保护）：

$$K_{lm}=\frac{\text{保护范围末端金属性短路时故障参数的最小计算值}}{\text{整定动作值}}=\frac{I_{dmin}}{I_{dz}} \tag{1-2}$$

对反应于数值下降而动作的欠量保护（如低电压保护）：

$$K_{lm}=\frac{\text{整定动作值}}{\text{保护范围末端金属性短路时故障参数的最大计算值}}=\frac{U_{dz}}{U_{dmax}} \tag{1-3}$$

其中，故障参数的最小、最大计算值是根据实际可能的最不利运行方式、故障类型和短路点位置来计算的。在《继电保护和安全自动装置技术规程》(GB/T 14285—2006)（以下简称《规程》）中，对各类保护的灵敏系数K_{lm}的要求都作了具体规定，一般要求灵敏系数为1.2～2。

保护装置在投运前必须进行灵敏度校验的原因有以下几点：

(1)故障点存在过渡电阻，使实际短路电流比计算电流小。

(2)由于电流互感器误差，使实际流入保护装置的电流小于计算值。

(3)继电器实际动作值动作电流比整定值高，存在正误差等原因。

1.3.4 可靠性

可靠性指发生了属于某保护装置动作的故障时，它应能可靠动作，即不发生拒绝动作(拒动)；而在发生了不属于本保护动作的故障时，保护应可靠不动，即不发生错误动作(误动)。

影响保护可靠性的因素有内在的和外在的两种：

(1)内在的：装置本身的质量，包括元件好坏、结构设计的合理性、制造工艺水平、内外接线是否简明、触点多少等。

(2)外在的：运行维护水平、安装调试是否正确等。

就系统整体比较而言，误动要比拒动好。例如，因为拒动会导致重要元件——发电机被烧毁；如果是误动跳闸，判别后再合上，这样损失较小。

综上所述，继电保护要考虑多方面的要求，平衡“四性”各方面的矛盾，以达到满足工程需求的折中效果。不可强调某一方面的要求，而忽视其他方面的要求。例如，电压等级较低的线路，对电力系统全局影响较小，可选用信息量较少的电流保护，考虑它的选择性；电压等级高一点的线路，对电力系统影响稍大，选用稍复杂一点的距离保护，考虑它的选择性与灵敏性；超高压线路，对电力系统稳定性影响大，就要采用纵联保护，考虑它的快速性与可靠性。某条线路保护范围扩大可增加其灵敏性，保护范围缩小可增加其选择性。当选择性或灵敏性无法满足时，常常降低速动性的要求，增加延时。

另外，装置的配备选择也要考虑技术与经济的平衡。能用简单、可靠的保护继电器完成的功能，不用复杂、昂贵的保护装置，要根据具体情况作出判断。总之，四个基本要求是设计、分析和研究继电保护的基础，也是贯穿整个教程的指导思想。

1.4 掌握继电保护技术的基本方法

继电保护技术是一门实践性很强的工程类学科，在电力系统实际运行中占有相当重要的地位。它既注重理论又依赖于实践，且实践重于理论（又有“七分实践，三分理论”的说法）。通过实践课程的训练，学生可积累实际工作的经验，对于本科毕业后报考本专业硕士研究生或直接到电力部门从事相关的工作，都具有实际的指导意义。每年的国家电网招聘考试及电业部门的岗前培训就充分说明了这一点。

要掌握好继电保护技术，必须了解继电保护装置的性能、特点及测试方法，因而对实践者也提出了相应的要求：

(1)熟悉设备的特性：要了解每个电气主设备和监控二次辅助设备，对所有这些设备的工作原理、性能、参数计算和故障状态的分析要心中有数。

(2)注意知识的积累：电力系统继电保护是一门综合性的学科，既要有电路、电机学和电力系统故障分析等基础理论知识，还要有电子、通信、计算机和信息科学等新技术知识。纵观继电保护技术的发展史，可以看到电力系统通信技术上的每一个重大进展都推出了一种新保护原理的出现，如高频保护、微波保护、光纤保护等。

(3)要重视现场试验：为掌握继电保护装置的性能及其在电力系统故障时的动作行为，既需运用所学课程的理论知识对系统故障情况和保护装置动作行为进行分析，还需要对继电保护装置进行实验室试验、在电力系统动态模型上试验、现场人工故障试验以及在现场条件下的试运行。仅有理论分析是不够的，只有经过各种严格的试验，试验结果和理论分析相一致，并满足预定的要求，才能在实践中应用。

(4)具有高度的责任感，严谨细致的工作作风：继电保护的工作稍有差错，就可能对电力系统的运行造成严重的影响，给国民经济和人民生活带来不可估量的损失。国内外几次大规模电力系统瓦解，进而导致广大地区工、农业生产瘫痪和社会秩序混乱的严重事故，常常是一个继电保护装置不能正确动作引起的。因此，继电保护工作者对电力系统的安全运行肩负着重大的责任，要有高度的责任感，严谨细致的工作作风，在工作中要树立可靠性第一的思想。

1.5 各种电压等级线路保护典型配置

1.5.1 110 kV 及以下线路保护典型配置

根据 10 kV、20 kV、35(66) kV 线路所在电力网接地方式的特点，按照《规程》规定，分别配置符合要求的保护装置。

1.10 kV 线路保护典型配置

10 kV 线路的电源结构分为单侧电源线路、双侧电源线路及环形网络线路三种。单侧电源线路、双侧电源线路是普遍的，根据《规程》规定：3～10 kV不宜出现环形网络的运行方式，应开环运行。当必须以环形方式运行时，为简化保护，可采用故障时将环网自动解列而后恢复的方法，对于不宜解列的线路，参照双侧电源线路的规定。

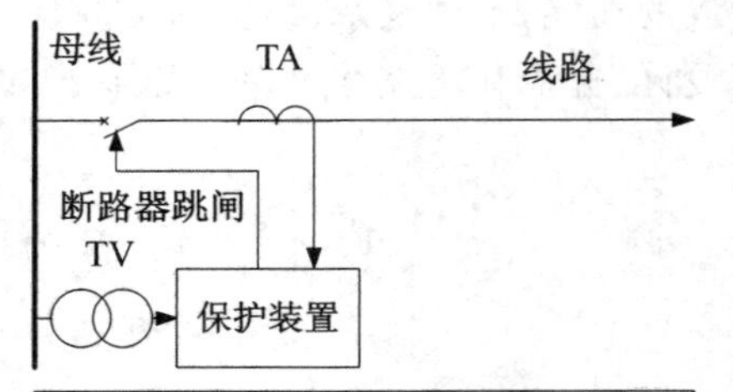

(1) 阶段式过流保护；
(2) 零序过流保护/小电流接地选线；
(3) 三相一次重合闸；
(4) 合闸加速保护；
(5) 低周、低压减载保护等；
(6) 过负荷保护。

图 1-3　单侧电源线路保护配置图

(1)单侧电源线路保护配置如图 1-3 所示。

①反映相间短路的阶段式电流保护，可以是三段式或者两段式电流保护，三段式电流保护包括电流速断保护、限时电流速断保护和过电流保护。

当过电流保护的时限不大于 0.5～0.7 s并没有保护配合上的要求时，可不装设电流速断保护；自重要的变配电所引出的线路应装设瞬时电流速断保护。当瞬时电流速断保护不能满足选择性要求时，应装设带短时限的电流速断保护，过电流保护可采用定时限或反时限特性。

②反映接地故障的保护，包括可动作于跳闸的阶段式零序电流保护、动作于信号的监视装置等。对于中性点非有效接地电力网，在发电厂和变电所母线上应采用单相接地监视装置；线路上宜采用有选择性的零序电流保护或零序功率方向保护，保护动作于跳闸。对于中性点经低电阻接地电力网，应装设两段零序电流保护：第一段为零序电流速断保护，时限宜与相间速断保护相同；第二段为零序过电流保护，时限宜与相间过电流保护相同。若零序时限速断保护不能保证选择性需要时，也可以配置两套零序过电流保护。

③带时限动作于信号的过负荷保护。保护宜带时限动作于信号，必要时可动作于跳闸。

④其他保护。自动重合闸、低周/低频减载等系统稳定功能的保护。

(2)双侧电源线路保护配置如图 1-4 所示。

①可装设带方向或不带方向的电流速断保护和过电流保护。

②短线路、电缆线路、并联连接的电缆线路宜采用光纤电流差动保护作为主保护，带方向或不带方向的电流保护作为后备保护。

③并列运行的平行线路尽可能不并列运行，当必须并列运行时，应配以光纤电流差动保护，带方向或不带方向的电流保护作为后备保护。

2.20 kV 线路保护典型配置

根据《规程》，无论是单电源辐射状电网，还是双电源及单电源环网，均配置如下保护：

(1)三相式相间短路的阶段式(方向)电流保护。

(2)动作于跳闸的阶段式(方向)零序电流保护。

(3)过负荷保护。

当相间短路的阶段式电流保护灵敏度不能满足要求时，可以添加低电压或者复合电压闭锁元件。对于较短的主要线路，可以采用短线路差动保护，配置可参考图 1-4。

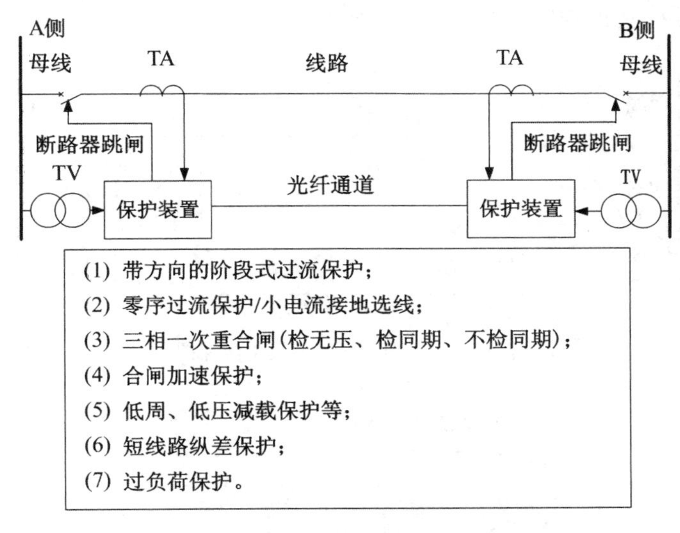

图 1-4　双侧电源线路保护配置图

3. 35(66) kV 线路保护典型配置

35(66) kV 中性点非有效接地电力网的线路保护，根据《规程》，主要装设相间短路保护和单相接地保护。

(1)单侧电源线路保护配置如图 1-5 所示。

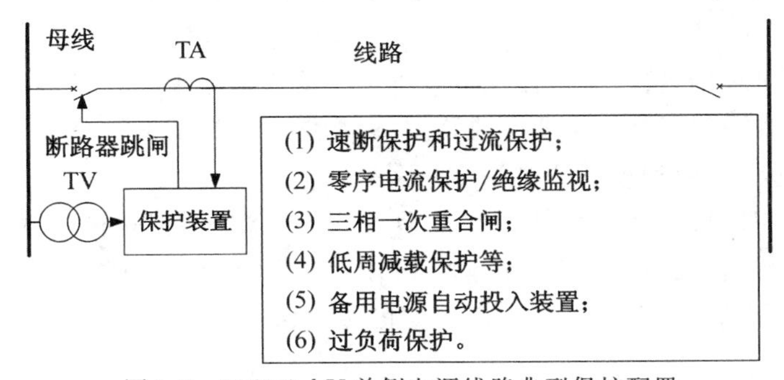

图 1-5　35(66) kV 单侧电源线路典型保护配置

(2)复杂网络的单回线路保护配置如图 1-6 所示。

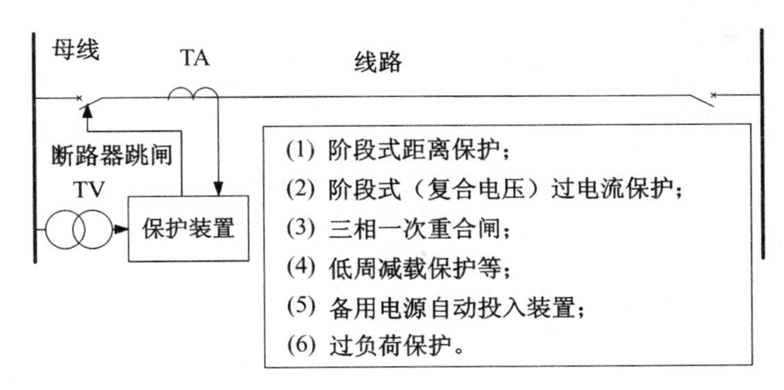

图 1-6　复杂网络的单回线路典型保护配置

(3)双侧电源线路保护配置如图 1-7 所示。

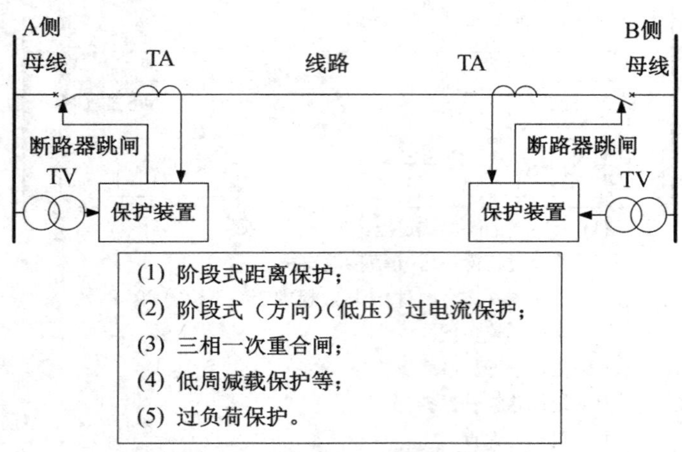

图 1-7　双侧电源线路典型保护配置

35(66) kV 级输电线路一般配置阶段式距离保护与过流保护作为后备保护，对于特别重要的线路，可以配置全线速动的纵联距离保护或光纤差动保护。

4. 110 kV 线路保护典型配置

根据《规程》和《电力装置的继电保护和自动装置设计规范》(GB/T 50062—2008)，110 kV线路可以配置下列保护：阶段式电流保护、阶段式距离保护、阶段式零序保护和全线速动保护。

在实际应用过程中，阶段式电流保护基本上不能满足要求，而广泛采用阶段式距离保护、阶段式零序保护；对于特别重要的线路，可以配置全线速动保护。

(1)单侧电源线路保护配置如图 1-8 所示。

虽然《规程》规定110 kV线路可以采用阶段式电流保护，但是由于线路较长，负荷较大，阶段式电流保护各段灵敏度均不能满足要求；而距离保护具有稳定的保护范围与灵敏度，且受负荷影响小等，因而成为110 kV线路的主要保护。

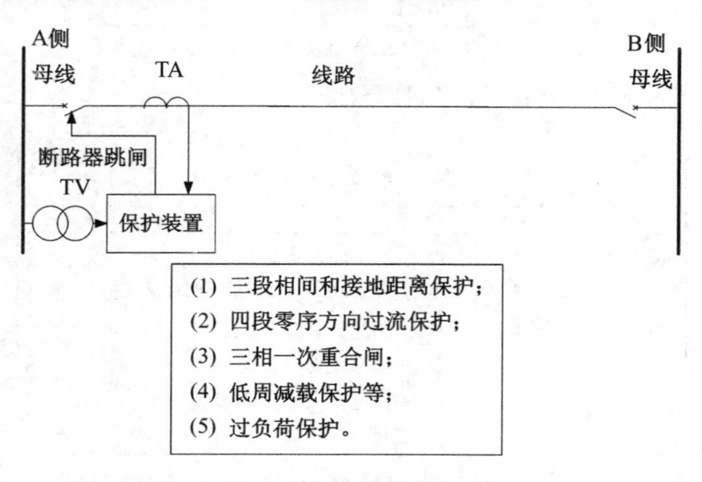

图 1-8　110 kV 单侧电源线路典型保护配置

110 kV 系统为中性点直接接地电网，接地短路保护主要为阶段式零序保护和接地距离保护。线路为单电源线路，保护仅装在电源侧。

(2)双侧电源线路配置如图 1-9 所示。

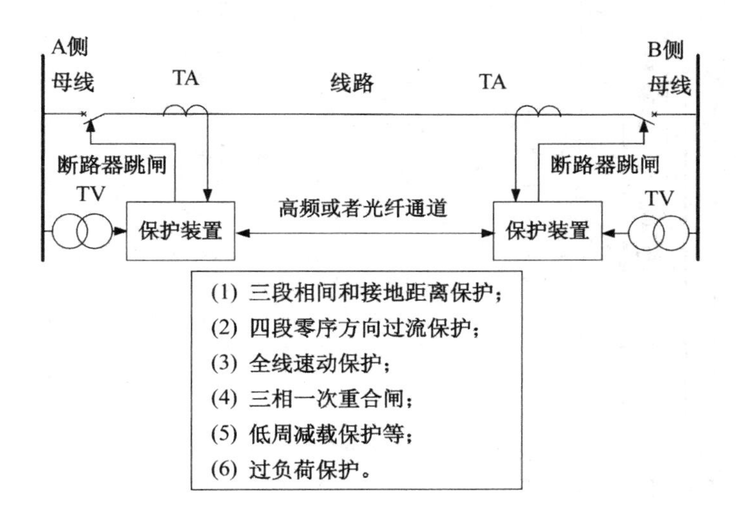

图 1-9　110 kV 双侧电源线路典型保护配置

对于双电源线路，当电力系统提出稳定性要求时，将采用全线速动保护；否则，采用阶段式距离保护和零序保护作为主保护，后备保护采用远后备。

1.5.2　220 kV 线路保护典型配置

根据《规程》规定："对 220 kV 线路，为了有选择性地快速切除故障，防止电网事故扩大，保证电网安全、优质、经济运行，一般情况下，应按下列要求装设两套全线速动保护，在旁路断路器代线路运行时，至少应保留一套全线速动保护运行。"对于保护功能的规定是："220 kV线路保护应按加强主保护简化后备保护的基本原则配置和整定。"按照断路器接线方式不同，分别进行配置。对于220 kV及以上电压等级单断路器接线方式的输电线路，要求配置全线速动主保护以及完备的后备保护，线路保护为双重化配置；对于较长的重要线路，为防止过电压，线路两侧可考虑配置过电压保护装置；每个断路器配置一个操作箱，完成保护的跳合闸操作。对于具备光纤通道条件的线路，两套主保护中推荐必选一套差动保护；对于具有不同路由光纤通道条件的线路，推荐选用差动保护与纵联距离保护配合的配置方案。

220 kV 线路保护配置如图 1-10 所示。

对于主保护中的光纤差动保护，保护装置厂家称之为"纵联差动保护"，是分相差动保护配备光纤通道；高频保护装置厂家称之为"纵联保护"，高频距离即纵联距离，高频零序即纵联零序，高频方向即纵联方向保护。

保护双重化配置的要求：交流采样回路、直流电源回路两套保护应相互独立，任意一套保护或回路损坏不影响另一套保护及其相关回路。两套保护装置的主保护应采用不同原理：一套采用纵联差动，另一套应采用纵联距离。两种原理互为冗余，以构成完善的线路主保护。断路器辅助保护与线路保护应分别配置,功能划分明确,合理分配于线路保护和辅助保护中,配置简洁,功能安全可靠。

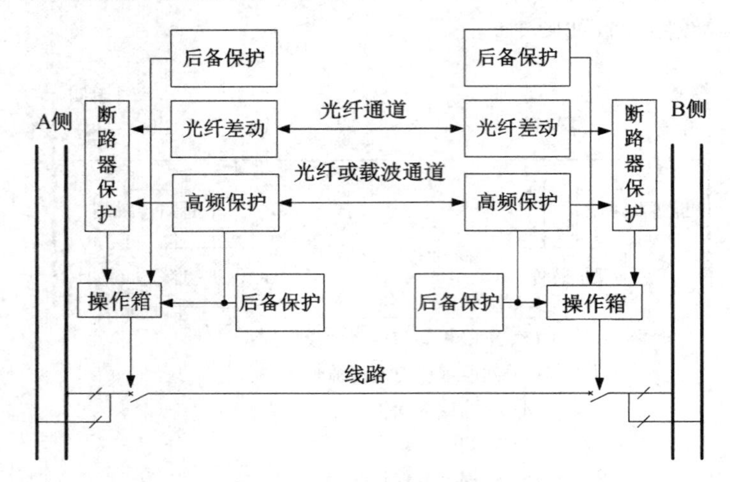

图 1-10　220 kV 线路保护配置

1.5.3　330～500 kV 线路保护典型配置

根据《规程》规定:330～500 kV 线路,应按主保护双重化原则实现,配置原则如下:

1. 每一回线路配置双套完整的、独立的能反映各种类型故障、具有选相功能的全线速动保护,每套主保护均具有完整的后备保护。每套主保护只作用于断路器的一组跳闸线圈。

2. 每一回线路配置双套远方跳闸保护。

3. 对于可能产生过电压的线路,配置双套过电压保护。

4. 其他辅助保护。

330～500 kV 线路保护配置如图 1-11 所示。

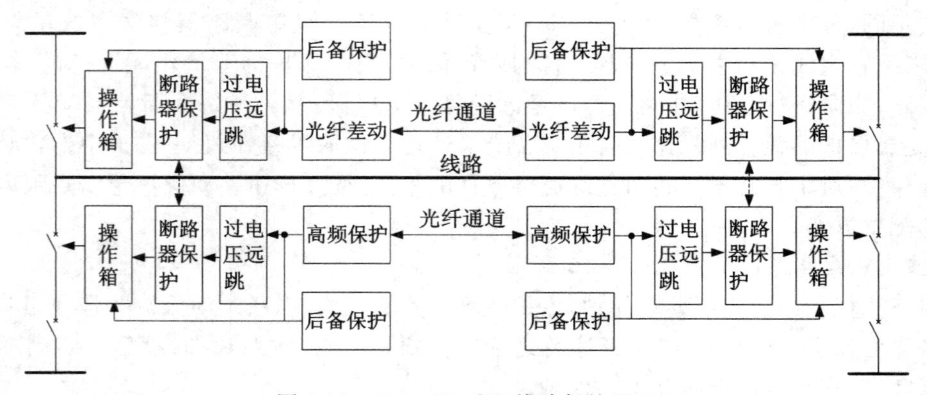

图 1-11　330～500 kV 线路保护配置

330～500 kV 线路保护按照双重化原则,配置两套独立的主保护和后备保护,主保护采用载波或光纤通道构成纵联差动保护或允许式方向、距离保护,后备保护采用定时限相间、接地距离保护和零序方向过电流保护，重合闸功能在断路器保护实现，线路保护重合闸停用。

两套主保护在回路上应完全独立，包括电流、电压回路独立，出口回路独立，保护通道独立，任意一套保护装置退出不应影响另一套保护的正常运行；为防止原理性缺陷导致保护拒动，两套保护装置动作原理应不相同。

5. 具体配置

(1)纵联分相差动保护/允许式方向、距离保护。

(2)零序方向过流保护。

(3)三段接地距离保护。

(4)三段相间距离保护。

(5)PT 断线过电流保护。

(6)停用重合闸(又被称为"直跳方式")。

6. 组屏方案

330～500 kV 线路保护按照双重化原则，分别将两套主保护配置在两面独立的屏内，两套保护之间不得存在任何电气联系。同时，两套独立的过电压及远切装置分别配置到上述两面屏内。断路器保护与断路器操作箱共同组在一面屏内，一台断路器对应一面屏。

1.5.4　1000 kV 交流特高压线路保护典型配置

我国特高压交流试验示范工程——1000 kV 晋东南—南阳—荆门工程，自 2009 年 1 月 6 日正式投入运行以来，一直保持安全稳定运行，已成为我国南北方向的一条重要能源输送通道。为充分发挥试验示范工程的输电能力，进一步提高华北和华中两大电网之间的电力资源优化配置能力，2010 年 12 月经国家发展改革委核准建设扩建工程。扩建工程于 2011 年 10 月竣工，12 月 9 日完成系统检验和 168 小时试运行。扩建后，晋东南、南阳、荆门三站均装设两组容量为3×10^6 kVA的特高压变压器，具备稳定输送5×10^6 kW电力的能力。

我国特高压交流试验示范工程线路保护的配置如图 1-12 所示(以晋东南—荆门特高压线路为例)，与500 kV系统类似。

线路保护按照双重化原则配置，采用不同厂家、不同原理的国产化设备。晋东南至南阳线路配置为：一套为南瑞继保的 RCS931 纵联电流差动保护，一套为北京四方的 CSC102 纵联距离保护，两套线路保护的后备保护均为三段式相间距离保护和三段式接地距离保护、两段式零序方向电流保护；南阳至荆门线路配置为：一套为北京四方的 CSC103 纵联电流差动保护，一套为南瑞继保的 RCS902 纵联距离保护，两套线路保护的后备保护均为三段式相间距离保护和三段式接地距离保护、两段式零序方向电流保护。另外，在线路两侧双重化配置过电压保护装置，一套南瑞继保的 RCS925，一套北京四方的 CSC125。配屏方式为 RCS931(或 RCS902)与 RCS925 同组一面屏，CSC102(或 CSC103)与 CSC125 同组一面屏。

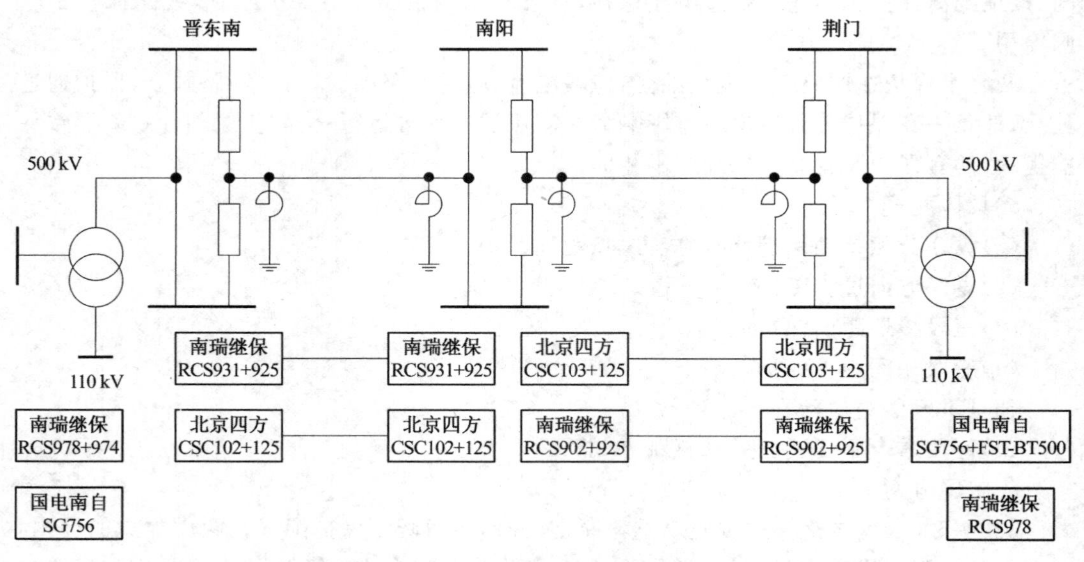

图 1-12　我国特高压交流试验示范工程线路保护的配置

1.6　变压器、发电机和母线保护常规配置

1.6.1　电力变压器的不正常工作状态和可能发生的故障及常规保护配置

1. 不正常工作状态

变压器的不正常工作状态主要包括:由于外部短路或过负荷引起的过电流,油箱漏油造成的油面降低,变压器中性点电压升高,由于外加电压过高或频率降低引起的过励磁等。

2. 可能发生的故障

变压器的故障可分为内部故障和外部故障两种。

(1)变压器内部故障系指变压器油箱里面发生的各种故障,其主要类型有:各相绕组之间发生的相间短路,单相绕组部分线匝之间发生的匝间短路,单相绕组或引出线通过外壳发生的单相接地故障等。

(2)变压器外部故障系指变压器油箱外部绝缘套管及其引出线上发生的各种故障,其主要类型有:绝缘套管闪络或破碎而发生的单相接地(通过外壳)短路,引出线之间发生的相间故障等。

3. 常规保护配置

为了防止变压器在发生各种类型故障和不正常运行时造成不应有的损失,保证电力系统连续安全运行,变压器一般应装设以下继电保护装置:

(1)瓦斯保护:针对变压器油箱内部各种短路故障和油面降低的保护。

(2)(纵联)差动保护或电流速断保护:针对变压器绕组和引出线多相短路、大接地电流系统侧绕组和引出线的单相接地短路及绕组匝间短路的保护。

(3)过电流保护(或复合电压启动的过电流保护、负序过电流保护):针对变压器外部相间短路并作为瓦斯保护和差动保护(或电流速断保护)后备的保护。

(4)零序电流保护:针对大接地电流系统中变压器外部接地短路的保护。

(5)过负荷保护:针对变压器对称过负荷的保护。

(6)过励磁保护:针对变压器过励磁的保护。

1.6.2 发电机的不正常工作状态和可能发生的故障及常规保护配置

在电力系统中运行的发电机,小型发电机的功率为6～12 MW,大型发电机的功率为200～600 MW。由于发电机的容量相差悬殊,在设计、结构、工艺、励磁乃至运行等方面都有很大差异,这就使发电机及其励磁回路可能发生的故障、故障概率和不正常工作状态有所不同。

1. 不正常工作状态

发电机主要的不正常工作状态包括:过负荷,定子绕组过电流,定子绕组过电压(水轮发电机、大型汽轮发电机),三相电流不对称,失步(大型发电机),逆功率,过励磁,断路器端口闪络,非全相运行等。

2. 可能发生的故障

发电机可能发生的主要故障包括:定子绕组相间短路,定子绕组一相匝间短路,定子绕组一相绝缘破坏引起的单相接地,转子绕组(励磁回路)接地;转子励磁回路低励(励磁电流低于静稳极限所对应的励磁电流)、失去励磁。

3. 常规保护配置

对于发电机可能发生的故障和不正常工作状态,应根据发电机的容量有选择地装设以下保护:

(1)纵联差动保护:为定子绕组及其引出线的相间短路保护。

(2)横联差动保护:为定子绕组一相匝间短路保护。只有当一相定子绕组有两个及以上并联分支而构成两个或三个中性点引出端时,才装设该种保护。

(3)单相接地保护:为发电机定子绕组的单相接地保护。

(4)励磁回路接地保护:为励磁回路的接地故障保护,分为一点接地保护和两点接地保护两种。水轮发电机都装设一点接地保护,动作于信号,而不装设两点接地保护。中小型汽轮发电机,当检查出励磁回路一点接地后再投入两点接地保护;大型汽轮发电机应装设一点接地保护。

(5)低励、失磁保护:为防止大型发电机低励(励磁电流低于静稳极限所对应的励磁电流)或失去励磁(励磁电流为零)后,从系统中吸收大量无功功率而对系统产生不利影响,100 MW及以上容量的发电机都装设这种保护。

(6)过负荷保护:发电机长时间超过额定负荷运行时作用于信号的保护。中小型发电机只装设定子过负荷保护;大型发电机应分别装设定子过负荷和励磁绕组过负荷保护。

(7)定子绕组过电流保护:当发电机纵差保护范围外发生短路,而短路元件的保护或断路器拒绝动作时,为了可靠切除故障,则应装设反映外部短路的过电流保护。这种保护兼作纵差保护的后备保护。

(8)定子绕组过电压保护:中小型汽轮发电机通常不装设过电压保护。水轮发电机和大型汽轮发电机都装设过电压保护,以切除突然甩去全部负荷后引起的定子绕组过电压。

(9)负序电流保护:电力系统发生不对称短路或者三相负荷不对称(如电气机车、电弧炉等单相负荷的比重太大)时,发电机定子绕组中就有负序电流。该负序电流产生反向旋转磁场,相对于转子为两倍的同步转速,在转子中会出现100 Hz的倍频电流,它会使转子端部、护环内表面等电流密度很大的部位过热,造成转子的局部灼伤,因此,应装设负序电流保护。中小型发电机多装设负序定时限电流保护;大型发电机多装设负序反时限电流保护,其动作时限完全由发电机转子承受负序发热的能力决定,不考虑与系统保护配合。

(10)失步保护:大型发电机应装设反映系统振荡过程的失步保护。中小型发电机都不装失步保护,当系统发生振荡时,由运行人员判断,根据情况采用人工增加励磁电流、增加或减少原动机出力、局部解列等方法来处理。

(11)逆功率保护:当汽轮机主气门误关闭,或机炉保护动作关闭主气门而发电机出口断路器未跳闸时,发电机失去原动力变成电动机运行,从电力系统吸收有功功率。这种工况对发电机并无危险,但由于鼓风损失,汽轮机尾部叶片有可能过热而造成汽轮机事故,故大型机组要装设用逆功率继电器构成的逆功率保护,用于保护汽轮机。

1.6.3 母线可能发生的故障及常规保护配置

1. 可能发生的故障

母线是电力系统汇集和分配电能的重要元件,母线发生故障,将使连接在母线上的所有元件停电。若在枢纽变电所母线上发生故障,甚至会破坏整个系统的稳定,使事故进一步扩大,后果极为严重。

运行经验表明,母线故障大多是单相接地短路和由其引起的相间短路。造成短路的主要原因有:①母线绝缘子、断路器套管以及电压、电流互感器的套管和支持绝缘子的闪络或损坏;②运行人员的误操作,如带地线误合闸或带负荷拉开隔离开关产生电弧等。尽管母线故障概率比线路要少,并且通过提高运行维护水平和设备质量、采用防误操作闭锁装置,可以大大减少母线故障的次数。但是由于母线在电力系统中所处的重要地位,利用母线保护来减小故障所造成的影响仍是十分必要的。

2. 常规保护装置

由于低压电网中发电厂或变电所母线大多采用单母线或分段单母线,与系统的电气设备距离较远,母线故障不致对系统稳定和供电可靠性带来严重影响,所以通常可不装设专用的母线保护,而是利用供电元件(发电机、变压器或有电源的线路等)的后备保护来切除母线故障。这种保护方式简单、经济。但切除故障时间较长,不能有选择地切除故障母线(如分段单母线或双母线),特别是对于高压电网不能满足稳定和运行上的要求。根据《规程》规定,以下情况应装设专用母线保护:

(1)220～500 kV 母线,应装设能快速而有选择地切除故障的母线保护。对 3/2 断路器接线，每组母线宜装设两套母线保护。

(2)110 kV 双母线。

(3)110 kV 单母线、重要发电厂或110 kV以上重要变电所的35～66 kV母线，按电力系统稳定和保证母线电压的要求需快速切除故障母线时。

(4)在 35～66 kV 电网中，对主要变电所的35～66 kV双母线或分段单母线需快速而有选择地切除一组或一段母线上的故障，以保证系统安全稳定运行和可靠供电时。

对母线保护的要求是：必须快速有选择地切除故障母线；应能可靠、方便地适应母线运行方式的变化；接线尽量简化。母线保护的接线方式，对于中性点直接接地系统为反映相间短路和单相接地短路，须采用三相式接线；对于中性点非直接接地系统，只需反映相间短路，可采用两相式接线。母线保护大多采用差动保护原理构成，动作后跳开连接在该母线上的所有断路器。

思考题

1. 继电保护的任务和基本要求是什么？

2. 继电保护技术涵盖了哪些方面的内容？

3. 主保护、近后备保护、远后备保护的区别是什么？

4. 简述各种常用保护的构成原理，试论述继电保护工作既是理论性很强，又是工程实践性很强的工作。

5. 如何理解灵敏系数的概念及运用。

6. 为什么说“选择性、速动性、灵敏性、可靠性”既矛盾又统一？

7. 各种电压等级保护的配备原则是什么？

8. 电力系统元件的保护原则是什么？

9. 试画出一个完整的输电线路继电保护控制框图。

第2章 故障分析基本知识

继电保护技术是一个庞大的体系，它主要由电力系统故障分析、继电保护原理、继电保护装置的设计与制造、继电保护装置的配置与定值的整定计算、继电保护装置的运行维护与管理、继电保护各种数据的统计与分析等构成。从电力系统电气量中获取故障信息并作出相应判断是最基础的工作，因此电力系统故障分析和继电保护原理是继电保护的理论基础。

2.1 电力系统故障类型

在电力系统故障中，仅在一处发生短路的故障称为简单故障。它一般分为两类：横向故障和纵向故障，如图 2-1 所示。

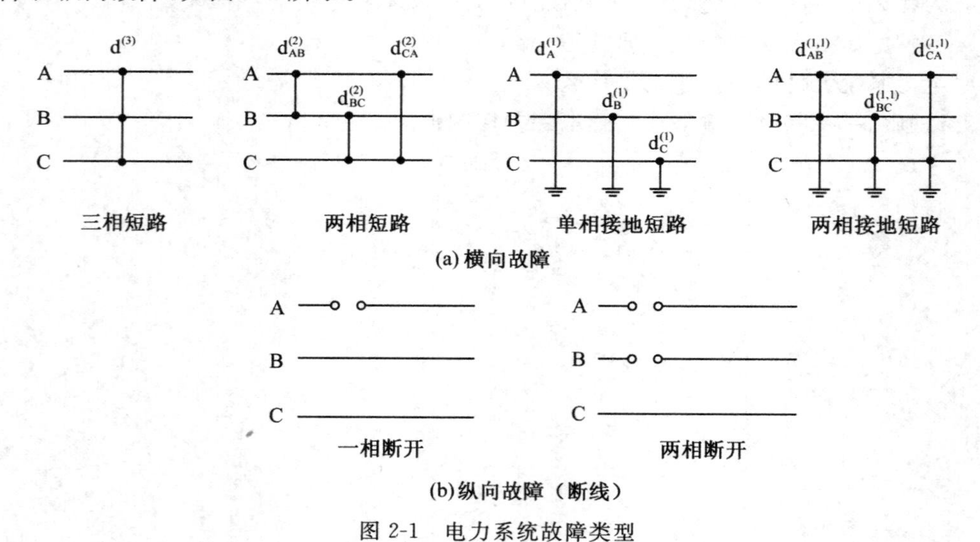

图 2-1 电力系统故障类型

2.1.1 横向故障和纵向故障

横向故障包括三相短路 $d^{(3)}$，两相短路 $d_{AB}^{(2)}$、$d_{BC}^{(2)}$、$d_{CA}^{(2)}$，两相接地短路 $d_{AB}^{(1,1)}$、$d_{BC}^{(1,1)}$、$d_{CA}^{(1,1)}$，单相接地短路 $d_{A}^{(1)}$、$d_{B}^{(1)}$、$d_{C}^{(1)}$，共计 10 种。其中，三相短路称为横向对称故障，其他

称为横向不对称故障。

纵向故障包括一相断线和两相断线，称为纵向不对称故障。

2.1.2　各种类型的短路

最常见、危害最大的故障是各种类型的短路，相关名词解释如下：

(1)短路：指电力系统中各种类型的短路。

(2)故障：包括 10 种短路、2 种断线及 2 种以上短路构成的复杂故障。

(3)事故：电能质量下降到不能允许的程度和停电。

电力系统故障是不可避免的，继电保护的任务就是阻止故障继续蔓延，避免扩大为事故。例如，两相短路若不及时处理，会扩大为三相短路；断路器应跳不跳，动作太慢，会导致设备损坏，人身伤亡。一旦事故发生，要追查责任，大事故要进行通报。

2.1.3　各种类型短路序分量的分布情况

正常系统及三相短路是对称的，序分量只有正序，短路只有一种形式：$d^{(3)}$。

不对称短路：①两相短路有 $d_{AB}^{(2)}$、$d_{BC}^{(2)}$、$d_{CA}^{(2)}$ 3 种形式，序分量有正序、负序；②接地短路，即单相接地、两相接地短路，有单相接地 $d_A^{(1)}$、$d_B^{(1)}$、$d_C^{(1)}$，两相接地 $d_{AB}^{(1,1)}$、$d_{BC}^{(1,1)}$、$d_{CA}^{(1,1)}$，共计 6 种，序分量有正序、负序、零序。

2.1.4　输电线路短路电流计算

短路电流由三部分构成：①短路的工频周期分量；②暂态高频分量；③衰减直流分量。其中最重要的是短路的工频周期分量。它的近似计算公式如式(2-1)、式(2-2)所示。

当任意点发生三相短路时，短路电流的计算公式为：

$$I_d^{(3)}=\frac{E_\varphi}{Z_S+Z_d} \tag{2-1}$$

若系统正序阻抗等于负序阻抗，即$Z_{1\Sigma}=Z_{2\Sigma}$，则当任意点发生两相短路时，短路电流的计算公式为：

$$I_d^{(2)}=\frac{\sqrt{3}}{2}I_d^{(3)}=0.866\ I_d^{(3)} \tag{2-2}$$

式中：E_φ——系统等效电源的相电势；

Z_d——短路点至保护安装处之间的阻抗；

Z_S——保护安装处到系统等效电源之间的阻抗。

2.2　相量图与波形图

2.2.1　三相电路的基本概念

当三相交流发电机转子由原动机带动，以匀速按顺时针方向转动时，则每相绕组依次切割磁通，产生感应电动势，在三相绕组上得到频率相同、幅值相同、相位互差 120°的三相对称正弦交流电动势，分别以e_A、e_B、e_C表示。并以e_A为参考正弦量，其相序按$e_A \to e_B \to e_C$的顺序成为最大。各相产生的瞬时值可表示如下：

$$\left.\begin{aligned} e_A &= E_m \sin \omega t = \sqrt{2} E \sin \omega t \\ e_B &= E_m \sin\left(\omega t - \frac{2}{3}\pi\right) = \sqrt{2} E \sin\left(\omega t - \frac{2}{3}\pi\right) \\ e_C &= E_m \sin\left(\omega t - \frac{4}{3}\pi\right) = \sqrt{2} E \sin\left(\omega t - \frac{4}{3}\pi\right) \end{aligned}\right\} \tag{2-3}$$

三相对称正弦交流电动势的瞬时值之和为零，可用相量图表示，也可以用复数形式表示。其表示方法如图 2-2 所示。

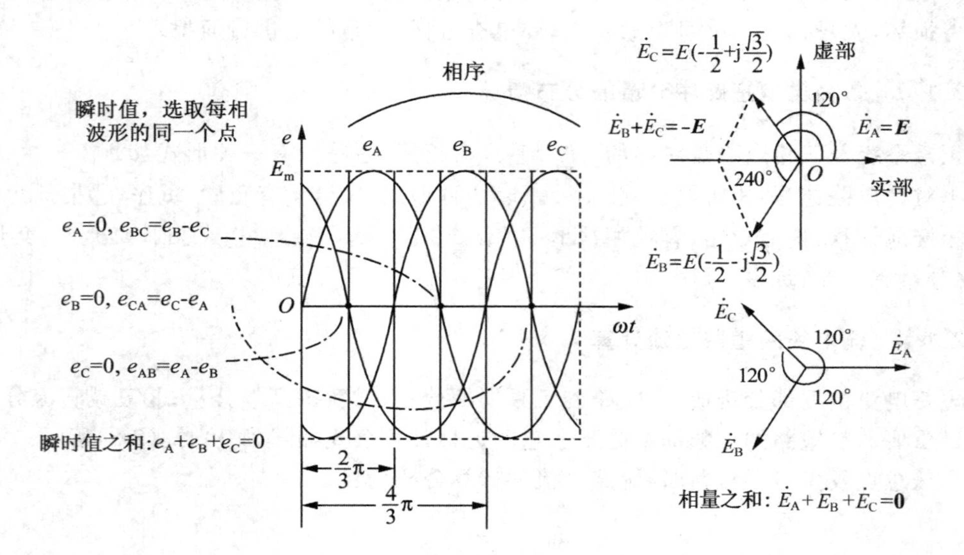

图 2-2　三相电压的正弦波形和相量图

它们的相量表示式是：$\dot{E}_A = E\angle 0°$，$\dot{E}_B = E\angle -120°$，$\dot{E}_C = E\angle -240°$，分别对应$e_A$、$e_B$、$e_C$。

2.2.2　稳态正弦交流电路的正弦量运算

正弦波的三要素为：最大值（振幅）、频率（角频率或周期）和初相角。有了这三个参数，就可以确定一个正弦波。而在分析稳态正弦交流电路时，经常遇到的是电流、电压这样的同频率的正弦波，这些正弦波仅在最大值和初相角上有区别。因此在电工学中，引出相量这一名词，来表征同频率的正弦波。所谓相量，实际上是一个模（即大小）为正弦波的最大值而幅角为正弦波初相角的一个复数常数，记作$\dot{A}$，$\dot{B}$，…例如，电流、电压相量可写作：

$$\dot{I} = I_m e^{j\varphi} = I_m \angle \varphi;\ \dot{U} = U_m e^{j\varphi} = U_m \angle \varphi \tag{2-4}$$

相量$\dot{I}$表示在复平面上，就是一个大小为I_m而幅角（和横坐标夹角）为φ角的向量，如

图 2-3 所示。这样，相量的加减运算就可以按照向量的加减运算进行。

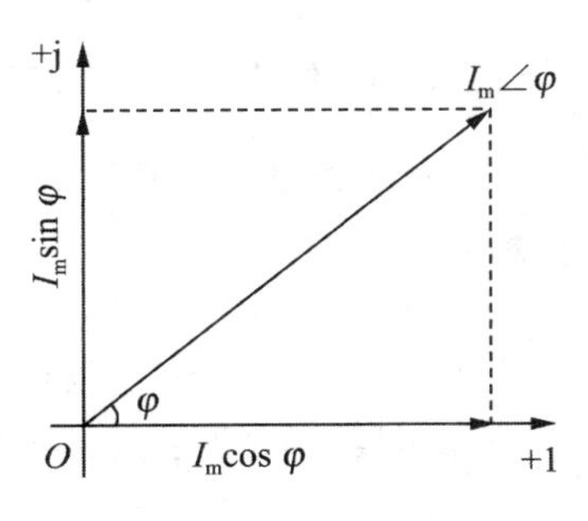

图 2-3　电流相量图

由于相量只体现了正弦波的两要素：最大值和初相角。因此，还须考虑频率这个要素。通常用旋转相量 $\dot{I}\,e^{j\omega t}=I_m\angle\varphi\cdot e^{j\omega t}=I_m\angle(\varphi+\omega t)$ 来表征正弦波。这个旋转相量的大小等于正弦波的最大值，旋转相量的起始位置和横坐标的夹角等于正弦波的初相角 φ。该旋转相量以等于正弦波角频率 ω 的角速度逆时针方向旋转。旋转相量（设为电流）在纵坐标上的投影即为式(2-5)所示的正弦电流。

$$i=I_m\sin(\omega t+\varphi) \tag{2-5}$$

同理，旋转相量（设为电压）在纵坐标上的投影即为式(2-6)所表示的正弦电压。

$$u=U_m\sin(\omega t+\varphi) \tag{2-6}$$

图 2-4 给出了旋转相量在 $t=0$ 和 $t=t_1$ 两个不同瞬时的位置。图中右侧波形即表示旋转相量在纵坐标上的投影随时间 t 的变化规律。由于同频率的正弦波用旋转相量表示时，其转向和转速是相同的，故各旋转相量处于相对静止之中。因此，只要画出某一瞬间它们之间的相对关系，就可表示其旋转时的相对相位关系。通常，在分析交流电路问题时，着重研究的是各电量间的相位关系。因此，只需画出某一瞬时各相量间的相位关系，即可进行研究。

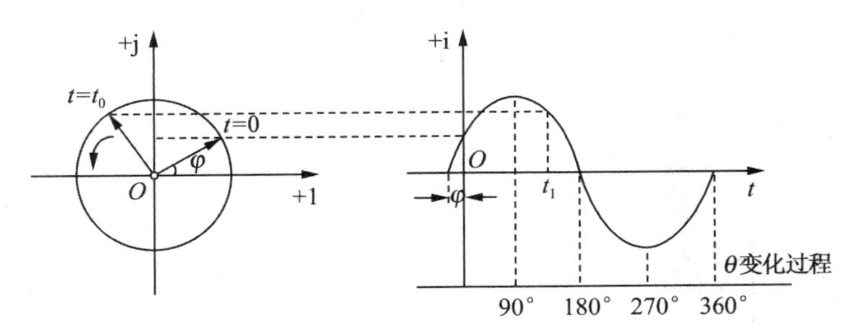

图 2-4　旋转相量及其在纵坐标上的投影

由于各旋转相量都是按逆时针方向旋转的，因此，在表示各相量的相对关系时，就出现了超前和滞后的问题。通常认为 $\dot{A}$ 相量超前 $\dot{B}$ 相量指的是：$\dot{A}$ 相量相对 $\dot{B}$ 相量逆时针转一角度；$\dot{A}$ 相量滞后 $\dot{B}$ 相量指的是：$\dot{A}$ 相量相对 $\dot{B}$ 相量顺时针转一角度，如图 2-5 所示。

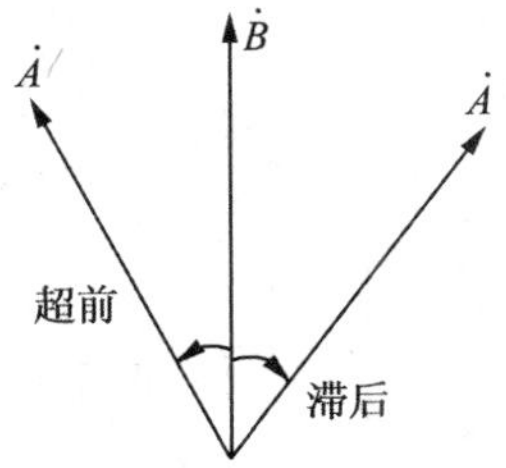

图 2-5　相量的超前与滞后

这里需要指出的是，旋转相量是一时间相量，它在复平面上的位置和方向是随时间而变化的，而相量表示的是在空间具有大小和方向的量。

2.2.3 线电压(电流)与相电压(电流)的关系

三相电源的线电压和相电压、线电流和相电流之间的关系都与连接方式有关,对于三相负载也是如此。

1. Y—Y 联结

Y—Y 联结时,线电压和相电压的相量图如图 2-6 所示。

各相量之间的关系为:

$$\left.\begin{aligned}\dot{U}_{AB}&=\dot{U}_{A}-\dot{U}_{B}\\\dot{U}_{BC}&=\dot{U}_{B}-\dot{U}_{C}\\\dot{U}_{CA}&=\dot{U}_{C}-\dot{U}_{A}\end{aligned}\right\}\tag{2-7}$$

线电压超前相电压 30°时:

$$\dot{U}_{AB}=\sqrt{3}U_{A}\angle 30°,\dot{I}_{AB}=\dot{I}_{A}\tag{2-8}$$

2. △—△联结

△—△联结时,相电流和线电流的相量图如图 2-7 所示。

各相量之间的关系为:

$$\left.\begin{aligned}\dot{I}_{A}&=\dot{I}_{AB}-\dot{I}_{CA}\\\dot{I}_{B}&=\dot{I}_{BC}-\dot{I}_{AB}\\\dot{I}_{C}&=\dot{I}_{CA}-\dot{I}_{BC}\end{aligned}\right\}\tag{2-9}$$

相电流滞后线电流 30°时:

$$\dot{I}_{A}=\sqrt{3}I_{AB}\angle -30°,\dot{U}_{AB}=\dot{U}_{A}\tag{2-10}$$

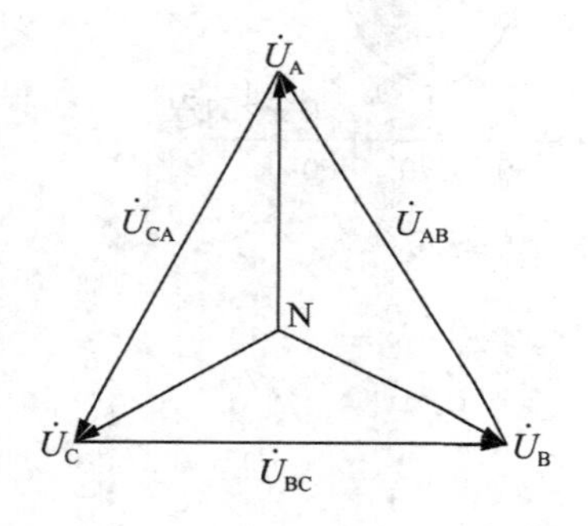

图 2-6 Y—Y 联结时的线电压和相电压的相量图

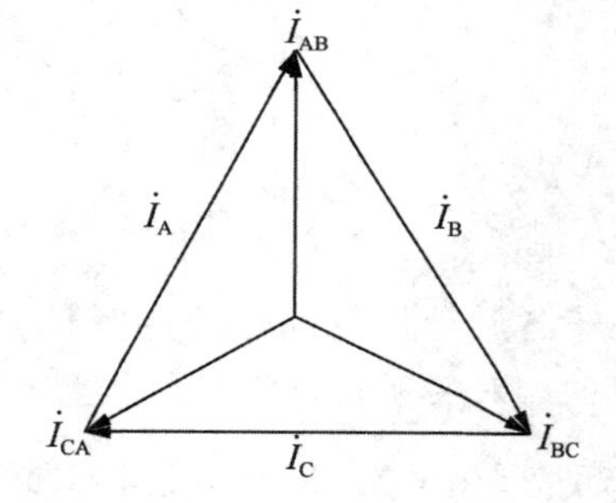

图 2-7 △—△联结时的相电流和线电流的相量图

2.2.4 相量表示法与波形表示法的对应关系

分析电力系统故障特征时一般用相量图,电气相量是一种分析工具。当用示波器观察某些电气量时,看到的都是电流、电压波形,它着重分析的是电流、电压的变化过程,更形象、更直观。人们可根据不同的使用场合选择相量表示法或波形表示法。三相电压相量与三相电压波形的对应关系图如图 2-8 所示。

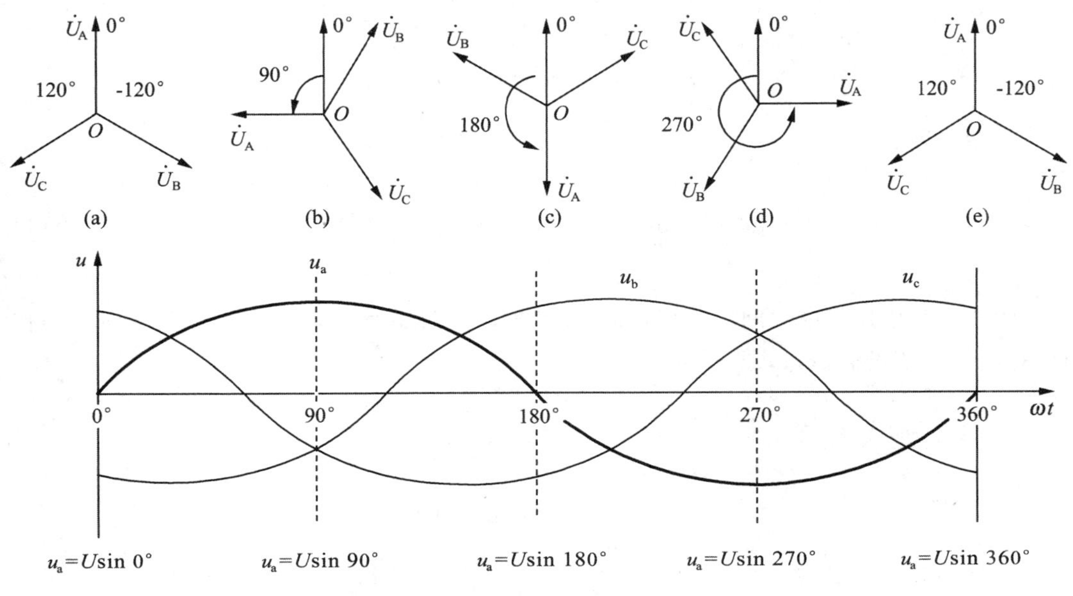

图 2-8　三相电压相量与三相电压波形的对应关系图

用相量图和波形图表示同一电压量时，首先要规定起始点，通常以 A 相电压相量在 $t=0$点为参考点。图 2-8(a)设定以 A 相电压向上为参考相位(12 点)，用复数的指数式表示为$\dot{U}_A=Ue^{j0°}$，则 B 相电压为滞后 120°，意思是需要逆时针旋转 120°才能到达 A 相电压的位置，用$\dot{U}_B=Ue^{-j120°}$表示；则 C 相电压为超前 120°，意思是 C 相电压提前 120°到达参考点位置，用$\dot{U}_C=Ue^{+j120°}$表示。

正弦量的指数式表示为：

$$\left.\begin{array}{l}\dot{U}_A=Ue^{j0°}\\ \dot{U}_B=Ue^{-j120°}\\ \dot{U}_C=Ue^{+j120°}\end{array}\right\}\qquad(2\text{-}11)$$

正弦量的三角函数式表示为：

$$\left.\begin{array}{l}u_a=U\sin\omega t=U\sin 0°\\ u_b=U\sin(\omega t-120°)=U\sin(-120°)\\ u_c=U\sin(\omega t-240°)=U\sin 120°\end{array}\right\}\qquad(2\text{-}12)$$

由于三相电压是随时间不断变化的，图 2-8(a)经过 $\omega t=\frac{\pi}{2}$周期后会变成图 2-8(b)，在这一点上，正弦量的指数式表示为：

$$\left.\begin{aligned}\dot{U}_A &= U e^{j90^\circ} \\ \dot{U}_B &= U e^{-j120^\circ + j90^\circ} = U e^{-j30^\circ} \\ \dot{U}_C &= U e^{+j120^\circ + j90^\circ} = U e^{j210^\circ}\end{aligned}\right\} \tag{2-13}$$

三角函数式表示为：

$$\left.\begin{aligned}u_a &= U\sin 90^\circ \\ u_b &= U\sin(90^\circ - 120^\circ) = U\sin(-30^\circ) \\ u_c &= U\sin(90^\circ + 120^\circ) = U\sin 210^\circ\end{aligned}\right\} \tag{2-14}$$

由于三相电压是随时间不断变化的，图 2-8(a)经过 $\omega t=\pi$ 周期后会变成图 2-8(c)，在这一点上，正弦量的指数式表示为：

$$\left.\begin{aligned}\dot{U}_A &= U e^{j180^\circ} \\ \dot{U}_B &= U e^{-j120^\circ + j180^\circ} = U e^{j60^\circ} \\ \dot{U}_C &= U e^{+j120^\circ + j180^\circ} = U e^{j300^\circ}\end{aligned}\right\} \tag{2-15}$$

三角函数式表示为：

$$\left.\begin{aligned}u_a &= U\sin 180^\circ \\ u_b &= U\sin(180^\circ - 120^\circ) = U\sin 60^\circ \\ u_c &= U\sin(180^\circ + 120^\circ) = U\sin 300^\circ\end{aligned}\right\} \tag{2-16}$$

这时 A 相电压为 0，$u_b=U\sin 60^\circ$，B 相电压为 $+0.866U$，C 相电压为 $-0.866U$。其他特殊角度以此类推，这里不再叙述。

2.3　简单故障分析

我国电力系统中的中性点接地有三种方式：①中性点直接接地方式；②中性点经过消弧线圈接地方式；③中性点不接地方式。

110 kV 以上电网的中性点均采用第①种接地方式。在这种系统中，发生单相接地故障时，接地短路电流很大，故称大接地电流系统。在大接地电流系统中，发生单相接地故障的概率较高，可占短路故障的 70%左右，因此，要求其接地保护能灵敏、可靠、快速、有选择地切除短路接地故障，以免危及电气设备的安全。

3～35 kV 电网的中性点采用第②或第③种接地方式。在这种系统中，发生单相接地故障时接地短路电流很小，故称小接地电流系统。在小接地电流系统中，发生单相接地故障时，并不破坏系统线电压的对称性，其他两相的对地电压要升高$\sqrt{3}$倍，这时系统还可以继续运行 1～2 小时。同时，由绝缘监察装置发出无选择性信号，由值班人员采取措施加以消除。整个电网保护配置的要求如表 2-1 所示。

表 2-1　电网保护配置的要求

电压等级	主要任务	接地方式	主保护配置	线路要求
110 kV 以下	供、配电	非直接接地	阶段式电流保护（单侧，双电源）	单相接地，可继续运行1～2小时
110 kV 以上	输电	直接接地	纵联保护（双侧）	快速切除，保证系统的稳定性

中性点接地系统常见的典型横向故障包括三相短路 $d^{(3)}$，两相短路 $d_{AB}^{(2)}$、$d_{BC}^{(2)}$、$d_{CA}^{(2)}$，两相接地短路 $d_{AB}^{(1,1)}$、$d_{BC}^{(1,1)}$、$d_{CA}^{(1,1)}$，单相接地短路 $d_{A}^{(1)}$、$d_{B}^{(1)}$、$d_{C}^{(1)}$，共计 10 种。其中，三相短路称为横向对称故障，其他称为横向不对称故障。为了更好地理解简单横向故障最基本的电气特征，在以下推导中作了一定的简化，假定故障前线路空载，不考虑负荷电流的影响，故障类型为金属性故障，不考虑过渡电阻的影响。

电力系统简单故障分析的目的是通过分析计算，求解出保护安装处的电流、电压特征。因为只有了解保护安装处的电流和电压特征，才能深入理解保护的构成原理，较好地完成对保护设备的模拟试验，从而更好地完成对电网事故的分析处理工作。

求解方法分为解析法和复合序网法两种，一般都是通过故障时故障点的最基本电气特征，即边界条件，先用解析法求解出故障点各序电流和各序电压的基本特征，再利用它们之间的相互关系建立复合序网，用序网法对故障点和保护安装处的电气特征作进一步的分析，最终得到保护安装处的电流、电压特征。

利用对称分量法分析一个三相不对称系统时，每一序分量一定含有它的序电流、序电压和序阻抗，从而可以组成该序的一个序网。由于各序网是由同一三相系统分解而来的，它们之间一定存在关联的关系，利用它们之间的关联关系可以将各序网连在一起，从而构成一个网络，即为复合序网。

2.3.1　单相接地故障分析

1. 故障点序网图

(1)单相接地短路 $d_{A}^{(1)}$。根据图 2-9(a)写出 A、B、C 相故障边界条件：以线路正方向发生 A 相金属性接地故障为例，接地故障相电压 $\dot{U}_A=\mathbf{0}$，线路空载，即 $\dot{I}_B=\dot{I}_C=\mathbf{0}$。

(2)通过计算变换为正序、负序、零序故障边界条件。

①故障点的各序电流：

正序电流为：

$$\dot{I}_{A1}=\frac{1}{3}(\dot{I}_A+\alpha\dot{I}_B+\alpha^2\dot{I}_C)=\frac{1}{3}\dot{I}_A \tag{2-17}$$

负序电流为：

$$\dot{I}_{A2}=\frac{1}{3}(\dot{I}_A+\alpha^2\dot{I}_B+\alpha\dot{I}_C)=\frac{1}{3}\dot{I}_A \tag{2-18}$$

零序电流为：

$$\dot{I}_{A0}=\frac{1}{3}(\dot{I}_A+\dot{I}_B+\dot{I}_C)=\frac{1}{3}\dot{I}_A$$

可以看出，故障点的三序电流之间的关系为：

$$\dot{I}_{A1}=\dot{I}_{A2}=\dot{I}_{A0}=\frac{1}{3}\dot{I}_A \tag{2-19}$$

②故障点的各序电压：

$$\dot{U}_{A1}+\dot{U}_{A2}+\dot{U}_{A0}=\dot{U}_A=\mathbf{0} \tag{2-20}$$

(3)根据正序、负序、零序故障边界条件，画出复合序网图。

由三序边界条件得到的故障点三序电流和三序电压的相互关系，可以确定三序网络在故障点的连接方式。因三序电流相等（$\dot{I}_{A1}=\dot{I}_{A2}=\dot{I}_{A0}$），所以它们的正序、负序及零序网应串联；同时，因三序电压之和等于零（$\dot{U}_{A1}+\dot{U}_{A2}+\dot{U}_{A0}=\dot{U}_A=\mathbf{0}$），故三序网串联后应短接。画出它们的复合序网图，如图 2-9(b)所示。图中，$Z_{1\Sigma}$、$Z_{2\Sigma}$、$Z_{0\Sigma}$分别为从故障点看进去的等值正序、负序和零序阻抗，$\dot{E}_{A\Sigma}$为从故障点看进去的等值电源电动势。

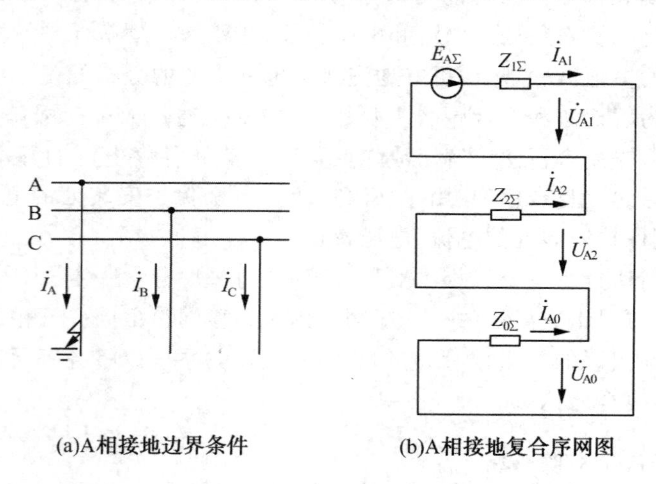

图 2-9　A 相单相接地故障边界条件和复合序网图

故障点的正序电压为：

$$\dot{U}_{A1}=\dot{E}_{A\Sigma}-\dot{I}_{A1}Z_{1\Sigma}=\dot{I}_{A1}(Z_{2\Sigma}+Z_{0\Sigma})$$

故障点的负序电压为：

$$\dot{U}_{A2}=-\dot{I}_{A1}Z_{2\Sigma}$$

故障点的零序电压为：

$$\dot{U}_{A0}=-\dot{I}_{A0}Z_{0\Sigma}$$

由于假定故障前系统是空载，故障电流是由等效电动势形成的，因此，故障点的正序电流为：

$$\dot{I}_{A1}=\frac{\dot{E}_{A\Sigma}}{Z_{1\Sigma}+Z_{2\Sigma}+Z_{0\Sigma}} \tag{2-21}$$

2. 故障点的各序电流、电压相量

由于故障点 A 相的三序电流相等，因此可以先画出 A 相的三序电流，再根据序电流的相位关系画出 B、C 相的序电流，然后再合成各相电流，如图 2-10 所示。由图可得式(2-22)。

$$\left.\begin{array}{l}\dot{I}_{A}=\dot{I}_{A1}+\dot{I}_{A2}+\dot{I}_{A0}\\ \dot{I}_{B}=\dot{I}_{B1}+\dot{I}_{B2}+\dot{I}_{B0}=\mathbf{0}\\ \dot{I}_{C}=\dot{I}_{C1}+\dot{I}_{C2}+\dot{I}_{C0}=\mathbf{0}\end{array}\right\} \tag{2-22}$$

还可以根据故障点 A 相的三序电压之和等于 0$[\dot{U}_{A1}+\dot{U}_{A2}+\dot{U}_{A0}=\mathbf{0}$，即$\dot{U}_{A1}=-(\dot{U}_{A2}+\dot{U}_{A0})]$，先画出 A 相的各序电压相量图，再画出 B、C 相各序相量，然后再合成各相电压，如图 2-11 所示。

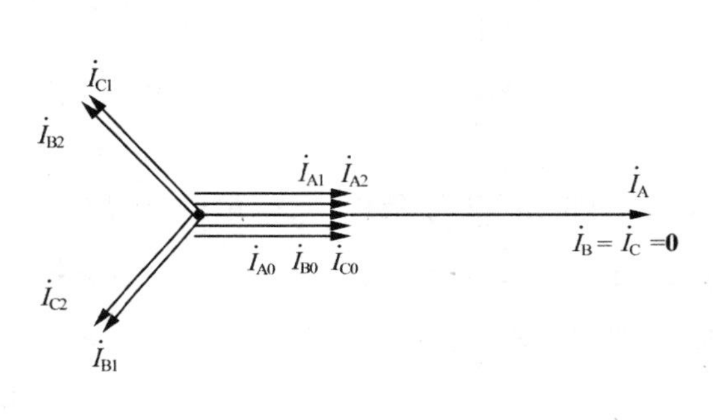

图 2-10　A 相单相接地故障电流相量图

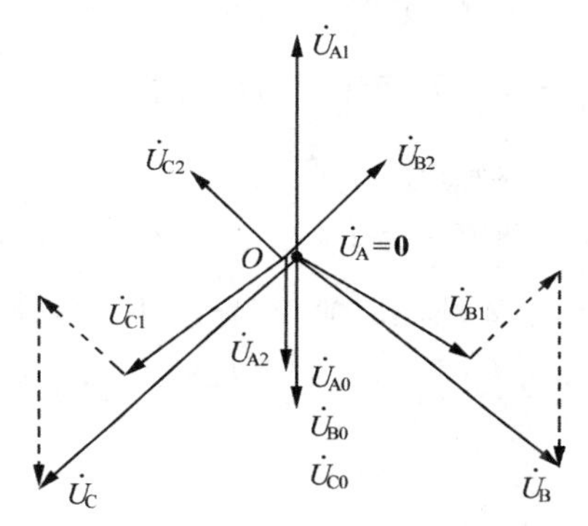

图 2-11　A 相单相接地故障电压相量图

由 2.3.5 节中系统各点各序电压分布规律知，在故障点处，一般情况下，零序阻抗大于负序阻抗，零序电压大于负序电压，因此在画相量时，可以定性地将负序电压画得比零序电压短一些，负序电压和零序电压同向，与正序电压相位相反，相量和等于零，可理解为 $Z_{1\Sigma}>Z_{0\Sigma}>Z_{2\Sigma}$，$\dot{U}_{A1}>\dot{U}_{A0}>\dot{U}_{A2}$。由$\dot{U}_{A1}+\dot{U}_{A2}+\dot{U}_{A0}=\dot{U}_{A}=\mathbf{0}$，知$\dot{U}_{A1}=-(\dot{U}_{A2}+\dot{U}_{A0})$，所以$\dot{U}_{A1}=\dot{E}_{A\Sigma}-\dot{I}_{A1}Z_{1\Sigma}=\dot{I}_{A1}(Z_{2\Sigma}+Z_{0\Sigma})$。由电压相量图可得式(2-23)。

$$\left.\begin{array}{l}\dot{U}_{A}=\dot{U}_{A1}+\dot{U}_{A2}+\dot{U}_{A0}=\mathbf{0}\\ \dot{U}_{B}=\dot{U}_{B1}+\dot{U}_{B2}+\dot{U}_{B0}\\ \dot{U}_{C}=\dot{U}_{C1}+\dot{U}_{C2}+\dot{U}_{C0}\end{array}\right\} \tag{2-23}$$

3. 故障点的电流、电压之间的相位关系及母线电压相量图

由已知的故障点的电流和电压各相之间的相量关系，我们可进一步了解电流、电压之间的相互关系。由于$\dot{U}_{A1}=\dot{I}_{A1}(Z_{2\Sigma}+Z_{0\Sigma})$，若假设$Z_{0\Sigma}$、$Z_{2\Sigma}$的阻抗角相等(实际阻抗角有点差别)，则有$\dot{U}_{A1}$超前$\dot{I}_{A1}(\dot{I}_{A})$一个线路阻抗角 φ，如图 2-12 所示。

由系统各点各序电压分布规律可知在保护安装处(泛指母线)的电压相量关系。电流与故障点一样，故障点 A 相电流滞后于 A 相电压一个线路阻抗角 φ。电压幅值与故障点基本一致，保护安装处正序电压略有升高，负序、零序电压略有降低，如图 2-13 所示。

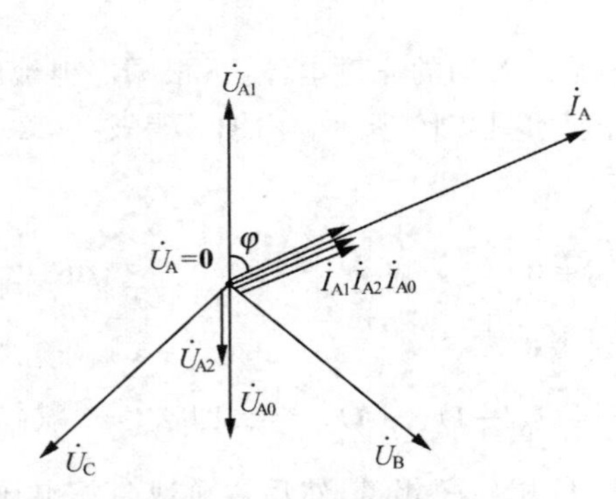

图 2-12　A 相单相接地故障时故障点电流、电压相量关系图

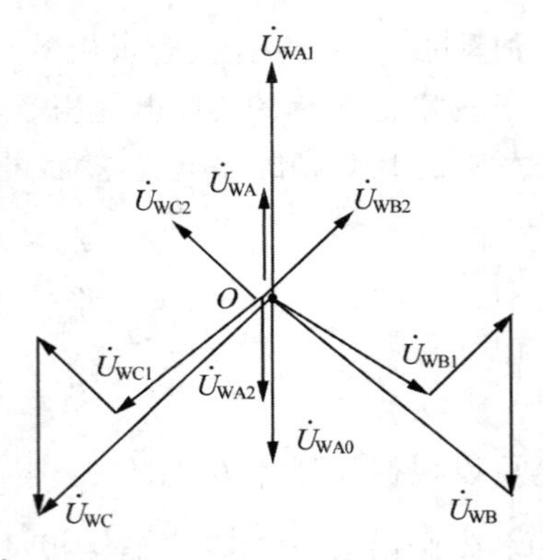

图 2-13　A 相单相接地故障时母线处电压相量关系图

2.3.2　两相短路故障分析

1. 故障点序网图

(1)两相短路 $d_{BC}^{(2)}$。根据图 2-14(a)写出 A、B、C 相故障边界条件：以线路正方向发生 B、C 相金属性短路故障为例，两故障相电压相等，即 $\dot{U}_B=\dot{U}_C$，且两故障相电流幅值相等，相位相反，即 $\dot{I}_B=-\dot{I}_C$。非故障相电流等于零，即线路空载：$\dot{I}_A=\mathbf{0}$。

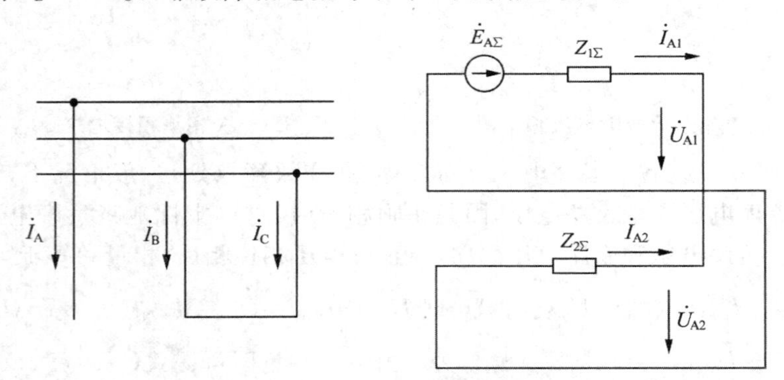

(a)B、C两相短路故障边界条件　　(b)B、C两相短路复合序网图

图 2-14　B、C 两相短路故障边界条件和复合序网图

(2)通过计算变换为正序、负序、零序故障边界条件。

①故障点的各序电流：

正序电流为：

$$\dot{I}_{A1}=\frac{1}{3}(\dot{I}_A+\alpha\dot{I}_B+\alpha^2\dot{I}_C)=\frac{1}{3}(\alpha-\alpha^2)\dot{I}_B=\frac{\sqrt{3}}{3}\mathrm{j}\,\dot{I}_B \tag{2-24}$$

负序电流为：

$$\dot{I}_{A2}=\frac{1}{3}(\dot{I}_A+\alpha^2\dot{I}_B+\alpha\dot{I}_C)=\frac{1}{3}(\alpha^2-\alpha)\dot{I}_B=-\frac{\sqrt{3}}{3}\mathrm{j}\,\dot{I}_B \tag{2-25}$$

零序电流为：

$$\dot{I}_{A0}=\frac{1}{3}(\dot{I}_A+\dot{I}_B+\dot{I}_C)=\mathbf{0} \tag{2-26}$$

可以看出，故障点的正序、负序电流之间的关系为：

$$\dot{I}_{A1}=-\dot{I}_{A2}$$

②故障点的各序电压：

正序电压为：

$$\dot{U}_{A1}=\frac{1}{3}(\dot{U}_A+\alpha\dot{U}_B+\alpha^2\dot{U}_C)=\frac{1}{3}(\dot{U}_A-\dot{U}_B) \tag{2-27}$$

负序电压为：

$$\dot{U}_{A2}=\frac{1}{3}(\dot{U}_A+\alpha^2\dot{U}_B+\alpha\dot{U}_C)=\frac{1}{3}(\dot{U}_A-\dot{U}_B) \tag{2-28}$$

零序电压为：

$$\dot{U}_{A0}=\frac{1}{3}(\dot{U}_A+\dot{U}_B+\dot{U}_C)=\frac{1}{3}(\dot{U}_A+2\dot{U}_B) \tag{2-29}$$

可以看出，故障点的正序、负序电压相等，即：

$$\dot{U}_{A1}=\dot{U}_{A2}$$

(3)根据正序、负序、零序故障边界条件，画出复合序网图，如图 2-14(b)所示。

由$\dot{U}_{A1}=\dot{U}_{A2}$，$\dot{I}_{A1}=-\dot{I}_{A2}$知，正序和负序网并联；又由于$\dot{I}_{A0}=\mathbf{0}$，则该复合序网中没有零序网络部分。

2. 故障点的各序电流、电压相量

首先由$\dot{I}_{A1}$画出 A 相正序电流对称关系图，已知$\dot{I}_{A1}=-\dot{I}_{A2}$，$\dot{I}_{A0}=\mathbf{0}$，再根据$\dot{I}_{A2}$画出 A 相负序电流对称关系图，最后合成 B、C 相电流，大小相等、方向相反，幅值为 A 相序电流的$\sqrt{3}$倍，如图 2-15(a)所示。

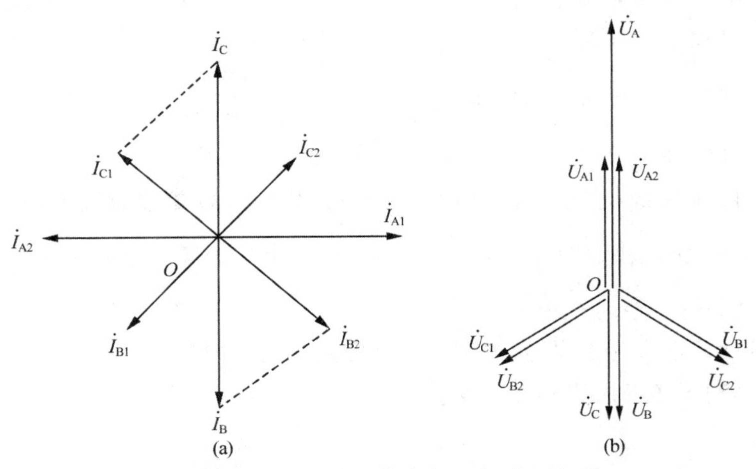

图 2-15 B、C 两相短路故障点电流、电压相量

再根据故障点的正序、负序电压相等，即$\dot{U}_{A1}=\dot{U}_{A2}$，画出 A 相的正序、负序电压相量，以及 B、C 相的正序、负序电压相量，最后合成 A、B、C 三相电压，如图 2-15(b)所示。由图

可以看出，合成后的A相电压等于故障前电压，B、C相电压大小相等、方向相同，线电压等于零，相电压为A相电压的一半，与故障点的边界条件一致。

3. 故障点的电流、电压之间的相位关系及母线电压相量图

由已知的故障点电流和电压各自的相量关系，我们可进一步了解它们之间的相互关系。由于$\dot{U}_{A1}=\dot{U}_{A2}=\dot{I}_{A1}Z_{2\Sigma}$，因此，可以得到$\dot{I}_{A1}$落后$\dot{U}_{A1}$一个线路阻抗角$\varphi$，如图2-16所示。

由图2-16可以看出，由于$\dot{I}_{A1}$落后$\dot{U}_{A1}$一个线路阻抗角φ，进而可以推导出电流$\dot{I}_{BC}$落后B、C相电动势(电压)一个线路阻抗角φ。

由系统各点各序电压分布规律可知在保护安装处(泛指母线)的电压相量关系。电流与故障点一样，故障相A相电流滞后于A相电压一个线路阻抗角φ。电压幅值与故障点基本一致，保护安装处正序电压略有升高，负序电压略有降低，如图2-17所示。

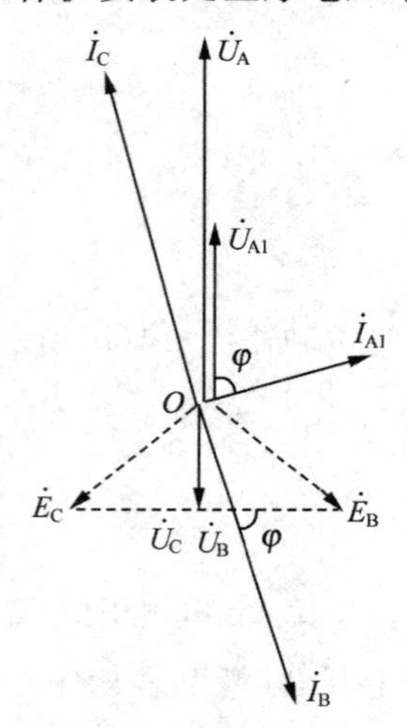

图2-16　B、C两相短路故障点电流、电压相位关系

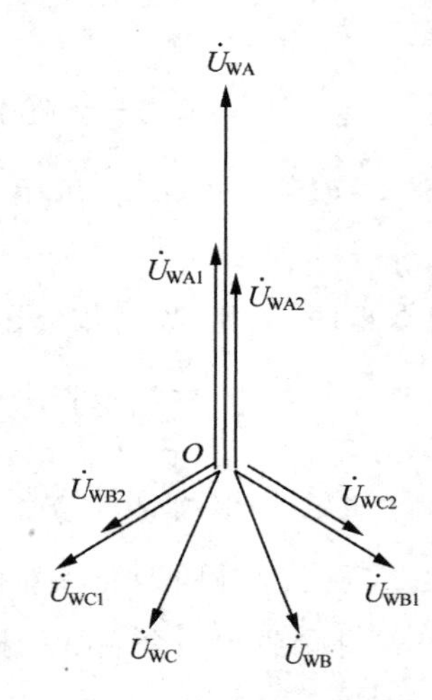

图2-17　B、C两相短路时母线电压相量图

2.3.3　两相接地短路故障分析

1. 故障点序网图

(1)两相接地短路$d_{BC}^{(1,1)}$。根据图2-18(a)写出A、B、C相故障边界条件：以线路正方向发生B、C相金属性接地短路故障为例，两故障相电压为零，即$\dot{U}_B=\dot{U}_C=\mathbf{0}$；非故障相电流等于零，即线路空载：$\dot{I}_A=\mathbf{0}$。

(2)通过计算变换为正序、负序、零序故障边界条件。

①故障点的三序电流之和等于零，即：

$$\left.\begin{aligned}&\dot{I}_{A1}+\dot{I}_{A2}+\dot{I}_{A0}=\dot{I}_A=\mathbf{0}\\&\dot{I}_{A1}=-(\dot{I}_{A2}+\dot{I}_{A0})\end{aligned}\right\}\qquad(2\text{-}30)$$

②故障点的各序电压：

正序电压为：

$$\dot{U}_{A1}=\frac{1}{3}(\dot{U}_A+\alpha\dot{U}_B+\alpha^2\dot{U}_C)=\frac{1}{3}\dot{U}_A \tag{2-31}$$

负序电压为：

$$\dot{U}_{A2}=\frac{1}{3}(\dot{U}_A+\alpha^2\dot{U}_B+\alpha\dot{U}_C)=\frac{1}{3}\dot{U}_A \tag{2-32}$$

零序电压为：

$$\dot{U}_{A0}=\frac{1}{3}(\dot{U}_A+\dot{U}_B+\dot{U}_C)=\frac{1}{3}\dot{U}_A \tag{2-33}$$

可以看出，故障点的三序电压相等，即：

$$\dot{U}_{A1}=\dot{U}_{A2}=\dot{U}_{A0}$$

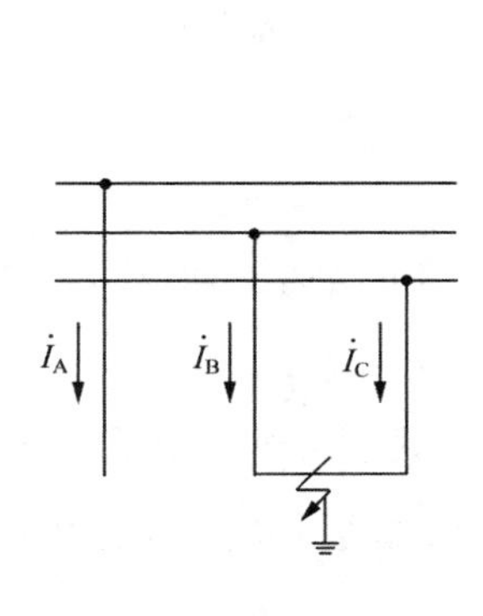

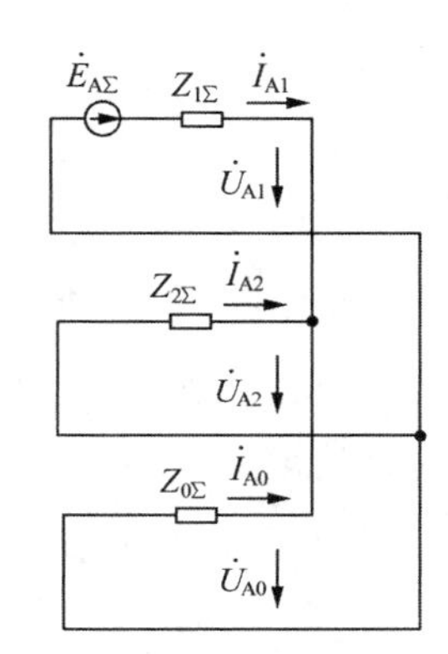

(a)B、C两相接地短路故障边界条件　　(b)B、C两相接地短路复合序网图

图 2-18　B、C两相接地短路故障边界条件和复合序网图

(3)根据正序、负序、零序故障边界条件，画出复合序网图。

由$\dot{I}_{A1}+\dot{I}_{A2}+\dot{I}_{A0}=\dot{I}_A=\mathbf{0}$和$\dot{U}_{A1}=\dot{U}_{A2}=\dot{U}_{A0}$，可以画出如图 2-18(b)所示的复合序网图，三个序网并联。

正序电流为：

$$\dot{I}_{A1}=\frac{\dot{E}_{A\Sigma}}{Z_{1\Sigma}+\dfrac{Z_{0\Sigma}Z_{2\Sigma}}{Z_{2\Sigma}+Z_{0\Sigma}}} \tag{2-34}$$

负序电流为：

$$\dot{I}_{A2}=-\dot{I}_{A1}\frac{Z_{0\Sigma}}{Z_{2\Sigma}+Z_{0\Sigma}} \tag{2-35}$$

零序电流为：

$$\dot{I}_{A0}=-\dot{I}_{A1}\frac{Z_{2\Sigma}}{Z_{2\Sigma}+Z_{0\Sigma}} \tag{2-36}$$

2.故障点的各序电流、电压相量

(1)电流：根据$\dot{I}_{A1}=-(\dot{I}_{A2}+\dot{I}_{A0})$画出正序电流关系图，在此基础上再画 B、C 相正序电流、负序电流和零序电流对称关系图，最后合成 B、C 相电流，如图 2-19(a)所示。

(2)电压：根据故障点的三序电压大小相等、方向相同，先画出 A 相的正序、负序和零序电压相量，再画 B、C 相的正序、负序和零序电压相量，最后合成 A、B、C 三相电压，如图 2-19(b)所示。可以看出，合成后的 A 相电压等于正常电压，B、C 相电压等于零。

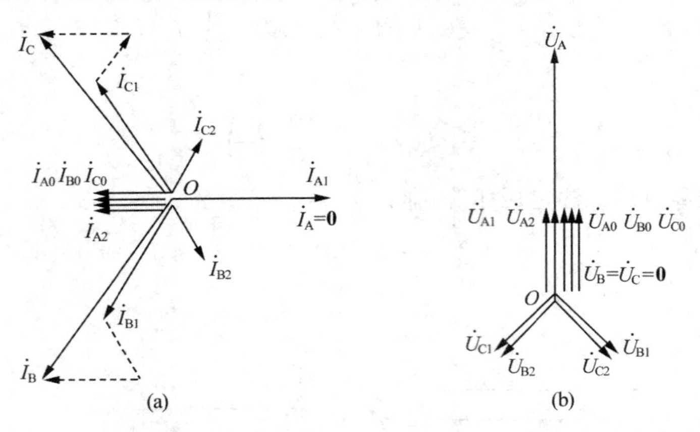

图 2-19　B、C 两相接地短路故障点电流、电压相量

3. 故障点的电流、电压之间的相位关系及母线电压相量图

由已知的故障点的电流和电压各自的相量关系，我们可进一步了解它们之间的相互关系。由于$\dot{U}_{A1}=\dot{U}_{A2}=\dot{I}_{A1}Z_{1\Sigma}$，因此，可以得到$\dot{I}_{A1}$落后$\dot{U}_{A1}$一个线路阻抗角 φ，如图 2-20 所示。

从图中可以看出，由于$\dot{I}_{A1}$落后$\dot{U}_{A1}$一个线路阻抗角 φ，进而可以推导出电流$\dot{I}_{BC}$落后 B、C 相电动势(电压)一个线路阻抗角 φ。

由系统各点各序电压分布规律可知在保护安装处(泛指母线)的电压相量关系。电流与故障点一样，故障相 A 相电流滞后于 A 相电压一个线路阻抗角 φ。电压幅值与故障点基本一致，保护安装处正序电压略有升高，负序电压略有降低，如图 2-21 所示。

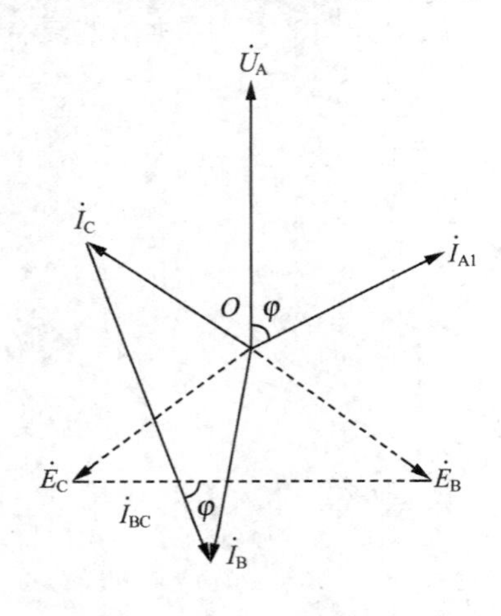

图 2-20　B、C 两相接地短路故障点电流、电压相位关系

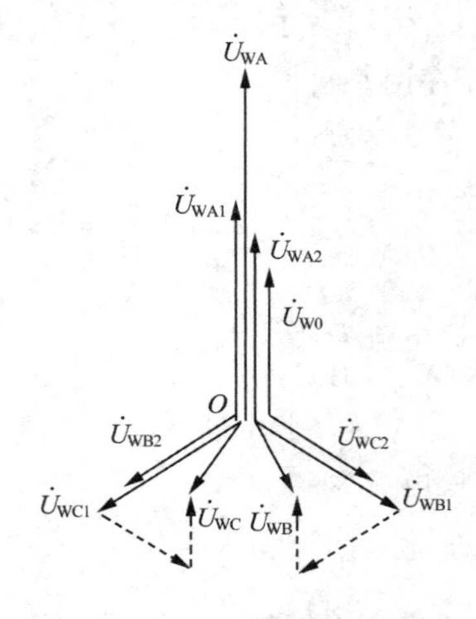

图 2-21　B、C 两相接地短路时母线电压相量图

2.3.4　三相短路故障分析

1. 故障点序网图

(1)三相短路 $d^{(3)}$。根据图 2-22(a)写出 A、B、C 相故障边界条件：以线路正方向发生三相金属性短路故障为例，故障三相电压为零，即$\dot{U}_A=\dot{U}_B=\dot{U}_C=\mathbf{0}$。

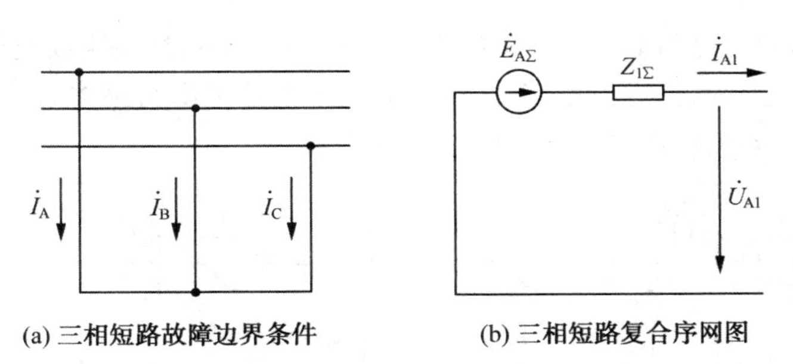

图 2-22　三相短路故障边界条件和复合序网图

(2)通过计算变换为正序、负序、零序故障边界条件。

三相短路与上述不对称短路不同，由于系统对称，可以只用其中一相来分析，然后再根据三相之间的相位关系，就可以得到三相系统的故障量。另外，由于系统对称，故障期间不产生负序和零序分量，序网中也只有正序网络。故障点的正序电流等于 A 相电流，即$\dot{I}_{A1}=\dot{I}_A$；故障点的正序电压等于 A 相电压，即$\dot{U}_{A1}=\dot{U}_A=\mathbf{0}$。

(3)根据正序、负序、零序故障边界条件，画出复合序网图。

由于故障点只有正序网络，且正序电压等于 0，故可以画出如图 2-22(b)所示的复合序网。

2. 故障点的各序电流、电压相量

故障点的正序电流为：

$$\dot{I}_{A1}=\frac{\dot{E}_{A\Sigma}}{Z_{1\Sigma}} \tag{2-37}$$

故障点的正序电压为：

$$\dot{U}_{A1}=\dot{E}_{A\Sigma}-\dot{I}_{A1}Z_{1\Sigma} \tag{2-38}$$

3. 故障点的电流、电压之间的相位关系及母线电压相量图

由系统各点各序电压分布规律可知，在保护安装处(泛指母线)只有正序电压，为$\dot{U}_{A1}=\dot{E}_{A\Sigma}-\dot{I}_{A1}Z_{1\Sigma}=\dot{I}_{A1}Z_{K1}$，比故障点电压高。其幅值与到故障点的距离有关，距故障点越远，幅值越高，出口短路为零。电流与故障点一样，故障相电流滞后于相电压一个线路阻抗角 φ，如图 2-23 所示。

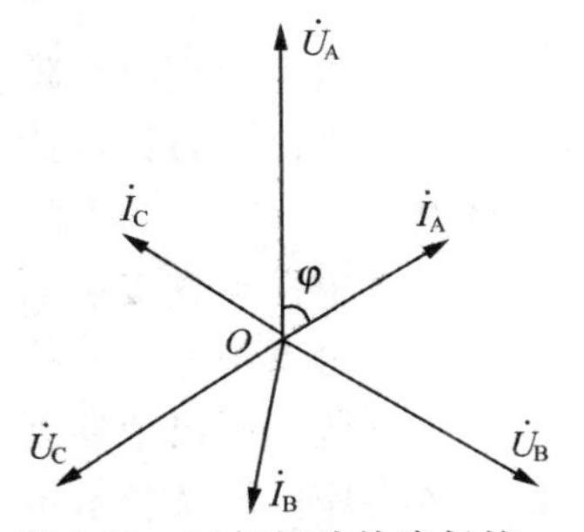

图 2-23　三相短路故障保护安装处电流、电压相位关系

2.3.5　不同类型短路电压各序对称分量的变化规律

发生各种不同类型的短路时，电压各序对称分量的变化规律如图 2-24 所示。由图可知，正序电压越靠近故障点数值越小，负序电压和零序电压越靠近故障点数值越大。单相接地短路时，正序电压$\dot{U}_1$在电源处最高，沿途不断下降，至短路点处最低。负序电压$\dot{U}_2$和零序电压$\dot{U}_0$在短路点处最高，沿途不断下降，负序电压至电源中性点处最低，零序电压至零序网络的终止处最低。三相短路时，母线上正序电压下降得最多，两相接地短路次之，两相短路又次之，单相短路时正序电压下降得最少。

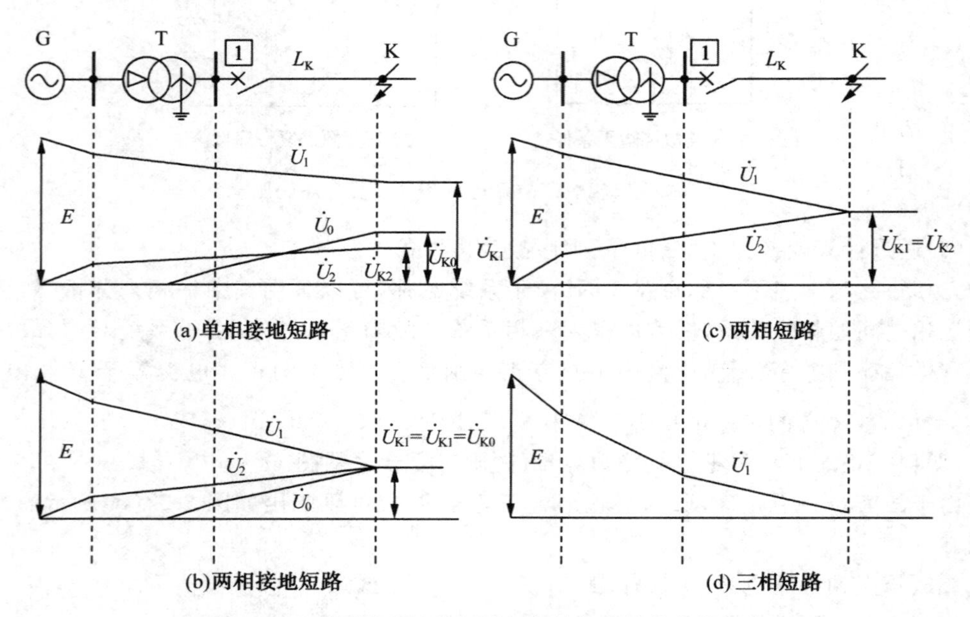

(a)单相接地短路　(c)两相短路

(b)两相接地短路　(d)三相短路

图 2-24　不同类型短路电压各序对称分量的变化规律

思考题

1. 何谓电力系统故障、不正常工作情况？分别有哪些类型？产生哪些后果？

2. 在中性点直接接地和非直接接地电网中发生接地短路时，对接地保护要求如何？为什么？

3. 在中性点直接接地电网中发生接地短路时，零序电压和零序电流有何特点？

4. 电力系统发生短路后，序分量是怎样分布的？画复合序网图需要哪几个步骤？

5. 试分别画出中性点接地系统发生单相接地短路、两相接地短路、两相短路和三相短路的复合序网图及相量图。

第3章　互感器基本接线

在电力系统中，对于一次电气设备的高电压和大电流的测量，必须经过互感器的第一次变换，将高电压变换为低电压、大电流变换为小电流，才能在二次侧接入各种测量仪表和自动保护装置。二次侧的电压100 V、电流5 A再经过第二次变换变得更小，一路供给弱电控制装置；另一路抽取序分量供给对称分量滤序器。整体过程如图 3-1 所示。

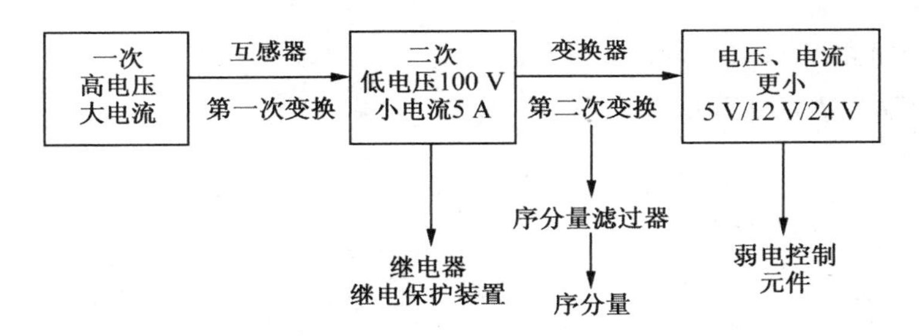

图 3-1　电力系统一次到二次变换过程

在发电厂和变电站中应用最广泛的是电压互感器(TV)和电流互感器(TA)，其工作原理与变压器近似。特点是：电压互感器二次额定电压为100 V；电流互感器二次额定电流为5 A或1 A。这样可使测量仪表、控制装置标准化，将二次设备与一次设备隔离，既保证了人身安全，又使接线安装方便。在电力系统运行中规定：电压互感器二次侧不能短路，电流互感器二次侧不能开路。这两点必须特别注意。

3.1　电压互感器接线

电压互感器(TV)类似于一种小型降压变压器，其一次绕组并联于电力系统一次回路中，二次绕组并接各种测量仪表等二次负荷，在一次绕组为额定电压时，二次绕组电压应为 100 V。

3.1.1　电压互感器的分类及表示方法

电压互感器有两种类型：一种是在 35 kV 及以下中性点不接地系统中，常用的电磁式电压互感器,如图 3-2 所示;另一种是在超高压110 kV及以上中性点直接接地系统中,广泛采用的电容器串联组成的电容分压式互感器,它接于高压导线与地之间,在临近接地的一个电容器端子上并接一只电压互感器,引出 100 V 标准电压,如图 3-3 所示。

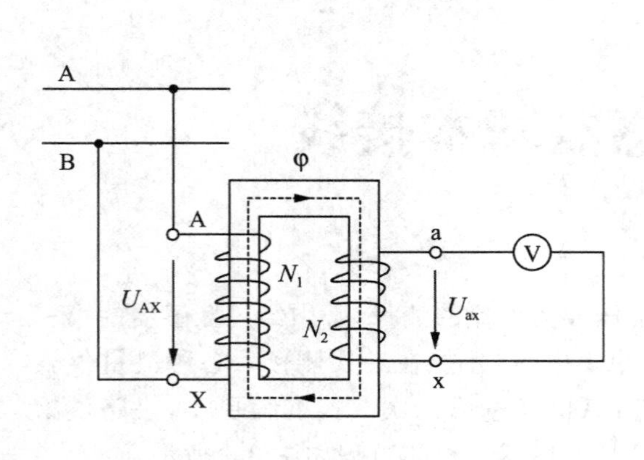

图 3-2　单相电压互感器原理接线图

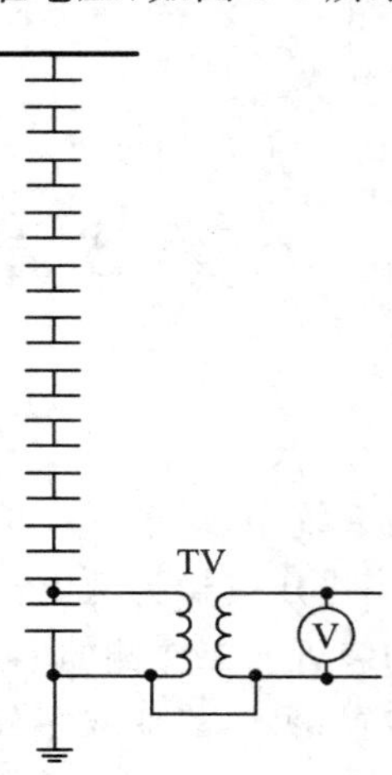

图 3-3　电容分压式电压互感器

电压互感器的表示法如图 3-4、图 3-5 所示。

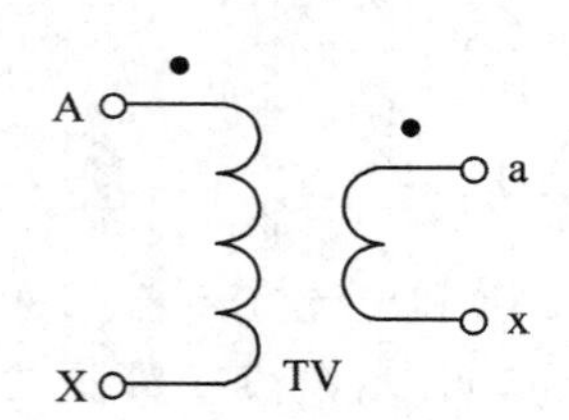

图 3-4　单相电压互感器的表示法

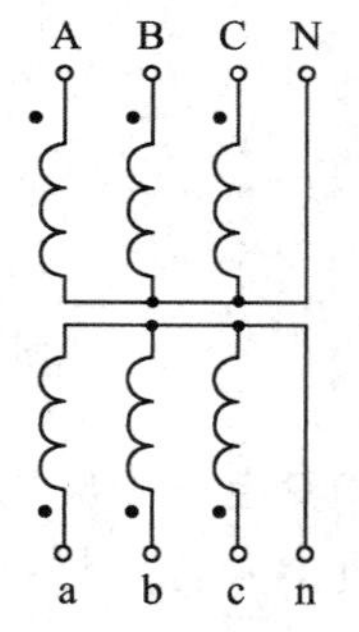

图 3-5　三相电压互感器的表示法

3.1.2　电压互感器的特点

1. 电压互感器一次绕组并接于一次电路,绕组匝数多,导线细,阻抗较大。

2. 电压互感器二次绕组中并接了二次负荷,绕组匝数少,导线细,阻抗大,二次侧不能短路运行,否则将出现过电流。

3. 电压互感器二次绕组的额定电压为 100 V,相电压为$\frac{100}{\sqrt{3}}$ V≈57.7 V。

3.1.3　电压互感器的额定值与型号说明

1. 电压互感器的额定值

(1)额定一次电压:对于三相电压互感器和用于单相系统或三相系统相间的单相互感

器，其额定一次电压有 6 kV、10 kV、15 kV、20 kV、35 kV、60 kV、110 kV、220 kV、330 kV、500 kV。对于接在三相接地系统相与地之间或中性点与地之间的单相电压互感器，其额定一次电压为上述额定电压的 $1/\sqrt{3}$。

(2)额定二次电压值：额定二次电压是按互感器使用的实际情况来选择的。接到单相系统或接到三相系统相间的单相电压互感器和三相电压互感器的标准值为 100 V。

供三相接地系统中相与地之间的单相电压互感器，当其额定一次电压为某一数值除以$\sqrt{3}$时，额定二次电压必须是 $100\ V/\sqrt{3}$，以保持额定电压比值不变。

接成开口三角形的剩余电压绕组额定电压与系统中性点接地方式有关。中性点直接接地系统的接地电压互感器额定二次电压为 100 V，中性点非有效接地系统的接地电压互感器额定二次电压为 100 V/3。

(3)电压互感器的变比：电压互感器一次绕组的匝数为 N_1，一次额定电压为 U_{1N}，二次绕组的匝数为 N_2，二次额定电压 $U_{2N}=100$ V，所以其电压比 $n=\frac{U_{1N}}{U_{2N}}=\frac{N_1}{N_2}$，即电压和匝数成正比。为适应不同电压等级的需要，电压互感器的电压比通常有 3000/100、6000/100、35000/100、110000/100、220000/100、500000/100 等。根据一次系统的电压等级，可选择合适的电压互感器。

(4)额定输出标准值：在功率因数为 0.8(滞后)时，额定输出标准值为 10 VA、15 VA、25 VA、30 VA、50 VA、75 VA、100 VA。

2.电压互感器的型号说明

电压互感器的型号编排方法如图 3-6 所示。

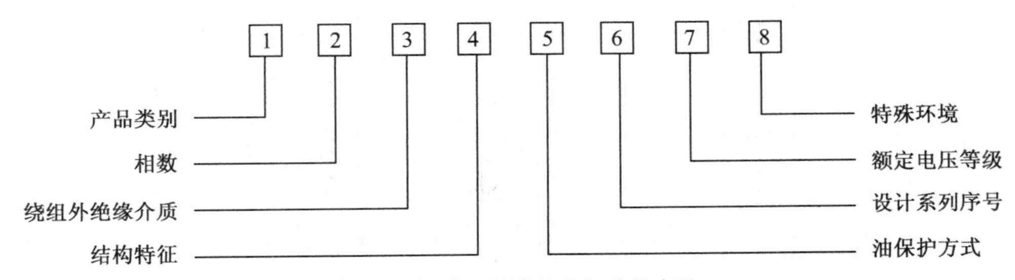

图 3-6　电压互感器的型号编排方法

下面以电磁式电压互感器为例进行说明。其型号均以汉语拼音字母表示，字母的代表意义及排列顺序如下：

(1)产品类别：J——电压互感器。

(2)相数：D——单相；S——三相；C——串级式；W——五铁芯柱。

(3)绕组外绝缘介质：G——干式；J——油浸式；C——瓷绝缘；Z——浇注绝缘；Q——气体绝缘。

(4)结构特征：W——五铁芯柱绕组；B——三柱带补偿绕组；X——带零序电压绕组；F——测量与保护绕组分开。

(5)油保护方式：N——不带膨胀器；带金属膨胀器不表示。

(6)设计系列序号：用数字表示。

(7)额定电压等级:用 kV 表示。

(8)特殊环境:GH——高海拔地区使用;W——污秽地区用;TA——干热带地区用;TH——湿热地区使用。

3.1.4 接线方式

电压互感器在三相电路中有四种常见的接线方式:

1. 两个单相电压互感器接成 V/V 形,如图 3-7 所示。它可以提供三个对称的线电压,不能提供相电压,互感器二次侧 B 相接地。这种接线方式适用于中性点不接地系统,可供仪表、继电器接于三相三线制电路的各个线电压,被广泛地应用在工厂变配电所的 6～10 kV配电线路中。

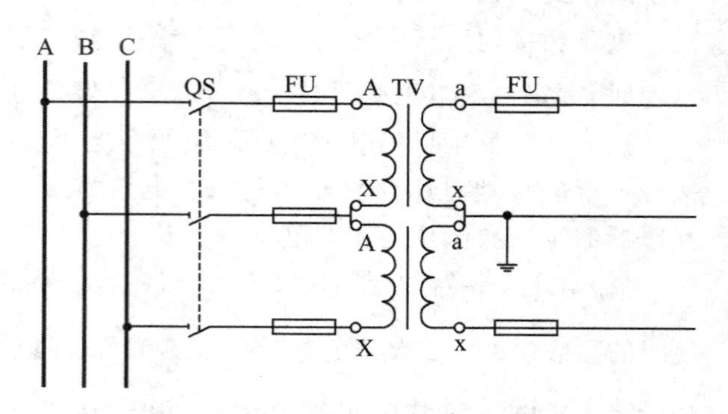

图 3-7　两个单相电压互感器接成 V/V 形

2. 三个单相电压互感器接成 Y_0/Y_0形,如图 3-8 所示。产品名称为三相三柱式电压互感器,一般用于中性点不接地或经消弧线圈接地的小电流接地系统中,其一次侧不接地。当小接地电流系统在一次侧发生单相接地时,另两相电压要升高到线电压,所以不能接入按相电压选择的电压表,否则在发生单相接地时电压表可能被烧坏。

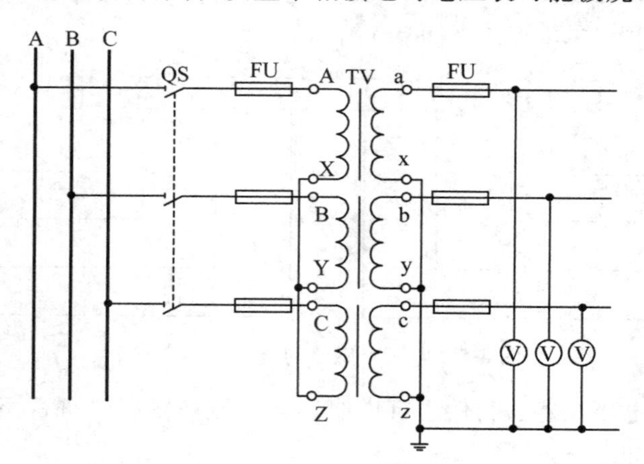

图 3-8　三个单相电压互感器接成 Y_0/Y_0 形

3. 三个单相三线圈电压互感器接成星形和开口三角形接线方式,如图 3-9 所示。其主二次绕组接成星形,辅助二次绕组接成开口三角形,分别可以获得相电压、线电压、零序电压。三相电路正常工作时,开口三角形两端的电压接近于零。当某一相接地时,开口三角形两端将出现近 100 V 的零序电压,构成零序电压过滤器。注意区分中性点直接接地系统与不接地系统,二次侧开口三角形绕组输出电压不同。用于110 kV以上中性点直接接地系统中的电压互感器的变比为$\frac{U_{1N}}{\sqrt{3}}$:$\frac{100\ \text{V}}{\sqrt{3}}$:100 V;用于35 kV以下中性点不直接接地系统中的电压互感器的变比为$\frac{U_{1N}}{\sqrt{3}}:\frac{100\ V}{\sqrt{3}}:\frac{100}{3}$ V。

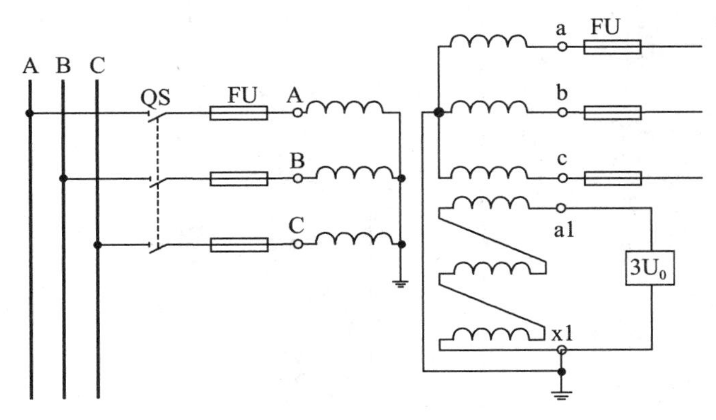

图 3-9　三个单相三线圈电压互感器接成星形和开口三角形

4. 三相五柱式三线圈电压互感器接成星形和开口三角形接线方式。其主二次绕组接成星形，辅助二次绕组接成开口三角形，分别可以获得相电压、线电压、零序电压。通常用于中性点不接地系统。

3.1.5　电压互感器的接线要求

电压互感器二次回路接线合理与可靠，是测量仪表、继电保护及自动装置正确工作不可缺少的条件。因此，电压互感器的接线应满足以下要求：

1. 应满足测量仪表、远动装置、继电保护和自动装置的要求。
2. 二次回路应有且只有一点可靠的保安接地。
3. 二次回路应装设短路保护。
4. 应有防止从二次回路向一次回路反馈电压的措施。

3.2　电流互感器接线

电流互感器是一种变流器，其结构与普通升压变压器类似，由铁芯、一次绕组和二次绕组构成，分为保护用、测量用两种。一次绕组串接于一次回路，流过负荷电流。二次绕组串接各种测量仪表的电流线圈，在一次绕组为额定电流时，其二次绕组电流为 5 A；一般220 kV及以上系统中多用二次绕组电流为 1 A，以增强带负载能力。

3.2.1　电流互感器的极性

单相电流互感器的表示方法如图 3-10 所示。图中，I_1 为一次绕组流过的电流，I_2 为二次绕组流过的感应电流。

电流互感器一、二次绕组标有同一符号的端子称为同名端或同极性端。同名端表示某一瞬间由此两端子注入电流时，所产生的磁通是相互增强的，或此两端子同时达到最高或最低电位,用极性符号表示。极性的表示法:我国规定,按减极性法标注,如图 3-10 所示。一次电流 I_1 由 L_1 端流入,从 L_2 端流出;二次感应电流 I_2 在二次绕组内部由 K_2 端流入,从 K_1 端流出。即在一、二次绕组中,电流的正方向是相反的,铁芯中的合成磁通是相反的,可以理解为是相减的。

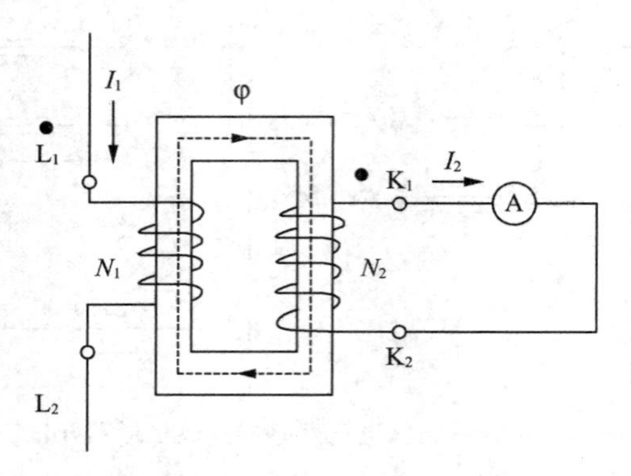

图 3-10 单相电流互感器原理图

3.2.2 电流互感器的变比

电流互感器一次绕组的匝数为 N_1,额定电流为 I_{1N};二次绕组的匝数为 N_2,额定电流为 I_{2N}。若一、二次绕组有相同的安匝数,即 $I_{1N}N_1=I_{2N}N_2$,则一、二次绕组额定电流之比称为电流互感器的额定电流比,即:

$$n=\frac{I_{1N}}{I_{2N}}=\frac{N_2}{N_1} \tag{3-1}$$

由式(3-1)可看出,电流与绕组匝数成反比。

为适应不同负荷电流测量的需要,电流互感器的电流比通常有 15/5、30/5、50/5、100/5、150/5、300/5 等。根据一次电流的大小,可选择合适电流比的电流互感器。

3.2.3 电流互感器的特点

1. 电流互感器一次绕组串接在一次回路中,绕组匝数少(一至数十匝),流过一次绕组的负荷电流大(几十至数万安),导线粗,阻抗小。

2. 电流互感器二次绕组匝数多,阻抗相对较大,额定电流为 5 A 或 1 A。二次侧串接电流表、功率表及继电器的电流线圈,负荷阻抗很小,接近于短路状态。

3. 电流互感器二次绕组不能开路运行。原因是电流互感器正常运行时,二次绕组感应的磁通对一次磁通有去磁作用,其合成磁动势小(数千安匝),二次绕组感应电动势只有数十伏。当二次绕组开路时,二次绕组的去磁作用为零,合成磁动势大(达 1 万～2 万安匝),铁芯高度饱和,二次侧感应出数千伏电动势,危及设备及人身安全,并且使铁损增大,温度上升,准确度下降。所以电力系统中规定:严禁电流互感器二次侧开路运行。

3.2.4 电流互感器的接线方式

电流互感器的接线方式是随测量仪表、继电保护和自动装置的要求而定的。从使用功能上来分，可将电流互感器分为测量用电流互感器和保护用电流互感器两类。

1.测量用电流互感器的接线方法

测量用电流互感器的作用是在正常电压范围内，为测量、计量装置提供电网电流信息。

(1)普通电流互感器接线图，如图3-11所示。

电流互感器的一次侧电流是从P_1端子进入，从P_2端子出来（在背面），即P_1端子连接电源侧，P_2端子连接负载侧。

电流互感器的二次侧电流从S_1端子流出，进入电流表的正接线柱，从电流表负接线柱出来后流入电流互感器二次端子S_2，原则上要求S_2端子接地。

注：某些电流互感器一次侧标称L_1、L_2，二次侧标称K_1、K_2。

(2)穿心式电流互感器接线图，如图3-12所示。

穿心式电流互感器接线与普通电流互感器类似：一次侧从互感器的P_1面穿过，从P_2面出来；二次侧接线与普通互感器相同。

图3-11 普通电流互感器接线图

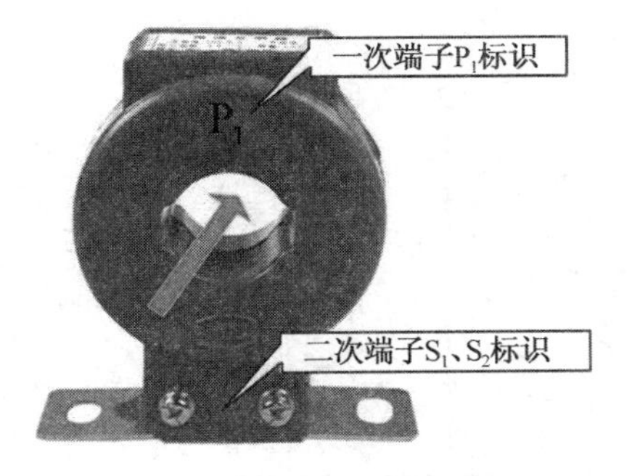

图3-12 穿心式电流互感器接线图

2.保护用电流互感器的接线方式

保护用电流互感器常见的接线方式有四种：单相接线、三相星形联结、两相星形（不完全星形）联结、零序联结等。

(1)单相接线：在三相电路中，只在一相中接入电流互感器，只能反映单相电流的情况，适用于测量三相对称负荷的一相电流、变压器中性点的零序电流，如图3-13所示。

(2)三相星形联结：在三相电路中的三相各接入一只电流互感器，二次绕组采用星形联结，可用于负荷平衡和不平衡的电路中测量三相电流、有功功率、无功功率、电能等电气量，如图3-14所示。三相电流互感器能够及时、准确地了解三相负荷的变化情况。

(3)两相星形（不完全星形）联结：两个电流互感器分别接在A相和C相。这种接线方式广泛应用于中性点不接地系统，只要获得两相电流的信息就可算出第三相的电流信息。在实际工作中用得最多，但仅限于三相三线制系统。它节省了一台电流互感器，如图3-15所示。

(4)零序接线：如图 3-16 所示，三个同型号的电流互感器并联接入仪表或继电器，流入仪表的电流等于三相电流之和，它反映的是零序电流之和，因此专用于零序保护。

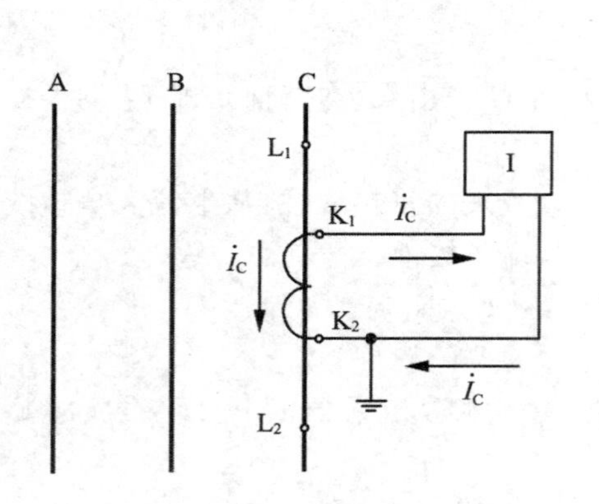

图 3-13　单相接线

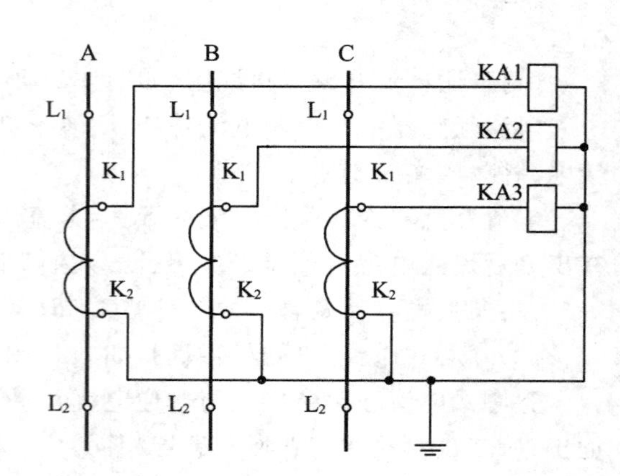

图 3-14　三相星形联结

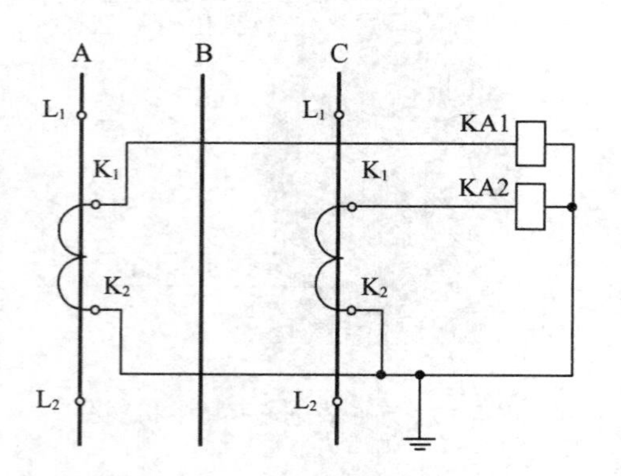

图 3-15　两相星形(不完全星形)联结

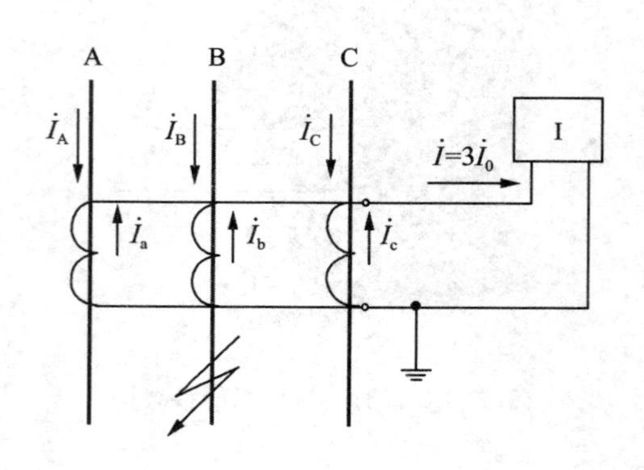

图 3-16　零序接线

零序电流互感器的接线方式是在一圆形铁芯中通过三相导线，二次绕组绕在铁芯上，如图 3-17 所示。正常情况下，若三相导线负荷对称，即一次电流对称，其相量和为零，铁芯中不产生磁通，因此二次绕组中没有电流。当系统发生单相接地短路时，三相电流之和不为零，出现三倍的零序电流，铁芯中出现零序磁通，则在二次绕组中有感应电动势产生。

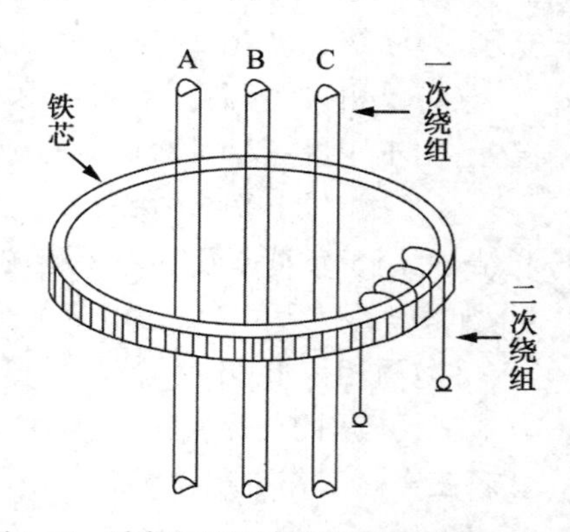

图 3-17　零序电流互感器原理接线图

3.2.5　电流互感器的分类

电流互感器一般可分为测量用电流互感器和保护用电流互感器两种。

1. 测量用电流互感器

测量用电流互感器指专门用于测量电流和电能的电流互感器。测量用电流互感器在正常运行情况下，精度要求相对较高，能正确测量一次系统的工作电流。另外，测量用电流互感器在大电流情况下也更容易饱和，以防止发生系统故障时，大的短路电流造成计量表计的损坏。

2. 保护用电流互感器

保护用电流互感器指专门用于继电器保护和自动控制装置的电流互感器。保护用电流互感器又可分为P类(稳态保护类)和TP类(暂态保护类)两种。P类(稳态保护类)电流互感器不考虑暂态饱和问题，仅按通过互感器的最大稳态短路电流选用互感器，而对暂态饱和引起的误差主要由保护装置本身采取措施，防止可能出现的错误动作行为(误动或拒动)。TP类(暂态保护类)电流互感器要求在最严重的暂态条件下不饱和，互感器误差在规定范围内，以保证保护装置的正确动作。

3.2.6　电流互感器的准确度

为了保证测量的准确性，保证保护装置动作可靠，电流互感器必须达到一定的准确度。在国家标准《电流互感器》(GB 1208—1997)中，规定测量用电流互感器的准确度等级分为0.1、0.2、0.5、1、3、5六个标准，这是一个相对误差标准。其中0.1～1的四个标准的二次负荷应为额定负荷的25%～100%，3、5两个标准的二次负荷应为额定负荷的50%～100%，否则准确度不能满足要求。所以，在负荷范围广、准确度要求高的场合，可以采用经补偿的0.2 s和0.5 s电流互感器，该互感器在1%～120%负荷间均能满足准确度要求。对测量用电流互感器除了有幅值准确度要求外，还有角度误差要求。

继电保护用电流互感器的准确度等级要求一般没有测量用的高，但要求在额定一次电流下误差不超过规定值。由于要求其在故障大电流时有较好的传变特性，所以在一定短路电流倍数下误差不超过规定值。电流互感器的准确性能要求分为两类(稳态和暂态保护类型)：

(1)要求在给定短路电流下的复合误差不超过规定值。P类及PR类电流互感器一般用εPM表示误差等级，如5P10，其含义是在10倍互感器额定电流下的短路电流时，其误差满足5%的要求。其中，ε是准确度等级，M是一次电流与额定电流的倍数。在标准GB 1208—1997中，规定5P、10P两个准确度等级。

(2)要求对电流互感器的励磁特性作出规定，适用于TPX、TPY、TPZ等类型的电流互感器。

3.2.7　电流互感器的二次负载

1. 电流互感器的二次负载指的是二次绕组所承担的容量，即负载功率，计算公式为：

$$S_2=U_2I_2=I_2^2Z_2 \tag{3-2}$$

2. 由于电流互感器的二次工作电流只随一次电流变化，而不随二次负载阻抗变化。因此，其容量S_2取决于Z_2的大小，通常，Z_2作为电流互感器的二次负载阻抗，也被称作二次绕组负载的总阻抗。它包括测量仪表或继电器（或远动、自动装置）等电流线圈的阻抗Z_{22}、连接导线阻抗Z_{21}和接触电阻 R 三部分，即：

$$Z_2 = K_1 Z_{22} + K_2 Z_{21} + R \tag{3-3}$$

3. 电流互感器额定二次电流是标准化的，只有 1 A 及 5 A 两种，电流互感器的二次负荷可以用阻抗 $Z_2(\Omega)$或容量 S_2(VA)表示。二者之间的关系为：

$$S_2 = I_2 \times I_2 \times Z_2 \tag{3-4}$$

当电流互感器二次电流为 5 A 时，$S_2 = 25Z_2$；当电流互感器二次电流为 1 A 时，$S_2 = Z_2$，Z_2 可增加 25 倍。因此，二次电流为 1 A 的电流互感器带负载的能力与二次电流为 5 A的电流互感器相比，带负载的能力更强。

电流互感器的二次负荷额定值 S_2(VA)可根据需要选用 5 VA、10 VA、15 VA、20 VA、25 VA、30 VA、40 VA、50 VA、60 VA、80 VA、100 VA。

3.2.8　电流互感器型号说明

电流互感器的型号编排方法如图 3-18 所示。

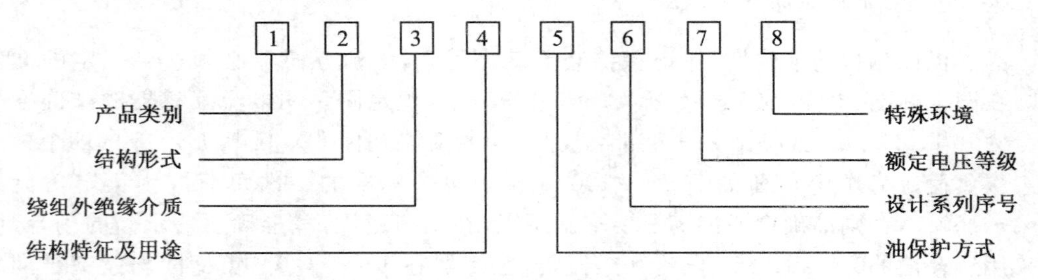

图 3-18　电流互感器的型号编排方法

下面以电磁式电流互感器为例进行说明。其型号均以汉语拼音字母表示，字母的代表意义及排列顺序如下：

(1)产品类别：L——电流互感器。

(2)结构形式：A——穿墙式；M——母线式；D——单匝贯穿式；W——户外式；F——复匝式；Y——低压式；Q——绕线式；V——倒立式。

(3)绕组外绝缘介质：G——干式；C——瓷绝缘；Q——SF_6气体绝缘；Z——浇注式绝缘；K——绝缘外壳；

(4)结构特征及用途：B——保护级。

(5)油保护方式：N——不带膨胀器；带金属膨胀器不表示。

(6)设计系列序号：用数字表示。

(7)额定电压等级：用 kV 表示。

(8)特殊环境：GH——高海拔地区使用；W——污秽地区用；TA——干热带地区用；TH——湿热地区使用。

3.2.9 电流互感器的误差

电流互感器是电力系统中非常重要的一次设备，而掌握其误差特性10%误差曲线，对于继电保护人员来说是十分必要的，它可避免继电保护装置在被保护设备发生故障时拒动，保证电力系统稳定可靠地运行，对提高继电保护装置的正确动作率有着十分重要的意义。

由于电流互感器励磁阻抗并非无穷大，导致励磁电流不为零，这是产生比值误差和相角误差的根本原因。而励磁电流的大小又与励磁阻抗和二次负载阻抗的大小有关，二次负载阻抗增大或铁芯饱和程度加深，都会使误差增大。《继电保护和安全自动装置技术规范》(DL 400—1991)要求，保护用电流互感器比值误差不得超过10%，相角误差不得超过7°。为此，二次负载阻抗须经电流互感器10%误差曲线来校验或选择。

电流互感器制造厂家给出的10%误差特性曲线如图3-19所示。图中横坐标为负载阻抗 Z_L(单位为 Ω)，纵坐标 $m_{10}=I/I_N$ 为电流互感器一次侧电流对其额定一次侧电流的倍数。电流互感器用户可以从曲线上查出电流互感器在某负载条件下，幅值误差不超过10%、角度误差不超过7°所允许的最大短路电流；或者从曲线上查出最大短路电流条件下，幅值误差不超过10%、角度误差不超过7°所允许的最大负载。例如，当 m_{10} 为25时，从曲线上可以查出，保证误差不大于10%所能容许的二次侧负荷阻抗 Z_L 应不大于3 Ω；或者二次侧负荷阻抗 Z_L 为3 Ω时，保证误差不大于10%所能容许的一次侧电流对其额定一次侧电流的倍数 m_{10} 应不大于25。

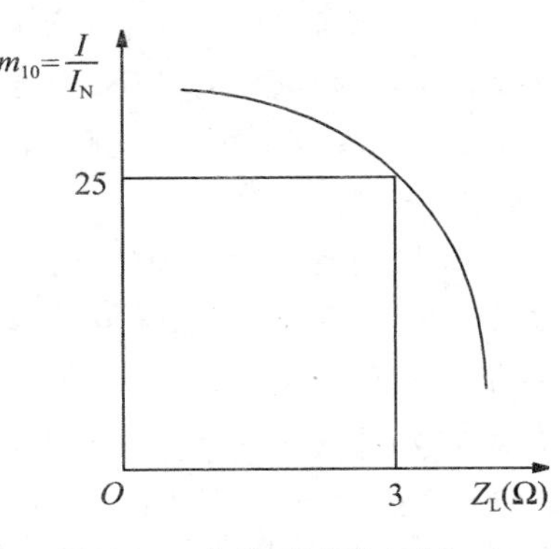

图3-19 电流互感器10%误差特性曲线

3.2.10 电流互感器的接线要求

为使电流互感器安全、准确地工作，电流互感器的二次回路接线应符合一定的要求：

1. 电流互感器二次回路应有一个接地点，以防当一、二次侧绝缘击穿时危及设备及人身安全。但不允许有多个接地点，因为会导致误差加大，且接地点应尽量靠近电流互感器。

2. 电流互感器二次侧不能开路，二次绕组回路不能装熔断器，一般不允许切换。

3. 测量回路和保护回路应分别接在电流互感器不同的二次绕组上。当共用一组绕组时，应采取防开路措施。

4. 电流互感器与电压互感器不能互相连接，否则电压互感器相当于短路，电流互感器相当于开路，将危及设备和人身安全。

3.2.11 电流互感器应用选型

1. 电流互感器的测量级与保护级不能接错

以10 kV电流互感器的0.5/3两个绕组为例。其0.5级准确度绕组应接电能计量仪表，而3级准确度绕组应接继电保护电路。如果接错，一是使正常运行中测量的准确度降低，使电能计量不准。二是在发生短路故障时，由于计量绕组铁芯设计时保证在短路电流超过额定电流的一定倍数时，铁芯饱和，限制了二次电流增长，以保护仪表；而继电保护绕组铁芯不饱和，二次电流随短路电流相应增大，以使继电保护准确动作。如果接错，则继电保护动作不灵敏，而计量仪表可能烧坏。总之，两个二次绕组铁芯厚薄不同，接线时不可接错。

2. 保护用电流互感器的选择

除了变比要满足最大额定电流外，保护用电流互感器还要满足动、热稳定性要求。一般是按照所选变比的多少倍大于短路电流来确定，比如，变比是1000/5，短路电流是20 kA，由20000/1000=20，应该选5P20或者5P25、5P30。当然，如果要求不高，也可以选择10P20或者10P25、10P30。

5P10后面的10就是准确限值系数。5P10表示当一次电流是额定一次电流的10倍时，该绕组的复合误差不大于±5%。准确限值系数的意义就是在保证误差在±5%范围内时，一次电流不能超过额定电流的倍数。如果此时一次电流比较大，就要选用5P20，甚至选用5P30。

如果需要装设保护的地方，在最大运行方式下短路电流是4 kA，你选用的电流互感器是150/5，5P10。也就是说，该电流互感器在150 A×10=1500 A=1.5 kA时，能保证绕组的复合误差不大于±5%；而短路后，电流会超过1.5 kA，甚至达到4 kA，这时就达不到复合误差不大于±5%的要求。如果选用150/5、5P30的电流互感器，电流互感器在150 A×30=4500 A=4.5 kA时，能保证绕组的复合误差不大于±5%，但由于最大短路电流为4 kA，故在全量程中，均能保证保护用电流互感器的精度。

在实际应用中，为降低成本，保护并不需要太高的精度，10P已经能满足需要；且在选择电流互感器时，也没有必要保证在最大短路电流时还保证精度，一般在保护定值附近能保证精度就可以了。

思考题

1. 电流互感器误差产生的原因是什么？何谓10%误差曲线？如何使用？

2. 为什么在运行中，电流互感器的二次侧不能开路，而电压互感器的二次侧不能短路？

3. 电流互感器二次绕组的接线方式有哪几种？

4. 如何保证PT、CT测量的准确度？

5. 测量用、保护用电流互感器怎么选择？型号1P10、1P20的意义是什么？

6. 试述现场测定互感器的极性常用的接线图及方法。

7. 试画出交流电网绝缘监察（包括监视、观察一次侧对地绝缘）保护电路图。

8. 为什么说电流互感器二次电流为1 A比5 A带负载能力更强？

第4章　二次接线基本识图

继电保护装置是完成继电保护功能的核心，它制作完成后首先要进行各项功能测试，合格后再运到现场，如发电厂、变电站的监控室里边，安装在保护屏上面，进行现场调试。保护屏和监控室的设备安装涉及电力系统电气二次接线问题。

二次接线是发电厂及变电站电气接线的重要组成部分，它依附于一次电路，根据一次电路的需要而配置。二次接线的基本任务是反映一次电路的工作状态，控制一次电路中的设备；在一次设备发生故障时，能使故障部分迅速退出，以保持电力系统的稳定运行。

发电厂及变电站的电气设备通常分为一次设备和二次设备，其控制接线可分为一次接线和二次接线。现分述如下：

一次设备是指直接生产、输送、分配电能的高电压、大电流的设备，又称为“主要设备”。它包括发电机(G)、变压器(T)、断路器(QF)、隔离开关(QS)、电力电缆(WP)、母线(W)、输电线(W)、电抗器(L)、避雷器(F)、熔断器(FU)、电流互感器(TA)[又称CT(Current Transformer)]、电压互感器(TV)[又称PT(Potential Transformer)]等。

二次设备是指对一次设备进行监察、控制、测量、调整和保护的低压设备，又称“辅助设备”。它包括测量仪表、控制和信号设备、继电保护装置、自动远动装置、故障录波装置、操作电源、控制电缆、熔断器等。

一次接线又称“主接线”，是将一次设备(主设备)互相连接构成的电路。

二次接线又称“二次回路”，是将二次设备互相连接构成的电路。它包括电气设备的控制操作回路、测量回路、信号回路、保护回路及二次设备的线圈等。

二次接线图以国家规定的通用图形符号和文字符号，表示二次设备的互相连接关系。工程上通常采用三种形式的图，即原理接线图、展开接线图和安装接线图。

4.1　原理接线图

二次原理接线图是用来表示二次设备各元件(仪表、继电器、信号装置、自动装置及控制开关等的辅助触点)的电气联系及工作原理的电气回路图。

4.1.1　二次原理接线图的特点

1. 二次接线和一次接线中的相关部分画在一起，电气元件以整体形式表示，能表明二次设备的构成、数量及电气连接情况，图形直观形象，便于设计构思和记忆。

2. 用统一的图形和文字符号表示，按动作顺序画出，便于分析动作原理，是绘制展开接线图等其他工程图的原始依据。

3. 缺点是没有表明元件的内部接线、端子标号及导线连接方法等，不能作为施工图纸。

这里以图 4-1 为例说明这种接线图的特点。该图是10 kV线路过流保护原理接线图，整套保护方案由四只继电器组成，KA 为电流继电器，其线圈接于 A、C 相电流互感器的二次线圈回路中。下面对各元件的结构和功能以及整套装置的动作原理进行分析。

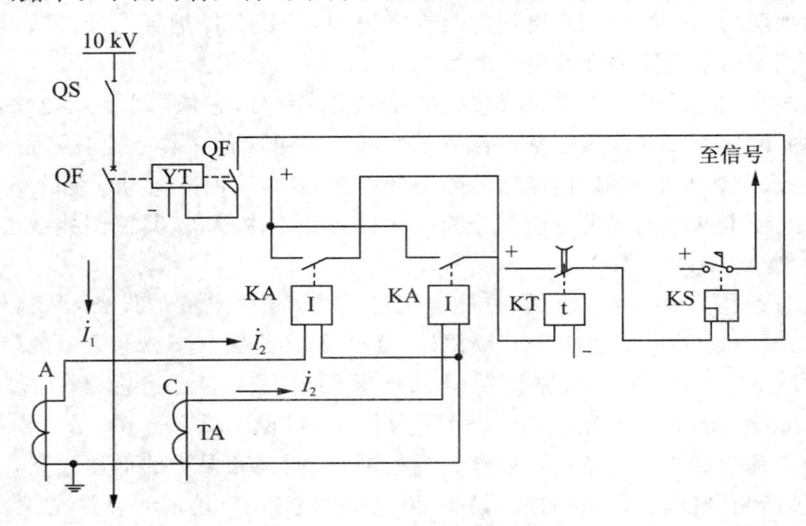

图 4-1　10 kV 线路过流保护原理接线图

4.1.2　元件结构及功能

1. 电流互感器(TA)：其一次绕组流过系统大电流 I_1，二次绕组中流过变化了的小电流 I_2，通常额定值为 5 A。

2. 电流继电器(KA)：线圈中流过电流互感器的二次电流 I_2，当 I_2 达到 KA 的动作值时，其常开触点闭合，接通直流回路。

3. 时间继电器(KT)：线圈通电，其常开触点延时闭合，接通直流回路。

4. 信号继电器(KS)：线圈通电，其常开触点(带自保持)闭合，接通信号回路，并且掉牌，以便值班人员辨别其动作与否。若 KS 动作，需手动复归掉牌，以便准备下一次动作。

5. 断路器跳闸线圈(YT)：当跳闸线圈通电时，断路器跳闸。

6. 断路器(QF)：当合闸线圈通电时，QF 主触点接通大电流，其辅助触点相应切换，常开触点闭合，同时常闭触点断开。

4.1.3　装置动作过程分析

由图4-1可见，当A相或C相发生短路时，电流互感器一次绕组流过短路电流，其二次绕组感应出I_2流经电流继电器KA线圈。KA动作，其常开触点闭合，将由直流操作电源正母线来的电源加在时间继电器KT的线圈上，时间继电器KT启动，经延时后常开触点闭合，正电源经过其触点和信号继电器KS的线圈以及断路器的常开辅助触点QF和断路器跳闸线圈YT接至负电源(信号继电器串接在跳闸线圈回路中)。信号继电器KS的线圈和跳闸线圈YT中有电流流过。两者同时动作，使断路器QF跳闸，并由信号继电器KS的常开触点发出信号且掉牌。

4.1.4　原理图的绘制原则

1. 采用位置画法，即将继电器等设备的线圈和触点，以整体形式表示出来。
2. 电压和电流回路绘制在一起。
3. 不绘元件的内部接线，只绘各元件间的电气连接。

4.2　展开接线图

展开接线图是根据原理图将二次设备按线圈和触点的接线回路分别画出，组成多个独立回路，作为安装、调试及运行的重要技术图纸，也是绘制安装接线图的主要依据。

4.2.1　展开接线图的绘制原则

1. 按不同电源回路划分成多个独立回路。例如，交流回路：电流回路、电压回路，按A、B、C、N相序分行排列；直流回路：控制回路、合闸回路、信号回路、测量回路、保护回路等，按继电器(装置)的动作顺序，自上而下、自左至右排列。
2. 图形的上方或右边有对应文字说明(回路名称、用途等)，便于分析和读图。
3. 导线、端子都有统一规定的回路编号和标号，便于分类查找。

不论是原理图还是展开图，绘制时，必须包含所有的二次设备，采用国家标准的图形、文字和数字标号。

4.2.2　读展开接线图的方法

1. 先读一次接线，后读二次接线。
2. 由图上文字说明，先看交流回路，再看直流回路。
3. 对各种继电器和装置，先找到启动线圈，再找相应的触点。
4. 对同一回路，由上到下，对同一行，由左到右。
5. 对于事故设备分析，先找动作部分，再找相应的信号部分。

4.2.3　展开接线图分析说明

首先搞清楚装置的基本原理和电力系统的基本动态规律。下面以10 kV线路保护展开接线图为例分析说明。

图 4-2 是图 4-1 所示原理接线图的相应展开图，对其分析如下：

1. 图(a)为交流回路，右侧为与二次接线有关的一次接线图，左侧是保护回路展开图。图(b)为直流操作回路和信号回路。

2. 在交流回路中，电流互感器 TA 的二次绕组为该回路的电源，在 A、C 相各接入一只电流继电器线圈 KA1、KA2，由公共线 N411 连成交流回路，构成不完全星形接线。

3. 在直流回路中，正电源在左，负电源在右，其回路分别用 101 和 102 标出。第一行为电流继电器常开触点，KA1、KA2 两者并联启动下端的时间继电器 KT 的线圈。第二行为断路器的跳闸回路。在信号回路中，M716、M703 为"掉牌未复归"光字牌小母线。

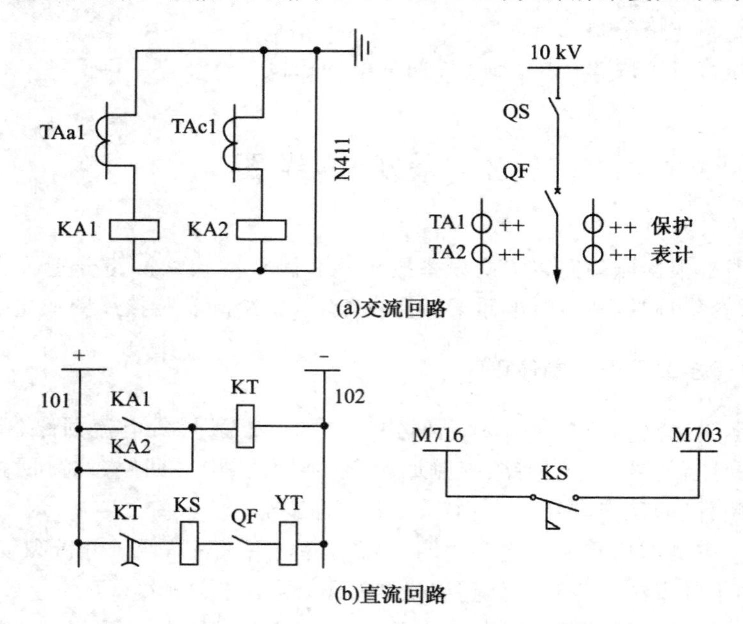

图 4-2　10 kV 线路过流保护展开接线图例

4.2.4　整套保护装置的动作分析

1. 当线路发生短路时，电流互感器 TA1 或 TA2 的一次侧有短路电流流过，其二次绕组流过电流 I_2，电流继电器 KA1 或 KA2 动作。

2. 在直流回路中，短路相电流继电器 KA1 或 KA2 的常开触点闭合，接通时间继电器 KT 的线圈回路，KT 延时闭合触点，接通断路器跳闸回路(断路器常开辅助触点在断路器 QF 合闸时是闭合的)，断路器跳闸线圈 YT 和信号继电器 KS 线圈中有电流流过，使断路器跳闸，切断故障线路；同时，信号继电器 KS 动作，发出信号掉牌。

3. 在信号回路的自保持常开触点闭合后，接通 M703、M716 电源，光字牌点亮，显示

“掉牌未复归”灯光信号。断路器跳开后，QF 打开，切断短路电流。

比较图 4-1 和图 4-2 可见，展开接线图接线关系清晰，动作顺序层次分明，便于读图和分析，是我们分析各种故障时常用的。

4.2.5　常用的编号规定

1. 控制回路电源的正极。若主变压器有三侧开关，则三侧开关的控制回路电源的正极分别为 101、201、301；相对应的负极就是 102、202、302。

2. 信号回路电源的正极是 701；信号回路电源的负极是 702。

3. TA 二次电流回路的 A、B、C、N 相分别为 A4××、B4××、C4××、N4××，特点是标号以 4 开头。

4. TV 二次电压回路的 A、B、C、N 相的标号特点是以 6 开头。其中，A630、B630、C630 为Ⅰ母电压，A640、B640、C640 为Ⅱ母电压。若本站有多个电压等级，则在 630 和 640 后增写Ⅰ、Ⅱ、Ⅲ，分别表示本站高压、中压、低压的母线电压回路。

5. 信号回路为 901、902、903…或 J901、J902、J903…

6. 7、37、107、137、3、33、133、233 一般为开关控制回路的跳闸或合闸回路。

7. 某些特殊的交流回路（如母线电流差动保护公共回路、绝缘监察继电器电压表的公共回路等）给予专用的标号组。

4.2.6　识图需注意问题

1. 一套二次图纸中最重要的图纸是控制及信号回路图、电流和电压回路图、保护屏端子排图及开关的安装接线图，看图时应熟悉这几份图纸。

2. 记忆一些常用的回路编号和图形符号，可大大加快看懂图纸的速度。

3. 要特别留意值班员操作的设备，如电源熔断器、空气开关、切换开关在图纸中的位置及所起的作用，必须查清它们在现场的实际位置。

4.3　安装接线图

安装接线图是控制屏（台）制造厂家生产加工和现场安装施工用的图，也是用户检修、调试的主要参考图，是根据展开接线图绘制的。安装接线图包括屏面布置图、屏背面接线图和端子排图。现简单介绍如下：

(1)屏面布置图（从控制屏正面看）：将各安装设备和仪表的实际位置按比例画出，它是屏背面接线图的依据。

(2)屏背面接线图（从屏背后看）：它是表明屏内设备在屏背面的引出端子之间的连线情况以及引出端子与端子排间的连接关系的图纸。

(3)端子排图（从屏背后看）：它是表明屏内设备与屏外设备连接情况以及屏上需要装设的端子类型、数目以及排列顺序的图。设备图形表示法如图 4-3 所示。

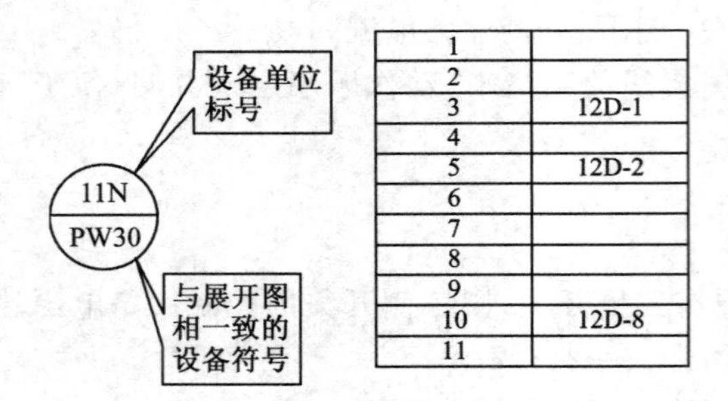

12D		
11n3	1	
11n5	2	
	3	
11n36	4	
11n12	5	
	6	
	7	
11n10	8	
	9	
	10	

图 4-3　设备图形表示法

安装接线图中的各种仪表、继电器、开关、指示灯等元件以及连接导线，都是按照它们的实际位置和连接关系绘制的。为了施工和运行中检查的方便，所有设备的端子和导线都注有走向标志和编号。

安装接线图是最具体的施工图，除典型的成套装置外，订货单位向制造厂家订购控制屏（台）时，必须提供展开接线图、屏面布置图和端子排图，作为厂家制造产品的依据。一般屏背面接线图由制造厂绘制，并随产品一起提供给订货单位。

在安装接线图上，二次接线通常都采用“相对编号法”。就是甲、乙两个设备需要互相连接时，在接至甲设备的导线端编写上乙设备的标号，而在接至乙设备的导线端编写上甲设备的标号。因为编号是相互对应的，所以叫“相对编号法”。如果在某个端子旁边没有标号，就说明该端子不连接，是空着的。

思考题

1. 举例简述二次回路的重要性。
2. 总结展开接线图的绘图原理，说明展开接线图的读图方法。
3. 说明原理接线图、展开接线图和安装接线图的具体作用。

实验篇

第5章　故障模拟实验方法

传统的继电保护实验电路主要是由调压器和移相器等10多种仪器组合而成，体积笨重、操作不方便且精度低，已不能满足现代微机继电保护装置测试的要求。在计算机技术、电力电子技术飞速发展的今天，不断地推出各种高性能继电保护测试装置——电力系统继电保护测试仪应运而生。它具有模拟电力系统发生的各种故障、测试系统各种元件特性、保护装置出口动作行为可以记录等多种功能，是保证电力系统安全可靠运行的一种重要测试工具。虽然传统的模拟式测试实验电路已被现代的数字式继电保护测试仪所取代，但是从了解事物发展的本质去考虑，了解它可以帮助读者更好地认识现代的继电保护测试仪。因此，这里首先对传统模拟式实验电路进行简单介绍。

5.1　传统模拟式实验电路介绍

模拟式实验电路是为测试多功能继电保护装置（继电器）而设计的，由移相器、三相自耦调压器、升流器、滑线变阻器、电压表、电流表、相位表、频率计、毫秒计等设备组成。它可完成电压、电流两个电气量的输入调节，并且可使电压、电流产生相位差。该实验电路适用于测试所有电力系统中的自动装置、保护装置，具有一定的通用性。图5-1给出了多功能继电器测试实验电路。

图中仪器仪表功能介绍：K_1是三相刀闸，接通三相电源；K_2、K_3、K_4为双刀双掷刀闸；T_1是5 kVA三相调压器，调整电压回路，使线电压为380 V；T_3是1 kVA单相调压器，用于模拟电压互感器的变化，可微调电压；T_2是4 kVA单相调压器，R是10 A、10 Ω的滑线变阻器，两者用于模拟电流互感器的变化，可粗调和细调电流；Ⓐ是电流表，量程为10A；移相器的参数为TXSGA-1/0.5，用于产生相位差；ⓟ是D3-φ型相位表，用来读取相位差。

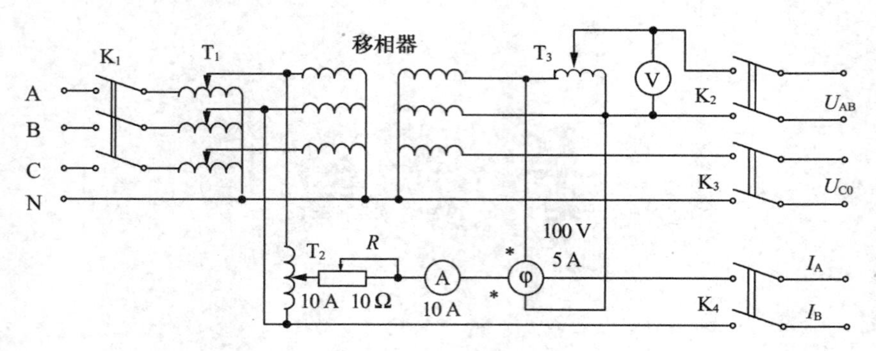

图 5-1 多功能继电器测试实验电路

利用通用继电器实验箱，由幅值比较和相位比较两种方法实现方向和阻抗继电器原理实验。每一种比较方法都可以完成全阻抗继电器、方向阻抗继电器、下移圆特性阻抗继电器、上抛圆特性阻抗继电器、方向继电器等多种继电器原理的验证。现以幅值比较全阻抗继电器实验举例说明。

幅值比较全阻抗继电器实验

1. 实验目的

了解全阻抗继电器原理与特性。

2. 原理与说明

幅值比较全阻抗继电器的动作条件可由 DKB 电抗变换器和 YB 电压变换器的副边构成。工作量：$\dot{U}_A = K_I\dot{I}_j$；制动量：$\dot{U}_B = K_U\dot{U}_j$。将$\dot{U}_A$与$\dot{U}_B$进行比较，当$\dot{U}_A > \dot{U}_B$时，继电器动作；当$\dot{U}_A < \dot{U}_B$时，继电器不动作。

3. 实验内容与步骤

(1)将多功能继电器外围实验电路(见图 5-1)中的$\dot{U}_{ab}$、$\dot{I}_a$、$\dot{I}_b$分别接入全阻抗继电器的$\dot{U}_j$、$\dot{I}_j$，合上开关 K_1，调 T_1，使其输出电压为 100 V。

(2)合上电流回路开关 K_4，调 T_2，使回路电流为$I_j = 5$ A。

(3)合上电压回路开关 K_2，调移相器，使相位表读数为 80°；调 T_3，由$U_j = 100$ V 降低，读出继电器刚刚动作的电压 U_{dz}(由不动到动)。

(4)摇移相器，使相位表ⓟ指示不同的数值，测出各种角度下的继电器动作电压并算出动作阻抗，记录在表 5-1 中。

表 5-1 继电器动作电压、动作阻抗与 φ 角的关系

φ	0°	20°	40°	60°	80°	100°	120°	140°	160°
U_{dz}									
$Z_{dz}=I_{dz}/10$									

续表

φ	180°	−20°	−40°	−60°	−80°	−100°	−120°	−140°	−160°
U_{dz}									
$Z_{dz}=I_{dz}/10$									

4. 实验报告

由表 5-1 中的继电器动作电压、动作阻抗与 φ 角的关系记录，用方格纸绘出全阻抗继电器的特性(见图 5-2)，并且说明其动作原理。

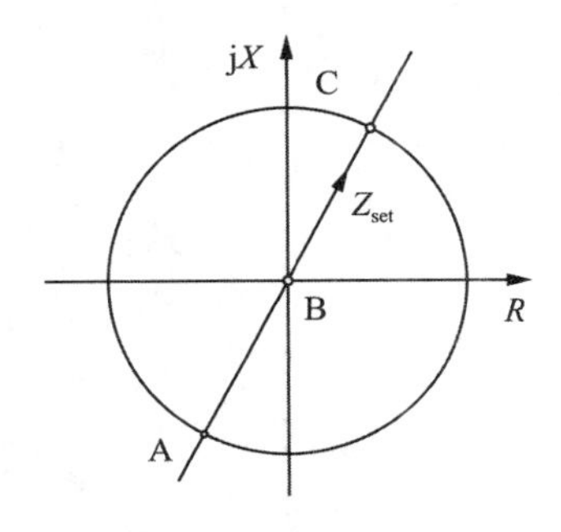

图 5-2　全阻抗继电器特性图

【相关说明】

通过以上模拟式实验电路的介绍，可以清楚地看到传统的模拟测试设备及电气仪表数量之多，接线之复杂且构成"地摊"式接线。采用这种测试手段，不仅设备搬运困难，占用现场面积大，而且在测试中需要反复调节各种参数，还要依靠人工读取、记录实验数据等。这种测试方法不仅手段落后、精确度低、功能少不能进行复杂实验，而且容易接错线，劳动强度大，测试时间长。随着微机技术及电力电子技术的快速发展，在 20 世纪末，数字式继电保护测试仪诞生了，带来了很多实验理念上的巨大变化。它具有保证在整个实验过程中可以真实地模拟电力系统的实际故障过程，可以方便地采集装置出口动作情况，有相应的软件进行动作行为分析等特点，极大地提高了测试效率，带来了测试工具的革命。下面就常用的数字式继电保护测试仪及相关模拟测试机理进行简单介绍。

5.2　数字式继电保护测试仪简介

常规继电保护测试仪主要由模拟控制软件、数模转换、电流电压功率放大器及开入开出等部分组成。使用者可通过软件输入必要的控制指令，测试仪根据指令将自动完成相应的实验工作，它的硬件和软件部分如下：

5.2.1　测试面板

1. 正面

测试面板正面包括以下部分：Ia、Ib、Ic、In 为三相及零序电流输出接线端子；Ua、Ub、Uc、Un 为三相及零序电压输出接线端子；A、B、C、D 为四组开入量端子，用来接收保护装置出口动作信号，与电流、电压一起构成闭环控制系统；电源开关按钮；装置接地端子；USB(或网口)计算机数据电缆连接插口；红＋、黑－为直流电压输出接线端子。

2. 背面

测试面板背面包括以下部分：E、F、G、H，1、2、3、4 为开出量端子；GPS 接口；电源插口等。

继电保护测试仪电压回路、电流回路实验接线如图 5-3 所示。

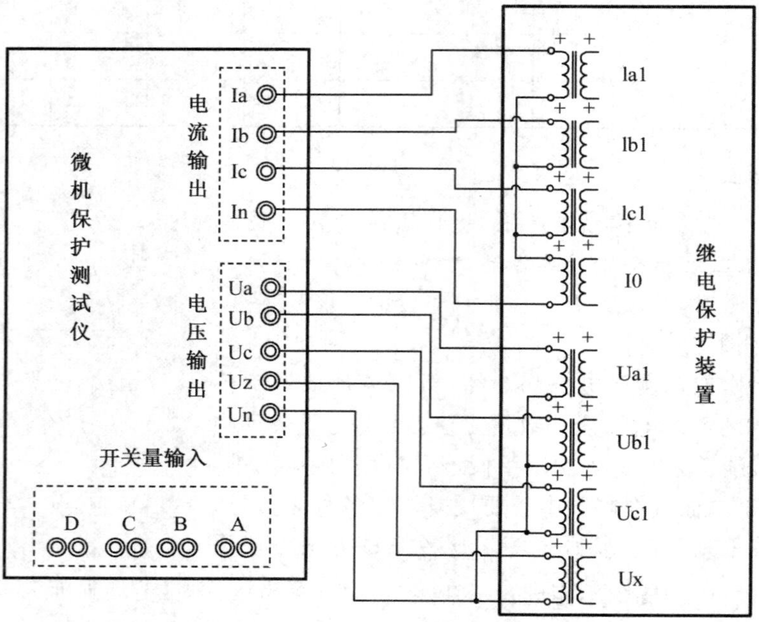

图 5-3　继电保护测试仪电压回路、电流回路实验接线图

5.2.2　开关量

1. 开入量

测试面板正面的四对开入量 A、B、C、D，完成在测试回路中的接线，可实现保护屏的所有测试；测试面板背面的四对开入量 E、F、G、H，完成在测试回路中的接线，可实现带开关的保护二次回路的整组传动实验。

2. 开出量

装置提供四对开出量(1、2、3、4)空接点，作为本机输出模拟量的同时输出启动信号(模拟断路器信号)，以启动其他装置，如记忆示波器或故障录波器等。

开关量输入、开关量输出端子有源、无源电路示意图如图 5-4 所示。

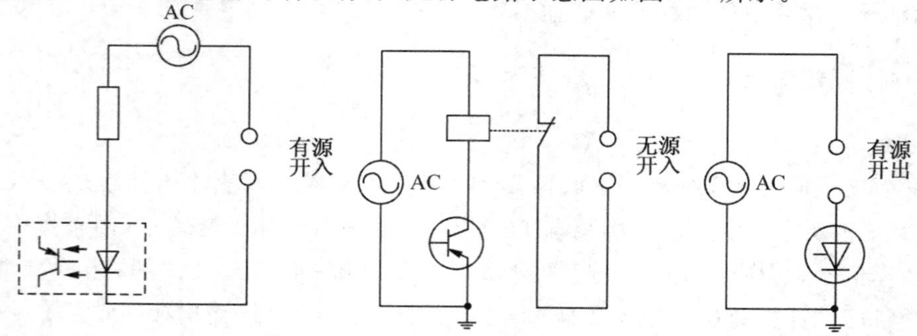

图 5-4　开入、开出端子有源、无源电路示意图

5.2.3 技术参数

1.交流电流源

最大输出电流为3×30 A/相，三相并联为90 A，最大输出功率不低于450 VA/相。

2.交流电压源

最大输出电压为4×120 V/相，最大输出功率不低于60 VA/相。

3.直流源电压、电流输出

直流电压输出范围为0.5～300 V，直流电流最大输出为0.5 A，最大输出功率为150 W。

4.角度

相角范围为0°～360°，相角分辨率为0.1°，准确度为±0.2°。

5.输出频率(见表5-2)

表5-2　输出频率

频率范围	20～65 Hz	65～450 Hz	450～1000 Hz
频率精度	<0.002 Hz	<0.02 Hz	<0.05 Hz

5.2.4 软件模块

每个软件模块测试基本分为六个步骤：

(1)定义保护特性参数。

(2)定义测试方法，包括变量、变化范围、所测故障类型等实验参数；添加测试项目。

(3)对照硬件配置编辑接线图。

(4)定制所需的测试报告。

(5)在现场打开参数文件，启动执行程序。不需干预，实现轻松自如的现场测试工作。

(6)生成测试报告，然后打印、归档。

在上述六个测试步骤中，前四个步骤可先期准备，由保护工程师认真完成，保证测试计划和方案的准确性。到现场后，只需按软件界面中给定的接线图进行接线，然后启动执行程序即可获得所需的测试结果和测试报告，提高了现场工作效率。还可避免因现场头绪多，在出现紧急情况时，由于保护工程师无法保持清晰思路，从而出现由测试项目的遗漏、测试方法错误而导致的测试结果不正确的情况。同时，对于时间紧迫、任务重的网络停电后所进行的继保装置的检测有着无可比拟的优势。

5.2.5 继电保护测试仪进行的测试

1.二次调度中所有单个元件的测试(电流、电压、时间、差动、平衡、负序、距离、功率方向、反时限、频率、同期、重合闸等继电器)。

2.整组传动，能模拟各种简单或复杂的瞬时性、永久性、转换性故障，可在基波上叠加暂态直流分量。

3.能随意叠加各次谐波,叠加初始角及含量在线可控。

4.可分相输出不同频率交流量,交直流两用。

5.专用低周单元,可方便测试微机低周低压减载保护。

6.各种保护时间特性的自动扫描,功率及阻抗保护特性曲线的扫描。

7.微机主变保护差动比例及谐波制动特性的自动测试。

8.整组距离、零序、过流保护自动测试。

9.用户可编程测试单元,以满足特殊试验用途,如备自投装置的测试。

10.电机失磁失步、反激磁、逆功率及同期等各种保护的测试。

5.3 简单故障模拟方法

5.3.1 继电保护测试仪模拟故障的试验过程

电力系统的简单故障一般至少要经过三个状态,即故障前状态、故障状态及故障后状态。对有重合闸的线路,还需经过一个重合闸状态和一个重合后状态。重合闸状态是一个第一次故障后断路器跳开的状态,状态结束后重合闸装置发出合闸指令进入重合后状态。重合后状态分两种情况:一种是重合后无故障的恢复正常状态;另一种是重合后有故障的第二次故障状态及保护再动作的跳闸后状态。每个状态应包含两部分内容:一是反映状态性质的电流、电压、相角特征量;二是状态时间。

在微机保护模拟试验中,保护测试仪应尽量准确地模拟整个故障过程。根据待检测保护的种类不同,试验时应根据试验项目的具体情况,灵活地选择模拟试验项目。

1.故障前状态

一般情况下都按空载方式模拟,加入正常额定对称三相电压,三相电流为0(特殊要求时,按需要输入较小的负荷电流),状态时间应充分考虑被测装置的异常信号恢复充电及整组复归等情况确定,主要是让被测设备判为系统正常,然后再现故障。如线路保护可能需要几秒到十几秒故障前状态,保护的TV断线信号才能消失,才可以开始模拟故障;变压器的后备距离保护和方向过电流等保护也要求TV断线信号消失后才能开始模拟故障;考虑装置重合闸充电时间完成后才能开始模拟故障等。

2.故障状态

根据准备模拟的故障性质、相别和类型及需测试的故障范围(即整定值),准确计算出故障量的电流、电压及它们之间的相位。这一计算过程可通过手工计算完成,也可利用测试仪自动计算功能完成,并将计算好的故障量输入仪器。对于状态时间的设定,一般情况下,检验速断快速保护,模拟故障状态时间取小于0.1 s,模拟后备保护取略大于后备保护动作时间。

3.故障后状态

故障后状态是保护动作发出跳闸令后一个状态,对于一般的被检验设备,这一状态可以省略,试验结束。对于有重合闸的线路保护,在带重合闸做传动试验时,这一状态不能省略，应根据重合闸工作方式模拟。单相重合闸方式时，跳开单相断路器，用该相无电压、无电流来模拟；三相重合闸方式时，跳开三相断路器，用三相无电压、无电流来模拟。状态时间按重合闸时间模拟，这一状态有时也称为“重合闸状态”。

4. 重合后状态

重合闸状态结束后，重合闸装置发出合闸指令进入重合后状态。这一状态分两种情况：若线路故障是瞬时故障，系统恢复正常，可用空载电气特征量来模拟，也可以省略，试验结束；若线路故障是永久性故障，重合闸合后将发生第二次故障，故障类型一般同第一次故障，所以，可用第一次故障的电气特征量来模拟，状态时间按速动保护时间模拟。

第四个状态结束后，保护动作跳开三相断路器，试验结束。

图 5-5 为继电保护测试仪做模拟断路器试验时用状态序列模拟的电力系统的简单故障过程。故障前状态为空载状态，故障状态模拟了 A 相接地故障，故障后状态模拟了系统三相断开。图 5-6 是仪器状态设置界面，图(a)为电气状态设置界面，图(b)为状态时间设置界面。如果有条件，可用保护的跳闸触点接入仪器的开入端，利用开入量翻转触发结束该状态。

测试窗

状态名称	故障前状态			故障状态			跳闸后状态
	1-幅值	1-相位	1-频率	2-幅值	2-相位	2-频率	3-幅值
Va	57.740V	0.000°	50.000Hz	5.611V	0.000°	50.000Hz	57.740V
Vb	57.740V	-120.000°	50.000Hz	57.740V	-120.000°	50.000Hz	57.740V
Vc	57.740V	120.000°	50.000Hz	57.740V	120.000°	50.000Hz	57.740V
Vz	0.000V	0.000°	50.000Hz	90.290V	-180.000°	50.000Hz	0.000V
Ia	0.000A	0.000°	50.000Hz	3.360A	-90.000°	50.000Hz	0.000A
Ib	0.000A	0.000°	50.000Hz	0.000A	-120.000°	50.000Hz	0.000A
Ic	0.000A	0.000°	50.000Hz	0.000A	120.000°	50.000Hz	0.000A
直流电压	0.000V			110.000V			0.000V

图 5-5　状态序列模拟故障过程

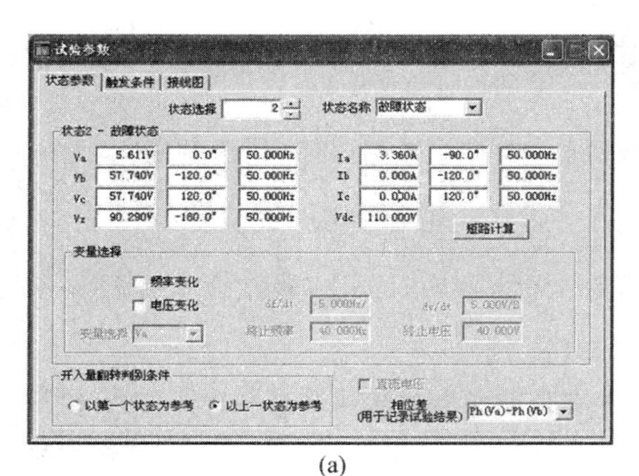

(a)

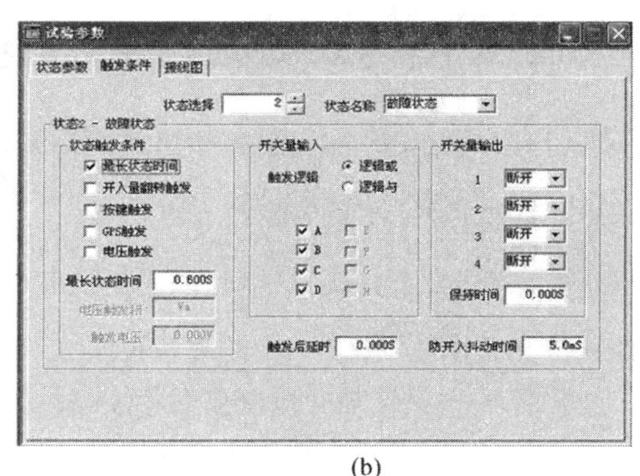

(b)

图 5-6　电气状态设置及时间状态设置

5.3.2　单相接地短路故障模拟方法

大电流接地系统单相接地故障模拟试验，就是要通过测试仪比较真实地模拟出系统故障时的这种电气特征，使仪器模拟的输出与一次系统真实故障的主要电气特征相一致，从而可以较准确地测试继电保护装置的动作性能。为了较好地讨论下面的试验，首先回顾单相接地电流、电压的相量关系。

A 相接地故障期间，保护安装处的 B、C 相电压幅值及相位基本不变，A 相电压相位不变，幅值随故障的远近变化而变化，A 相故障电流滞后 A 相电压一个线路阻抗角 φ，如图 5-7 所示。用保护测试仪模拟时，只要按故障的基本特征，结合模拟故障点的远近，将特征量输入仪器即可。也可以进入仪器的“手动试验”界面，选择模拟故障相别，输入待试验的阻抗值、阻抗角及故障电流。若对接地阻抗继电器做试验，还要输入零序电流补偿系数，由仪器自动计算模拟故障电压及电流等故障参数。图 5-8 是一个单相接地故障模拟的例子，该例子模拟了 A 相接地故障，其中模拟线路阻抗角 $\varphi=80°$，故障电流为 1.6 A，故障相电压为 20 V。

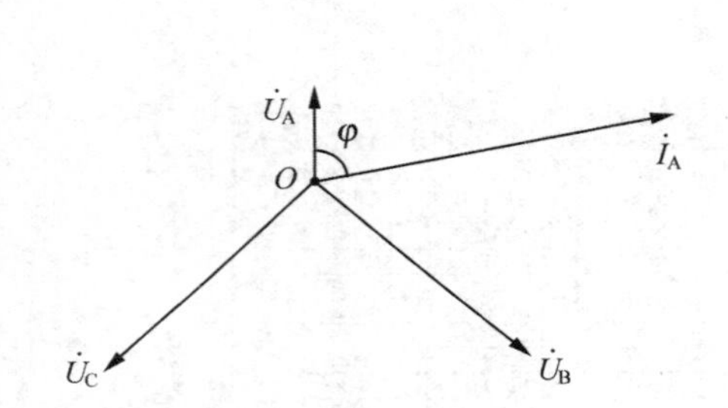

图 5-7　单相接地短路保护安装处电流、电压相量关系

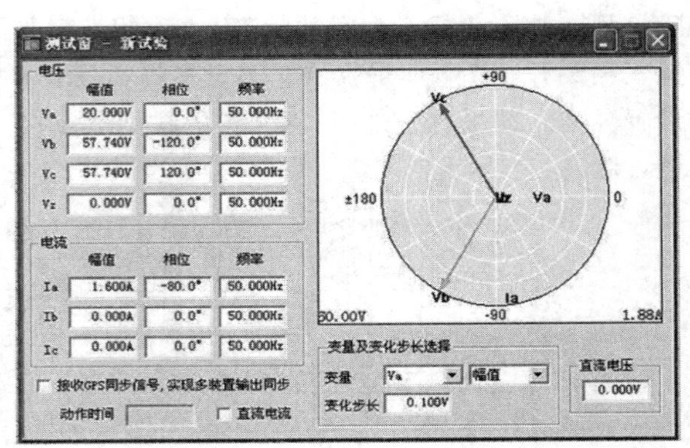

图 5-8　单相接地故障模拟电流、电压及相位

5.3.3　两相短路故障模拟方法

(1)当线路正方向发生两相出口短路故障时，如 B、C 相短路，故障相线电压 $\dot{U}_{BC}=\mathbf{0}$，故障相线电流 $\dot{I}_{BC}$ 滞后故障相线电动势($\dot{E}_{BC}$)一个线路阻抗角 φ，如图 5-9 所示。

(2)若故障点在线路中间，故障相线电压 $\dot{U}_{BC}$ 与短路阻抗成正比，故障相线电流 $\dot{I}_{BC}$ 滞后故障相线电压($\dot{U}_{BC}$)一个线路阻抗角 φ，如图 5-10 所示。

用保护测试仪准确地模拟两相短路故障，只要按两相短路故障的基本特征，结合模拟故障点的位置，将特征量输入仪器即可。也可以进入仪器的“手动试验”界面，选择模拟故障相别，输入待试验的阻抗值、阻抗角及故障电流，由仪器自动计算模拟故障电压及电流等故障参数。

图 5-11 是线路出口 B、C 两相短路的模拟参数，它是完全按着出口短路故障特征输入的。A 相电压为故障前电压，相位为0°；B、C 相电压幅值相等，为28.87 V，相位相同，与 A 相差180°。A 相电流为 0，B 相电流为 1.6 A，相位为 −170°；C 相电流为 1.6 A，相位为10°。

图 5-12 是线路中间 B、C 两相短路模拟试验参数，它也是完全按照上述故障分析的故障特征输入的。该例子模拟了线路中间 B、C 两相短路故障，阻抗为 10 Ω，阻抗角为80°，故障电流为 1.6 A。经计算得 A 相电压为故障前电压，相位为0°；B、C 相电压幅值都等于 30.55 V，B 相相位为－160.89°，C 相相位为160.89°。A 相电流为 0；B 相电流为 1 A，相位为－170°；C 相电流为 1 A，相位为10°。

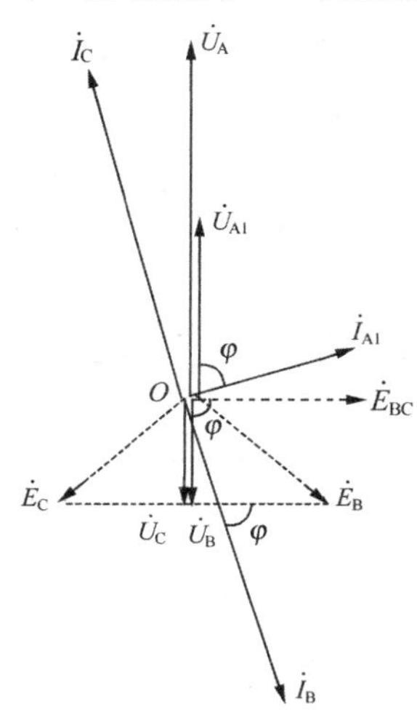

图 5-9 B、C 两相出口短路电流、电压相量

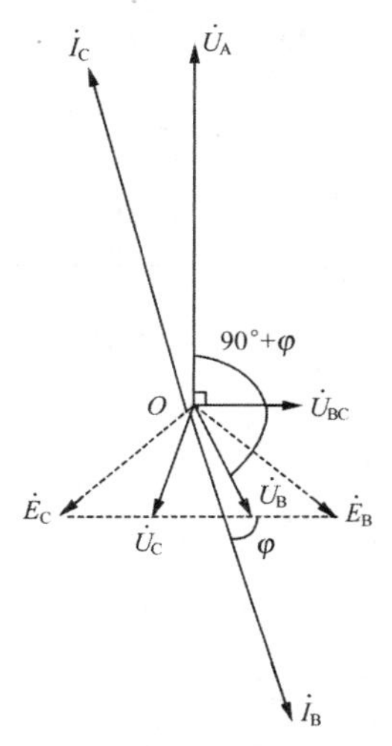

图 5-10 B、C 两相线路中间短路电流、电压相量

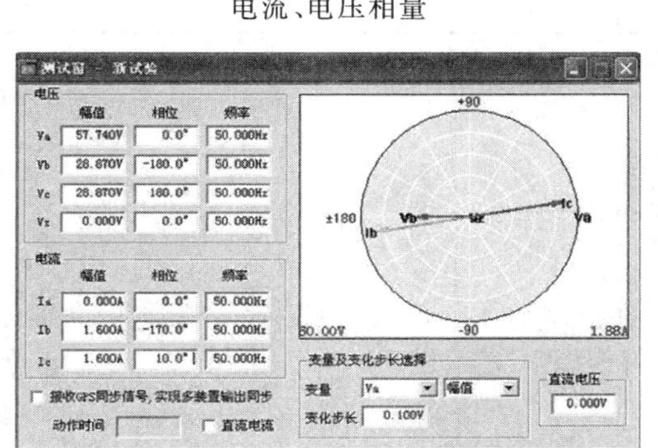

图 5-11 B、C 两相出口短路故障模拟电流、电压及相位

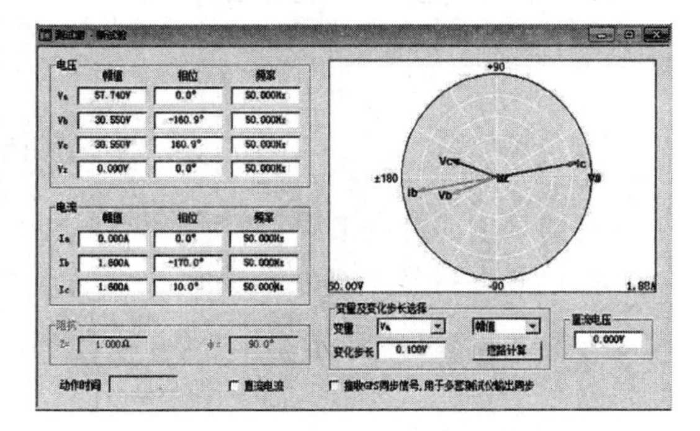

图 5-12 B、C 两相线路中间短路故障模拟电流、电压及相位

5.3.4 其他短路故障模拟方法

可根据表 5-3 中接地阻抗继电器和相间阻抗继电器不同类型短路时的动作情况，找出能正确反映故障距离的相别，参照上述方法模拟。三相短路模拟试验较简单，两相短路接地故障应用较少，模拟计算方法较复杂，可以让仪器自动模拟，在这里不再详细叙述。

表 5-3　　接地阻抗继电器和相间阻抗继电器在不同类型短路时的动作情况

接线方式 故障类型		接地阻抗继电器接线方式			相间阻抗继电器接线方式		
		A 相	B 相	C 相	AB 相	BC 相	CA 相
		$\dot{U}_{mA}=\dot{U}_A$ $\dot{I}_{mA}=(\dot{I}_A+K\times3\dot{I}_0)$	$\dot{U}_{mB}=\dot{U}_B$ $\dot{I}_{mB}=(\dot{I}_B+K\times3\dot{I}_0)$	$\dot{U}_{mC}=\dot{U}_C$ $\dot{I}_{mC}=(\dot{I}_C+K\times3\dot{I}_0)$	$\dot{U}_{mAB}=\dot{U}_A-\dot{U}_B$ $\dot{I}_{mAB}=\dot{I}_A-\dot{I}_B$	$\dot{U}_{mBC}=\dot{U}_B-\dot{U}_C$ $\dot{I}_{mBC}=\dot{I}_B-\dot{I}_C$	$\dot{U}_{mCA}=\dot{U}_C-\dot{U}_A$ $\dot{I}_{mCA}=\dot{I}_C-\dot{I}_A$
单相接地短路	A	+	−	−	−	−	−
	B	−	+	−	−	−	−
	C	−	−	+	−	−	−
两相接地短路	AB	+	+	−	+	−	−
	BC	−	+	+	−	+	−
	CA	+	−	+	−	−	+
两相短路	AB	−	−	−	+	−	−
	BC	−	−	−	−	+	−
	CA	−	−	−	−	−	+
三相短路	ABC	+	+	+	+	+	+

注："+"表示能正确反映故障的距离；"−"表示测量阻抗比实际距离大。

思考题

1. 简单说明继电保护实验电路发展历程。

2. 试画出当 B、C 两相短路时，短路点分别在线路出口、线路中间、线路末端时电压、电流相量关系图，并说明$\dot{U}_B$、$\dot{U}_C$的变化过程。

第6章　电磁型继电器特性实验

纵观继电保护技术发展史，在没有数字微机保护之前，所有的继电保护原理方案都是由多个继电器组合完成的，继电器是构成保护方案最基本的元件，每一种继电器都具有自己的原理与特性。虽然继电器的使用已大为减少，但对于初学者来说，它从保护原理的讲解到实际继电特性的测试，其内部构造及整个动作过程都可以看到。它作为帮助理解继电保护原理和微机保护原理是大有好处的。

6.1　继电器的基本知识

继电器是一种能自动执行断续控制的部件，当其输入量达到一定值时，能使其输出的被控制量发生预计的状态变化，如触点打开、闭合或电平由高变低、由低变高等，具有对被控电路实现“通”“断”控制的作用。

对继电器的基本要求是：工作可靠，动作过程具有“继电特性”；动作值误差小、功率损耗小、动作迅速、动稳定和热稳定性好以及抗干扰能力强；安装、整定方便，运行维护少，价格便宜等。

6.1.1　继电器的分类

继电器是电力系统常规继电保护的主要元件。它的种类繁多，原理与作用也不尽相同。按所反映的物理量的不同可分为电量与非电量两种，非电量的有瓦斯继电器、速度继电器等。反映电量的种类比较多，通常分类如下：

(1)按动作原理可分为电磁型、感应型、整流型、晶体管型、微机型等。

(2)按继电器所反映的电量性质可分为电流继电器、电压继电器、功率方向继电器、阻抗继电器、频率继电器等。

(3)按继电器的作用可分为启动继电器、中间继电器、时间继电器、信号继电器、出口继电器等。

6.1.2　几种常用电磁型继电器的作用

1. 电磁型电流继电器(DL 系列)

电流继电器是实现电流保护的基本元件，也是反映故障电流增大而自动动作的一种继电器。

2. 电磁型电压继电器(DY 系列)

电压继电器分过电压继电器和低电压继电器两种。过电压继电器动作时，衔铁被吸持，返回时，衔铁释放，$K_{fh}<1$；低电压继电器动作时，衔铁释放，返回时，衔铁被吸持，$K_{fh}>1$。即两种继电器的动作原理相反。

DY 系列电压继电器的优缺点和 DL 系列电流继电器相同。它们都是接点系统不够完善，在电流较大时，可能发生振动现象；接点容量小，不能直接跳闸。

3. 时间继电器

时间继电器用来在继电保护和自动装置中建立所需要的延时。对时间继电器的要求是时间的准确性，而且动作时间不应随操作电压在运行中可能的波动而改变。电磁型时间继电器的特点是线圈可由直流或交流电源供电。为保证在操作电源电压降低时时间继电器仍然可靠动作，电压只要达到额定电压的 70％即可动作。

4. 中间继电器

中间继电器的作用是增加接点数量和接点容量。为保证在操作电源电压降低时中间继电器仍然可靠动作，电压只要达到额定电压的 70％即可动作。

5. 信号继电器

信号继电器在保护装置中，作为整组或个别元件的动作指示器。电磁型信号继电器的特点是当线圈通电时，衔铁被吸引，信号掉牌(指示灯亮)触点闭合；当其失去电源时，有的需手动复归，有的需电动复归。信号继电器有电压动作和电流动作两种。

6.1.3　继电器的继电特性

为了保证继电保护可靠工作，对其动作特性有明确的“继电特性”要求。对于过量继电器(如过电流继电器)，正常状态下为负荷电流是不动作的，继电器输出高电平(或其触点是打开的)。当继电器流过的电流大于整定的动作电流 I_{dz} 时，继电器能够突然迅速地动作并稳定、可靠地输出低电平(或闭合其触点)。继电器动作以后，当电流减小到小于返回电流 I_{fh} 时，继电器又能立即突然地返回到输出高电平(或触点重新打开)。

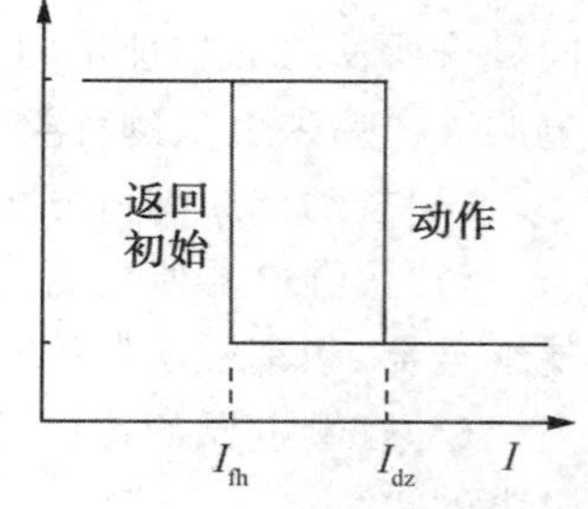

图 6-1　继电特性曲线

图 6-1 给出了用输出电平高低表示的过电流继电器动作与返回的继电特性曲线。无论是启动还是返回，继电器的动作都是明确干脆的，要么是“0”，要么是“1”，不可能停留在某一个中间位置，这种特性称为“继电特性”。

返回电流与动作电流的比值称为继电器的返回系数，可表示为：$K_{fh}=I_{fh}/I_{dz}$。

为了保证动作后输出状态的稳定性和可靠性，过电流继电器(以及一切过量动作的继电器)的返回系数恒小于1。在实际应用中,常常要求过电流继电器有较高的返回系数,一般为0.85～0.9,需要考虑可靠性,不能太高也不能太低。

6.2　过电流继电器特性实验

6.2.1　实验目的

1. 了解电磁型电流继电器的结构及各部件名称,掌握电磁型电流继电器的工作原理。

2. 熟悉模拟电力系统故障的贵重仪器——继电保护测试仪,它是现场使用的常用设备,通过实验要熟练掌握其使用方法。

6.2.2　原理与说明

电力系统继电保护原理研究的是电力系统发生短路与正常运行之间的差别,差别之一就是电流过大导致线路、设备损坏并引起火灾。一旦发生短路,必须采取措施,减小电流到允许值范围。在单侧电源网络相间短路的电流保护中,我们学习了作为测量元件的电磁型电流继电器。对初学者来说,要掌握电磁型电流继电器的继电特性、动作值、返回值及返回系数。通过实验可以发现和积累更多的测试经验,进而能够举一反三,为今后的专业测试打下坚实的基础。

电磁型电流继电器的选型为DL-23C,有1对动合触点和1对动断触点,常用于发电机、变压器及输电线路的过负荷和短路的继电保护线路中,可作为启动元件。动作时间要求:过电流继电器在1.1倍整定值时,动作时间不大于0.12 s;在2倍整定值时,动作时间不大于0.04 s。

实验接线如图6-2所示,内部结构如图6-3所示,背部接线如图6-4所示。

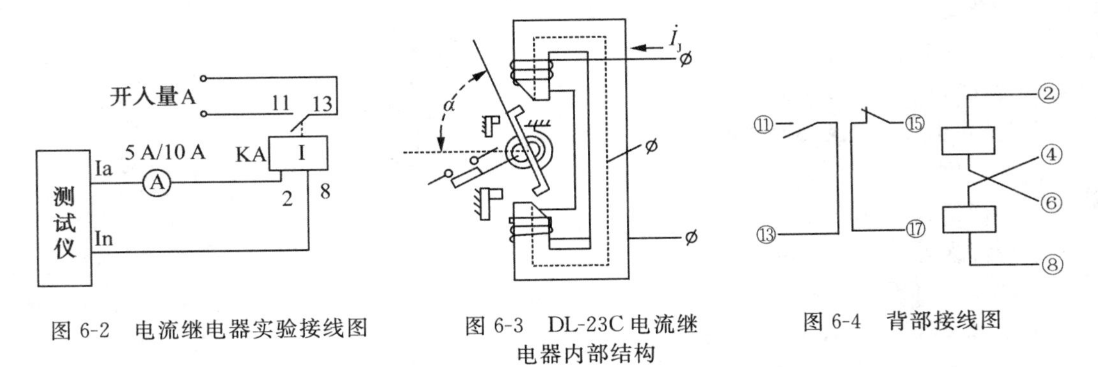

图6-2　电流继电器实验接线图

图6-3　DL-23C电流继电器内部结构

图6-4　背部接线图

6.2.3　实验内容与步骤

1. 电流线圈串联实验(指针数×1)

(1)整定值为3 A:按接线图6-2及图6-5接好电路,整定继电器动作值将指针指在3 A上,电流表量程为5 A挡。打开继电保护测试仪,双击桌面上继电保护测试软件的快捷键PW，打开 PW 软件。单击“递变”按钮进入“试验窗口”，如图 6-6 所示。选择“试验参数”栏，然后选“电流保护”，单击“添加测试项”按钮，将出现“电流保护”页面，如图 6-7 所示。

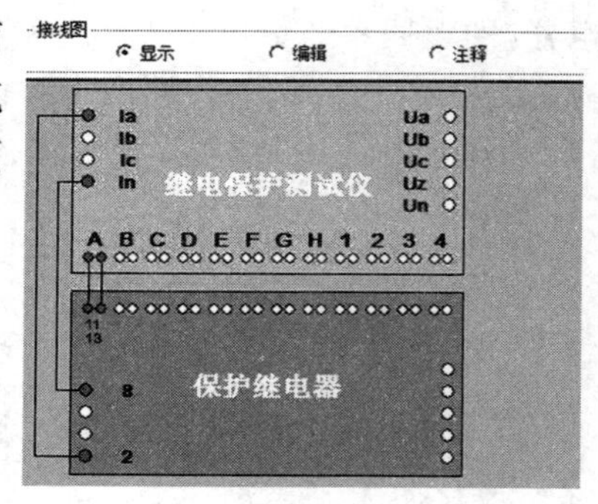

图 6-5　电流继电器实验接线图

在图 6-7 中选择“测试项目”栏，编辑以下内容：

测试项目名称：过流保护

回路名称：保护 309

保护型号：DL-23C

保护编号：实验台号

测试项选择：过流保护动作值和过流保护动作时间

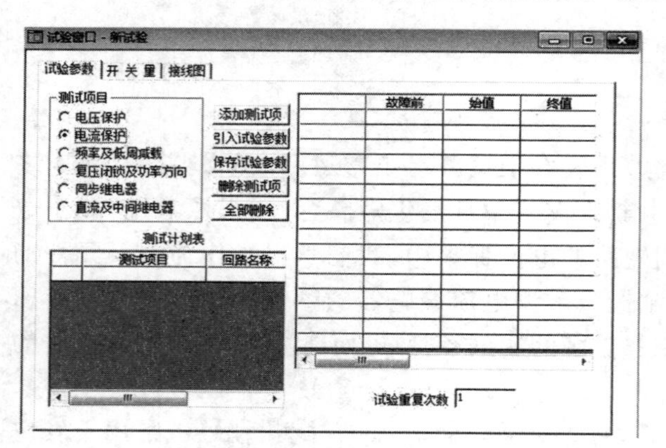

图 6-6　“递变”试验窗口

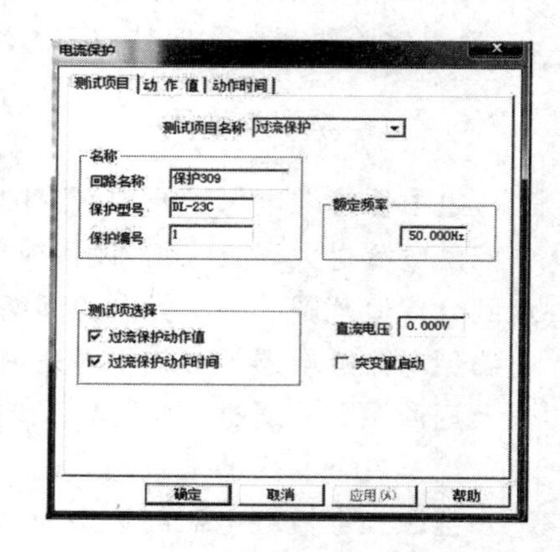

图 6-7　“电流保护”页面

在图 6-8 中选择“动作值”栏，“电压”及“变化前电流”不选。

“变化范围”栏内容设置如下：

变化始值：0 A

变化终值：3.5 A

变化步长：0.1 A

变化方式：始→终→始

“整定值”栏内容设置如下：

动作值：3 A

返回值：2.7 A

允许误差：±5%

其他栏目设置如下：

变量选择：Ia

步长变化时间：2 s

定义动作值：Ia

在图 6-9 中选择“动作时间”栏，“电压”不选，各项内容设置如下：

故障前时间：5 s

最大故障时间：0.5 s

“故障前电流”中的 Ia:1 A

“故障电流”中的 Ia:3.5 A

整定值:0.05 s

允许误差:±5 ms

各项设定完成后,单击“确定”按钮,将返回到图 6-6。选择“开关量”栏,选开入量 A,变化前延时时间设为 1 s,触发后延时或保持时间设为 1 s。然后,选择“接线图”栏,画出该实验接线图,编辑保护测试仪的连接号。

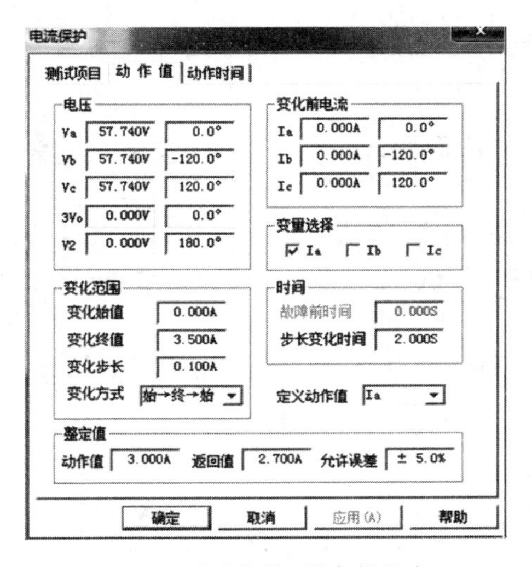

图 6-8　“动作值”栏参数设定

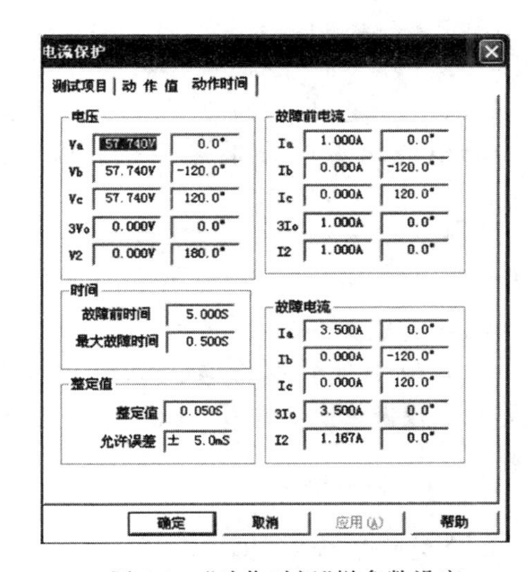

图 6-9　“动作时间”栏参数设定

实验方法:单击工具栏中的按钮▶开始实验,打开“历史状态”分析动作情况,打开“试验结果”记录下电流继电器的动作值、返回值、返回系数及动作时间。重复做三次,每次都要重新整定指针(要求每个同学整定一次),结果取平均值,记入表 6-1 中。

表 6-1　　电流线圈串联整定值为 3 A 时的动作情况

实验值 / 序号	整定动作值(A)	整定返回值(A)	实验动作值 I_{dz}(A)	实验返回值 I_{fh}(A)	返回系数 K_{fh}	动作时间(ms)
1						
2						
3						
平均值						

电流返回系数的计算公式为:$K_{fh}=I_{fh}/I_{dz}$。

(2)整定值为 4 A:实验步骤同(1),区别是变化终值设为 4.5 A,将结果记入表 6-2 中。然后计算 4 A 时的返回系数 K_{fh}。

注:故障前电流 Ia 设为 1 A,故障电流 Ia 设为 5 A,要大于整定值。

表 6-2　　电流线圈串联整定值为 4 A 时的动作情况

实验值 序号	整定动作值(A)	整定返回值(A)	实验动作值 I_{dz}(A)	实验返回值 I_{fh}(A)	返回系数 K_{fh}	动作时间(ms)
1						
2						
3						
平均值						

2.电流线圈并联实验(扩大量程,指针数×2)

(1)电流线圈并联,将整定指针指在 3 A(理论值应为 6 A 动作),电流表量程为 10 A挡。

(2)将变化始值设为 5 A,终值设为 7 A(设置原则是:终值要大于动作值),变化方式定为"始→终",步长设为 0.1 A,单击"确定"按钮。仅做一次,查看"试验结果"记录动作值,验证串并联关系。

(3)电流线圈并联,将整定指针指在 4 A,步骤同上。注意:将变化始值设为 5 A,终值设为 9 A,仅做一次。查看"试验结果"记录动作值,验证串并联关系。

6.2.4　实验报告

1.分析整理当两线圈串联,整定值在 3 A、4 A 时测得的各项指标。

2.分析两线圈并联动作值与串联动作值的关系。

3.分析如果电流继电器返回系数达不到要求,应如何调整电流继电器,使其返回系数 K_{fh}增大。

4.动作电流、返回电流和返回系数的定义是什么?返回系数在实际应用中的意义是什么?

6.3　低电压继电器特性实验

6.3.1　实验目的

1.了解低电压继电器的构成及工作原理。

2.学会使用继电保护测试仪测试软件。

3.掌握欠量继电器的测试方法。

6.3.2　原理与说明

电力系统发生短路与正常运行之间的另一个差别就是电压降低,会导致用户设备电压降低,产生废品。解决办法是采取措施提高电压,使其升到允许值范围内。通过测试低电压继电器的继电特性，了解其动作值、返回值和返回系数等参数。电磁型电压继电器的结构与电磁型电流继电器的结构相同，但电压继电器的线圈电阻很大，而电流继电器的线圈电阻很小。实验接线如图 6-10 所示，低电压继电器背部接线如图 6-11 所示。

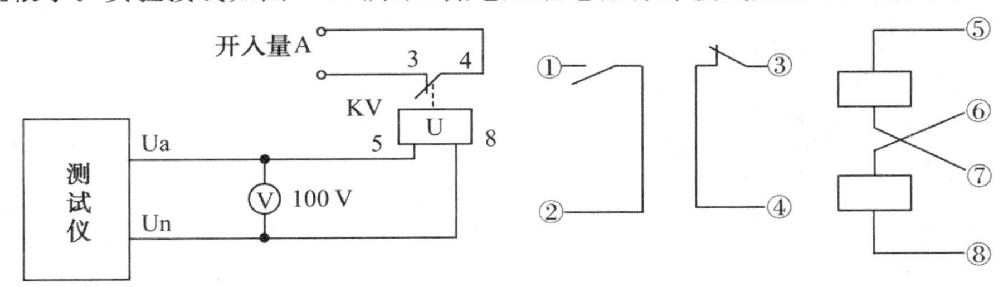

图 6-10　低电压继电器实验接线图　　　　图 6-11　背部接线图

电磁型低电压继电器的选型为 DY-28C，有 1 对动合触点、1 对动断触点，常用于发电机、变压器及输电线路的电压降低（低压闭锁）的继电保护线路中，作为启动元件。动作时间要求：过电压继电器在 1.1 倍整定值时，动作时间不大于 0.12 s；在 2 倍整定值时，动作时间不大于 0.04 s。低电压继电器在 0.5 倍整定值时，动作时间不大于 0.15 s。

6.3.3　实验内容与步骤

1. 电压线圈并联实验（指针数×1）

（1）按接线图 6-10 及图 6-12 接好电路，将图 6-11 中的两个线圈接成并联形式。将电压继电器整定值指针指到 70 V，用万用表交流电压挡监测线圈电压。

（2）打开 PW 软件，单击“递变”按钮后进入“试验窗口”，选“电压保护”，然后单击“添加测试项”按钮。在“测试项目”栏设置相关信息，如图 6-13 所示。在“动作值”栏设置相关信息，如图 6-14 所示。

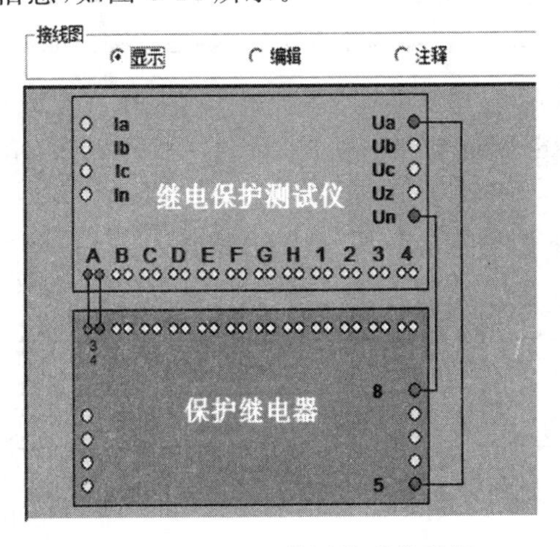

图 6-12　电压线圈并联接线图

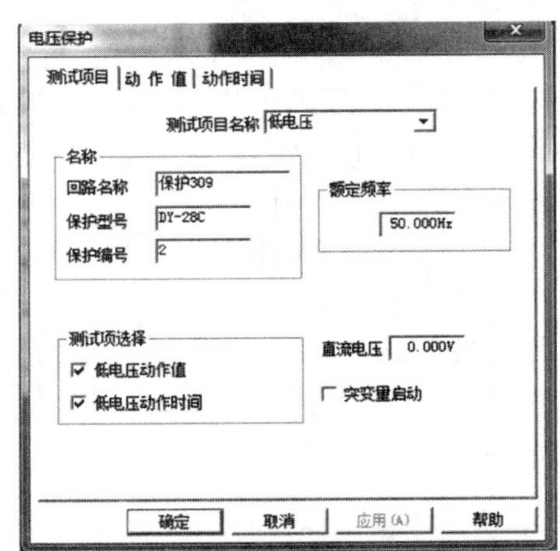

图 6-13　“测试项目”栏相关信息

“变化范围”栏内容设置如下：

变化始值：90 V

变化终值：60 V

变化步长：1 V

变化方式：始→终→始

其他栏目设置如下：

步长变化时间：0.5 s

定义动作值：Va

变量选择：A 相电压

“整定值”栏内容设置如下：

动作值：70 V

返回值：84 V

允许误差：±5%

在“动作时间”栏设置相关信息，如图 6-15 所示。

各项设置完成后，单击“确定”按钮。

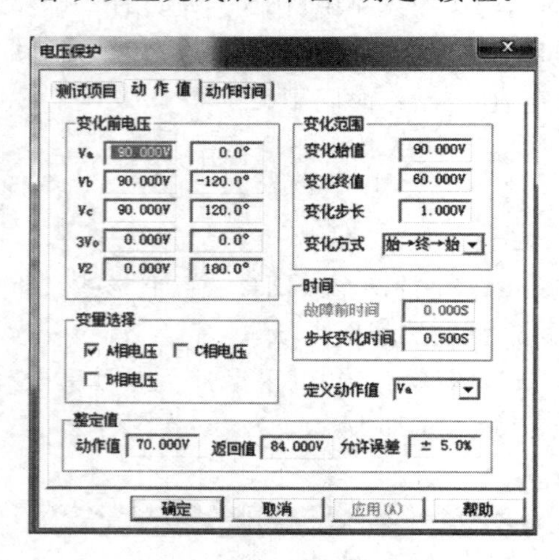

图 6-14　“动作值”栏相关信息

图 6-15　“动作时间”栏相关信息

单击工具栏中的按钮▶开始实验，记录下电压继电器的动作值、返回值各三次，结果取平均值记录于表 6-3 中。

(3)计算当整定值指针在 70 V 时的电压返回系数。计算公式为：$K_{fh}=U_{fh}/U_{dz}$。

表 6-3　电压线圈并联整定值为 70 V 时的动作情况

序号	动作值 U_{dz}(V)	返回值 U_{fh}(V)	返回系数 K_{fh}	动作时间(ms)
1				
2				
3				
平均值				

2. 电压线圈串联实验(扩大量程指针数×2)

(1)将电压继电器整定指针指在 40 V(理论值应为 80 V 动作)，将动作值的变化始值定为 100 V,变化终值定为 60 V,变化方式定为“始→终”,用万用表监测。单击工具栏中的按钮▶开始实验,测三次取平均值,记录动作值U_{dz}。

(2)将电压继电器整定指针指在 50 V(理论值应为 100 V 动作),将动作值的变化始值定为 110 V,变化终值定为 80 V,变化方式定为“始→终”,用万用表监测。单击工具栏中的按钮▶开始实验,测三次取平均值,记录动作值U_{dz}。

6.3.4　实验报告

1. 分析实验数据,计算在 70 V 动作后的返回系数。

2. 与过电流继电器相比较,分析低电压继电器的动作原理。若低电压继电器动作值设定为 70 V,回答下列问题:

(1)80 V 时动合触点是(　　),动断触点是(　　);

(2)60 V 时动合触点是(　　),动断触点是(　　)。

6.4　继电器动作时间测试实验

6.4.1　实验目的

通过实验了解最基本元件动作时间的测试方法。可取电流、电压继电器进行测试,这是保护动作的一部分时间。

6.4.2　原理与说明

对动作于跳闸的继电保护装置,在技术上一般应满足四个基本要求,即保护的“四性”,速动性是其中之一。实际故障切除时间为:$t=t_{pr}+t_{QF}$(t_{pr}为保护动作时间,t_{QF}为断路器动作时间),也就是说,故障切除时间等于保护装置和断路器动作时间的总和。一般的快速保护的动作时间为 60～120 ms,最快的可达 10～40 ms;一般的断路器的动作时间为 60～150 ms,最快的可达 20～60 ms。目前,现场最快保护动作时间为 20 ms,断路器动作时间为 40 ms,共计 60 ms。实验接线可参考电流继电器实验接线图 6-5、电压继电器实验接线图 6-12。

6.4.3　实验内容与步骤

1. 电流继电器动作时间测试

(1)按图 6-5 接线,将电流线圈串联,整定好动作值 2.5 A,在回路中串接电流表。

(2)在 PW 软件上单击“手动试验”按钮进入测试窗,设置 Ia 为 3 A(略大于动作值),变量选 Ia,变化步长设为 0.1 A,选“幅值”,其他项不变,如图 6-16 所示。

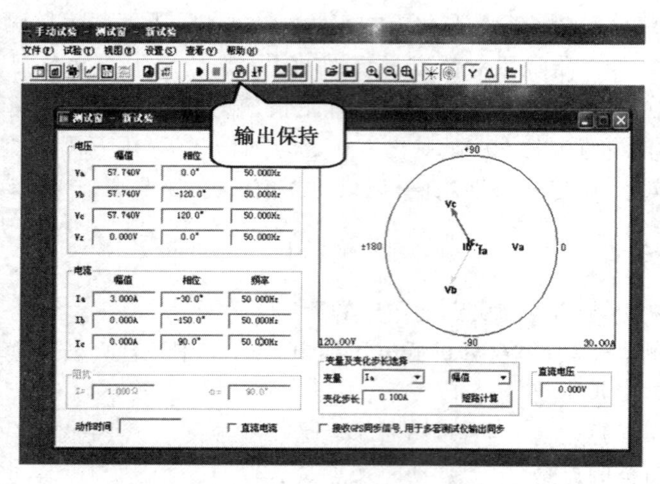

图 6-16　电流继电器时间测试框图

单击工具栏中的按钮▶开始实验，当电流继电器动作后，单击“输出保持”按钮，然后再设置 Ia 为 0 A，单击“释放保持”按钮可测得动作时间。分别选择 2.5 A、4.5 A、5 A、9 A，重复上述步骤，观察动作时间读数是否相同。将电流继电器的动作时间测试填入表 6-4 中。

表 6-4　　**电流继电器动作时间测试**

电流整定值	2.5 A	4.5 A	5 A	9 A
动作时间(ms)				

2. 电压继电器动作时间测试

(1)按图 6-12 接线，整定好动作值 50 V，用万用表监测电压。

(2)在 PW 软件上单击“手动试验”按钮进入测试窗。设置 Va 为 55 V(略大于动作值)，变量选 Va，变化步长设为 1 V，选“幅值”，其他项不变，如图 6-17 所示。

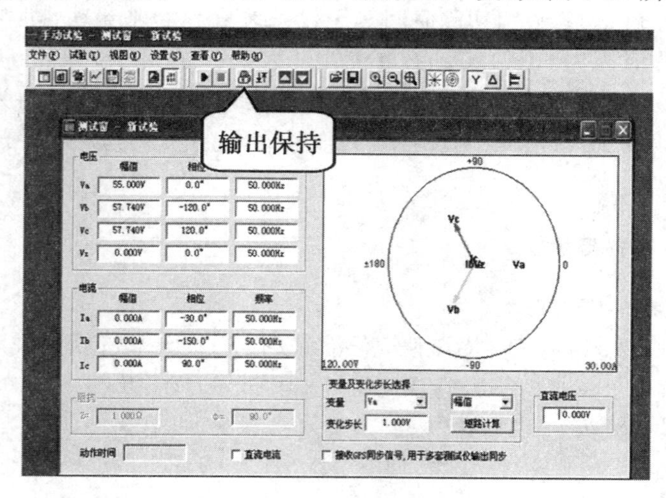

图 6-17　电压继电器时间测试框图

单击工具栏中的按钮▶开始实验，当电压继电器动作后，单击“输出保持”按钮，然后再设置 Va 为 0 V，单击“释放保持”按钮可测动作时间。分别选择 50 V、70 V、90 V，重复上述步骤，观察动作时间读数并填入表 6-5 中。

表 6-5　电压继电器动作时间测试

电压整定值	50 V	70 V	90 V
动作时间(ms)			

6.4.4　实验报告

1. 分析整理电流整定值在四种情况下的数据，说明读取的电流继电器动作时间是否相同，为什么？

2. 分析整理电压整定值在四种情况下的数据，说明读取的电压继电器动作时间是否相同，为什么？

3. 为什么要求作用于断路器跳闸的时间越短越好？说明其主要原因。

6.5　时间继电器特性实验

6.5.1　实验目的

1. 熟悉时间继电器的工作原理。

2. 掌握时间继电器的测试方法。

6.5.2　原理与说明

时间继电器作为辅助元件，用于各种保护及自动装置中，使被控元件达到所需要的延时，在保护装置中用以实现主保护与后备保护的选择性配合。

时间继电器的型号选为 DS-32，延时范围为 0.5～5 s，系一电磁铁带动一钟表延时机构，具有 1 对终止触点、1 对滑动触点、2 对常开触点、2 对常闭触点。动作电压为 DC 110 V，直流继电器动作电压不小于额定值的 75%，返回电压（释放电压）不小于额定值的 5%。实验原理接线如图 6-18所示。

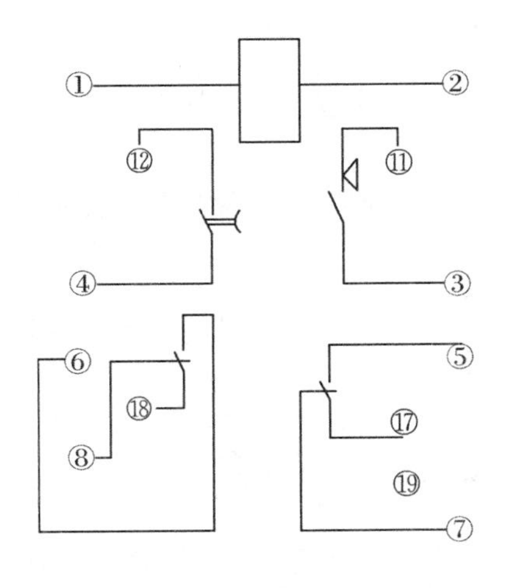

图 6-18　时间继电器 DS-32 接线图

6.5.3　实验内容与步骤

1. 按照接线图 6-18 接线，将①②端子接直流电压输出，④⑫端子接开入量 A，⑤⑰端子接开入量 B。

2. 打开 PW 软件，单击“手动试验”按钮，在“变量及变化步长选择”栏的“变量”中选择“直流电压”“幅值”，“直流电压”栏设为 80 V，如图 6-19 所示。

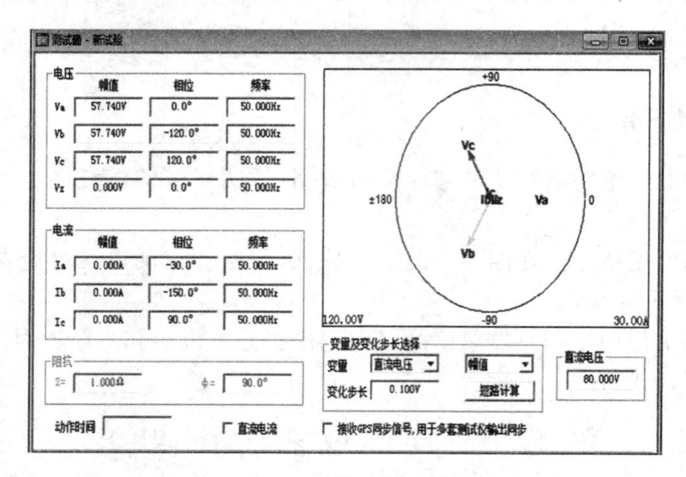

图 6-19　DS-32 时间继电器测试框图

3. 单击工具栏中的按钮▶开始实验，当延时动作后，停止实验，打开“历史状态”分析开关量 A、B 的动作情况，测试时间继电器的临界工作电压。

6.5.4　实验报告

1. 画出开关量 A、B 的动作时序图，根据时序图说明时间继电器在继电保护中的作用。

2. 解释时间继电器四种触点图形符号的功能。

6.6　信号继电器特性实验

6.6.1　实验目的

1. 熟悉信号继电器的工作原理，学会分析功率方向继电器的方向特性。

2. 掌握信号继电器的测试方法。

6.6.2　原理与说明

信号继电器作为辅助元件，用于电力系统二次回路的继电保护线路中，作为动作指示信号用。DX-4A 系列继电器是电磁型脱钩掉牌显示继电器，同时输出机械保持和瞬动触点,具有手动或电动复归及两次掉牌功能,即第一次动作后显示一条红色带,第二次动作后显示两条红色带。

信号继电器的选型为DX-4A/475,具有1对常开触点、2对常开带掉牌触点。动作电压为DC 110 V,直流继电器动作电压不小于额定值的70%,复归电压不大于额定值的70%。实验原理接线如图6-20所示。

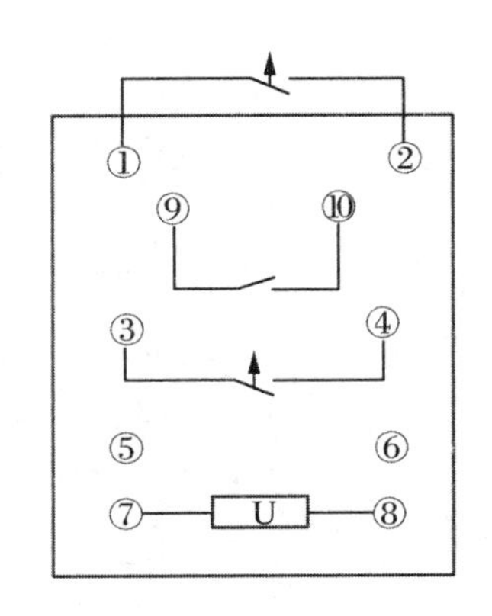

图6-20 信号继电器DX-4A/475接线图

6.6.3 实验内容与步骤

1. 按照接线图6-20接线,将⑦⑧端子接直流电压输出,⑨⑩端子接开入量A。

2. 打开PW软件,单击“手动试验”按钮,在“变量及变化步长选择”栏的“变量”中选择“直流电压”“幅值”,“直流电压”栏设为80 V。

3. 单击工具栏中的按钮▶开始实验,当继电器动作后,停止实验,打开“历史状态”分析开关量A的动作情况,测试信号继电器的临界工作电压。

6.6.4 实验报告

1. 说明信号继电器在继电保护中的作用。
2. 说明信号继电器的掉牌未复归信号的作用。

6.7 功率方向继电器特性实验

6.7.1 实验目的

1. 熟悉功率方向继电器的工作原理,学会分析功率方向继电器方向特性。
2. 掌握功率方向继电器的测试方法。

6.7.2 原理与说明

在双侧电源网络中发生故障时,必须有判别方向的元件,判断故障是正方向还是反方向,是区内故障还是区外故障。因此,必须在保护回路中加方向闭锁,构成方向性电流保护。要求只有在流过断路器的电流方向从母线流向线路侧时才允许保护动作,保护动作的方向性利用功率方向继电器完成。

功率方向继电器分LG-11型(主要用于相间短路保护灵敏角为$-30°$和$-45°$)和LG-12型(主要用于接地短路保护,灵敏角为$+70°$)两种类型。本实验选用LG-11型为测试对象,该继电器是根据幅值比较原理构成的,由电压形成回路、比较回路和执行元件三部分组成。功率方向继电器原理图如图6-21所示。

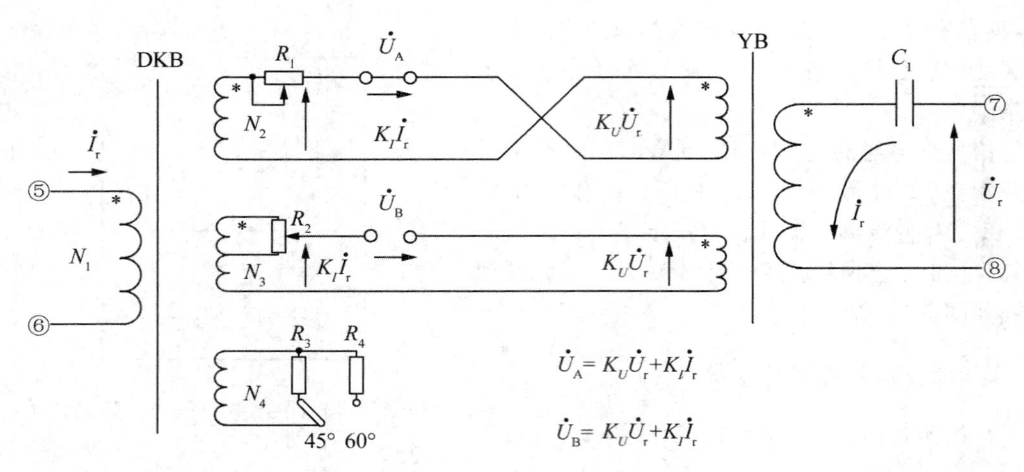

图 6-21　LG-11 型功率方向继电器原理图

电压形成回路由 DKB 电抗变换器和 YB 电压变换器构成。工作量：$\dot{U}_A = K_U\dot{U}_r + K_I\dot{I}_r$；制动量：$\dot{U}_B = K_U\dot{U}_r - K_I\dot{I}_r$。将$\dot{U}_A$与$\dot{U}_B$进行比较，当$\dot{U}_A > \dot{U}_B$时，继电器动作；当$\dot{U}_A < \dot{U}_B$时，继电器不动作。

为了消除电压死区，功率方向继电器的电压回路需加设“记忆回路”，就是需要电容 C_1 与中间变换器 YB 的绕组电感构成对 50 Hz 串联谐振回路。这样，当$\dot{U}_r$突然降低为零时，该回路中的电流并不立即消失，而是按 50 Hz 谐振频率，经过几个周波后逐渐衰减为零。而这个电流与故障前电压$\dot{U}_r$同相，并且在谐振衰减过程中维持相位不变，相当于“记住了”短路前的电压相位，故称为“记忆回路”。

由于电压回路有了“记忆”的存在，当加于继电器的电压$\dot{U}_r \approx \mathbf{0}$ 时，在一定的时间内，电压变换器 YB 的二次绕组端有电压分量$K_U\dot{U}_r$存在，就可以继续进行幅值比较，因而消除了在正方向出口短路时继电器的电压死区。

除正方向出口附近发生三相短路时，$\dot{U}_{BC} \approx \mathbf{0}$，继电器具有很小的电压死区以外，在其他任何包含 A 相的不对称短路时，$\dot{I}_A$的电流很大，$\dot{U}_{BC}$的电压很高，因此继电器不仅没有死区，而且动作灵敏度很高。为了减小和消除三相短路时的死区，可以采用电压记忆回路并尽量提高继电器动作时的灵敏度。

6.7.3　实验内容与步骤

1. 根据图 6-22 接线，将 DKB 的⑤⑥端子分别接 Ia、In，将 YB 的⑦⑧端子分别接 Ub、Uc，将常开接点⑪⑫接开入量 A。

2. 打开 PW 软件，单击“递变”按钮进入“试验窗口”，选中“复压闭锁及功率方向”，单击“添加测试项”按钮，将出现“功率方向保护”界面，选“测试项目”栏，按图 6-23 设置相关信息。

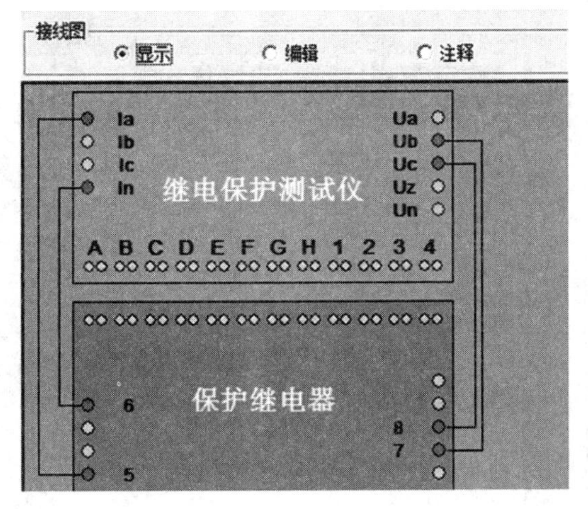

图 6-22　功率方向继电器接线图

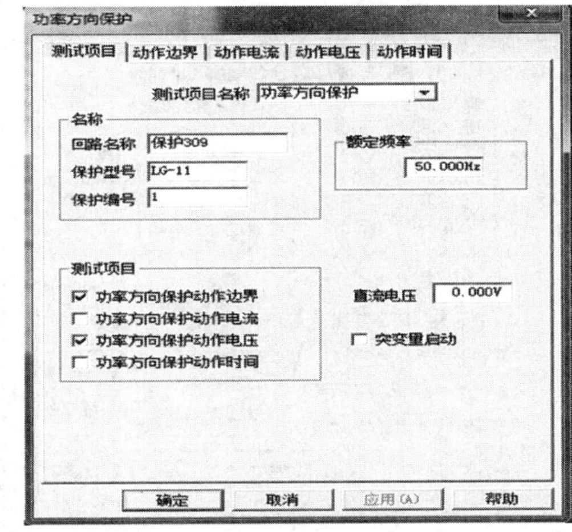

图 6-23　“功率方向保护”中的“测试项目”栏

3.选“动作边界”栏,按图 6-24 设置相关信息。

变化始值:90°

变化终值:−180°

变化步长:3°

变化方式:始→终→始

Vbc:100 V

Ia:5 A

步长变化时间:1 s

变量选择:ph(Vb,Vc)

动作值定义:ph(Vbc)

假设 $\alpha=-30°$,则“整定值”栏设置如下:

边界 1:50°

边界 2:245°

允许误差:±5%

动作边界实验参数设置时要注意,在做实验时,角度的范围一定是要从不动作到动作搜索方式设定,且变化方式选择“始→终→始”,才能测出准确的动作区。

4.选“动作电压”栏,按图 6-25 设置相关信息。

变化始值:0 V

变化终值:5 V

变化步长:0.2 V

Ia:5 A

整定值:2 V

图 6-24　“功率方向保护”中的“动作边界”栏

图 6-25　“功率方向保护”中的“动作电压”栏

5. 测试计划表及开关量设置(见图 6-26、图 6-27)

选择“接线图”栏，画出该实验接线图，编辑保护测试仪的连接号。

单击工具栏中的按钮▶开始实验，记录实验报告结果。

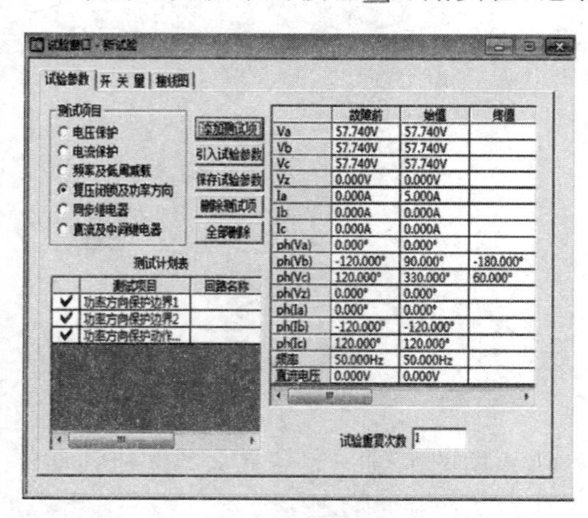

	故障前	始值	终值
Va	57.740V	57.740V	
Vb	57.740V	57.740V	
Vc	57.740V	57.740V	
Vz	0.000V	0.000V	
Ia	0.000A	5.000A	
Ib	0.000A	0.000A	
Ic	0.000A	0.000A	
ph(Va)	0.000°	0.000°	
ph(Vb)	-120.000°	90.000°	-180.000°
ph(Vc)	120.000°	330.000°	60.000°
ph(Vz)	0.000°	0.000°	
ph(Ia)	0.000°	0.000°	
ph(Ib)	-120.000°	-120.000°	
ph(Ic)	120.000°	120.000°	
频率	50.000Hz	50.000Hz	
直流电压	0.000V	0.000V	

图 6-26　“功率方向保护”测试中的测试计划表

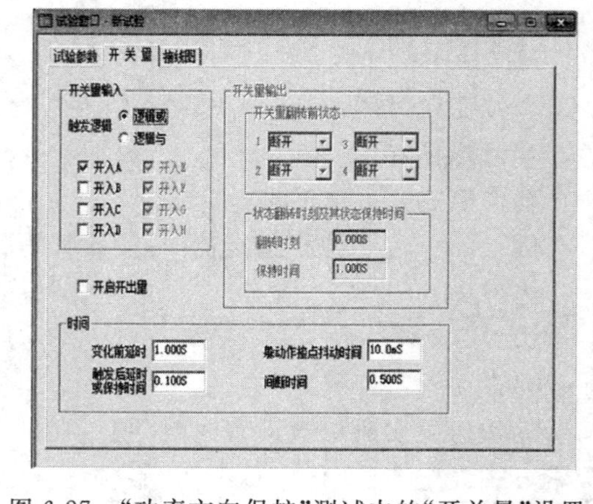

图 6-27　“功率方向保护”测试中的“开关量”设置

6.7.4　实验报告

1. 说明矢量图观测边界 φ_1、φ_2 的测试方法，画出功率方向继电器动作区。
2. 功率方向继电器为什么会有死区？应如何消除死区？
3. 试画出采用 90°接线三相式方向过电流保护的原理接线图。

6.8　多种继电器配合实验

6.8.1　实验目的

通过设计性实验，掌握多种继电器配合构成一个单相过电流保护装置的基本方案。

6.8.2　原理与说明

将电流继电器、时间继电器、信号继电器和中间继电器等组合构成一个过电流保护方案。要求当电流继电器动作后，启动时间继电器延时，经过一定时间后，启动信号继电器发信号和中间继电器动作启动断路器跳闸线圈(指示灯亮)。用 A、B 开关量监测瞬时动作和延时动作(用特性相同的接点)。表 6-6、表 6-7、表 6-8 分别列出了常用继电器及触点的图形符号和逻辑电路图形符号，仅供参考。

表 6-6　　常用继电器的图形符号、文字符号

名称	图形符号	文字符号	名称	图形符号	文字符号
电流继电器	I	KA	差动继电器	I_d	KD
低电压继电器	U<	KV	时间继电器	t	KT
功率方向继电器		KW	中间继电器		KM
阻抗继电器	Z	KR	信号继电器		KS

表 6-7　　常用继电器的触点的符号

名称	图形符号	解释
瞬时动作，动合(常开)触点		得电闭合
瞬时动作，动断(常闭)触点		得电断开
延时闭合，动合(常开)触点		得电后延时闭合
延时断开，动合(常开)触点		未得电前常开，得电后立即闭合，(断电时)延时断开
延时闭合，动断(常闭)触点		未得电前常闭，得电后立即断开，(断电时)延时闭合
延时断开，动断(常闭)触点		得电后延时断开
手动复归，动合(常开)触点	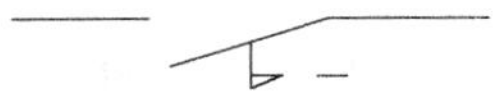	手动复归，动合(常开)触点

表 6-8　　逻辑电路图形符号

名称	“或”门	“与”门	“非”门	“禁止”门	延时动作瞬间返回电路	瞬时动作延时返回电路
图形符号	≥1	&	1		t 0	0 t

6.8.3 实验内容与步骤

1. 利用图 6-28 所示的几种继电器，自拟定一个完整的过电流保护方案（经老师审查合格）。

2. 按照自己设计的二次原理接线图，完成接线（经老师验收合格）。

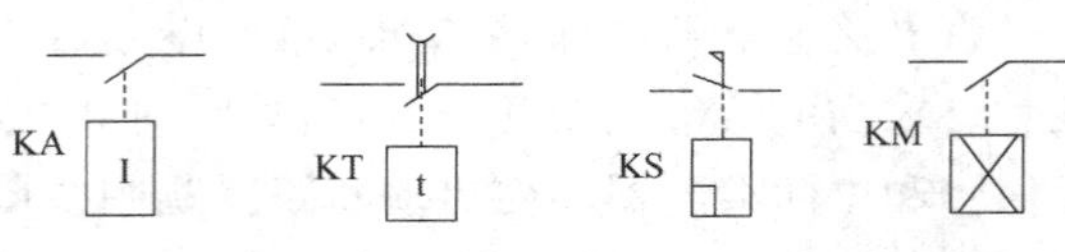

图 6-28　几种继电器

3. 测试流程：调整电流继电器整定值为 3 A，PW 软件使用“手动试验”，设置故障电流为 4 A，直流电压为 80 V，如图 6-29 所示。开始实验，打开“历史状态”分析开关量 A、B 的动作情况，仔细观察各种继电器的动作关系，记录整个实验过程。

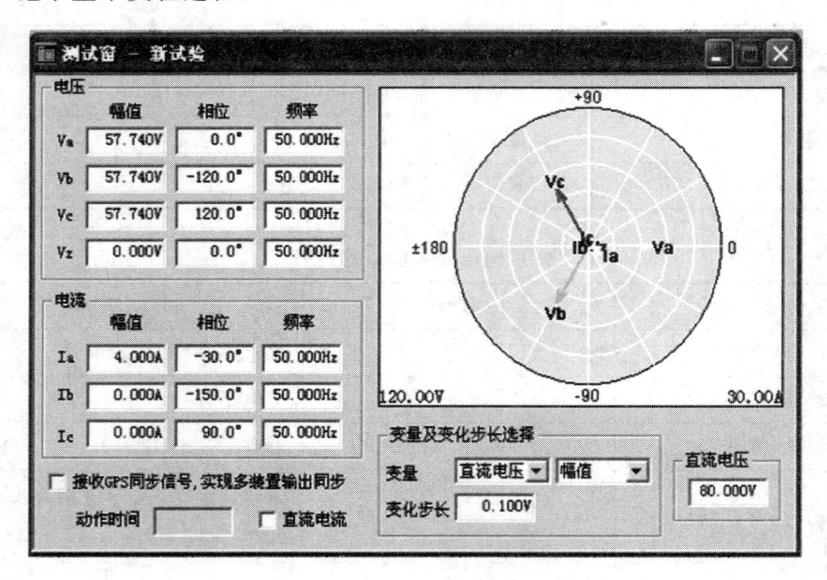

图 6-29　多种继电器配合实验设置

6.8.4 实验报告

1. 画出自己设计的过电流保护实验二次原理接线图、展开接线图、安装接线图，并叙述一下设计思路。

2. 在图 6-28 的基础上自行设计一个低电压闭锁过电流保护的二次原理接线图，并阐述一下设计思路。

第7章　微机继电保护装置认知实验

继电保护装置是继电保护技术的核心，由硬件和软件两大部分构成。硬件结构见附录A。微机保护的工作过程大致是：当电力系统发生故障时，故障电气量通过模拟量输入系统转换成数字量进入微机主系统；计算机对故障信息按相应的保护算法进行运算判别是否发生区内故障；一旦确认区内发生故障，根据开关量输入的当前断路器和跳闸继电器的状态，经开关量输出系统发出跳闸信号，并显示和打印故障信息。本章主要介绍微机继电保护装置的测试接线与基本操作。

7.1　装置测试接线及硬件认识实验

7.1.1　实验目的

1. 通过了解RCS-901A超高压线路继电保护装置的硬件结构（见附录A），初步认识保护装置背部插件接线图。
2. 熟悉PW-30A型继电保护测试仪的使用（见附录B），掌握测试连接方法。

7.1.2　原理与说明

通过保护测试仪与保护装置机柜背面端子排之间的连接实验，掌握二次接线的读图并绘制安装接线图。通过这个典型动手实验的练习，学会如何用继电保护测试仪测试微机保护装置，为熟悉电力系统相关装置的测试打下基础。

7.1.3　实验内容与步骤

首先熟悉装置各个插件的功能，再学习继电保护测试仪与保护装置的连接方法。参考图7-1、图7-2、图7-3及附录A中的输出接点图A-4。

1. 参照图7-2和图7-3，将保护装置中的电压输入IN209、IN210、IN211、IN212与测试仪中的电压输出Ua、Ub、Uc、Un对应连接。
2. 参照图7-2和图7-3，将保护装置中的电流输入IN201、IN203、IN205、IN208与测试仪中的电流输出Ia、Ib、Ic、In对应连接。

3. 参考附录 A 中的 RCS-901 超高压线路成套保护装置的输出接点图 A-4、图 7-1 中的端子排 A 和图 7-2，将保护装置的跳闸 1 输出接点 INA05 及 INA02 与继电保护测试仪中的开关量输入 A 相连接；将保护装置跳闸 1 输出接点 INA07 及 INA02 与测试仪中的开关量输入 B 相连接；将保护装置跳闸 1 输出接点 INA09 及 INA02 与测试仪中的开关量输入 C 相连接；将保护装置合闸 1 输出接点 INA11 及 INA01 与测试仪的开关量输入 D 相连接。

4. 检查线路，经教师检查确保无误后方可进行后续实验。

5. 本实验涉及的安装接线图原理请参阅第 4 章。

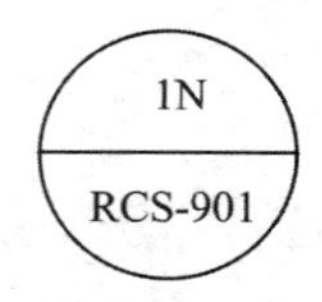

1	
DC	
直流电源+	101
直流电源−	102
	103
24 V光耦+	104
24 V光耦−	105
大地	106

2				
AC				
IA	201	IA′	202	电流
IB	203	IB′	204	
IC	205	IC′	206	
I0	207	I0′	208	
UA	209	UB	210	电压
UC	211	UN	212	
Ux	213	Ux′	214	
215		大地		

6			
OPT1(24V)			
打印	602	对时	601
信号复归	604	投检修态	603
投距离	606	投主保护	605
重合方式1	608	投零序	607
投闭重	610	重合方式2	609
其他停讯	612	通道试验	611
24 V光耦+	614		613
	616	24 V光耦−	615
三跳重合	618	单跳重合	617
备用1	620	3dB告警	619
TWJA	622	备用2	621
TWJC	624	TWJB	623
收A	626	压力闭锁	625
收C	628	收B	627
	630	UNBLOCK	629

9				
OUT1				
BSJ-1	902	公共1	901	中央信号
XTJ-1	904	BJJ-1	903	
公共2	906	XHJ-1	905	
BJJ-2	908	BSJ-2	907	遥信
FA-1	910	公共1	909	收发讯机
FC-1	912	FB-1	911	
FA-2	914	公共2	913	事件记录
FC-2	916	FB-2	915	
RST-1	918	RST-1	917	复归
TJ-1	920	公共	919	启动重合闸1
BCJ-1	922	TJABC-1	921	
TJ-2	924	公共	923	启动重合闸2
BCJ-2	926	TJABC-2	925	
TJ-3	928	公共	927	切机切负荷
BCJ-3	930	TJABC-3	929	

A				
OUT2				
跳闸1公共	A02	合闸1公共	A01	公共
跳闸2公共	A04		A03	
	A06	TJA-1	A05	跳合闸
TJA-2	A08	TJB-1	A07	
TJB-2	A10	TJC-1	A09	
TJC-2	A12	HJ-1	A11	
	A14		A13	
公共	A16	TJA	A15	遥信
TJC	A18	TJB	A17	
公共	A20	TJA-3	A19	跳闸3
TJC-3	A22	TJB-3	A21	
公共	A24	TJA-4	A23	跳闸4
TJC-4	A26	TJB-4	A25	
HJ	A28	HJ	A27	遥信
HJ-2	A30	HJ-2	A29	合闸2

图 7-1　RCS-901A 超高压线路成套保护装置背部端子排布置图

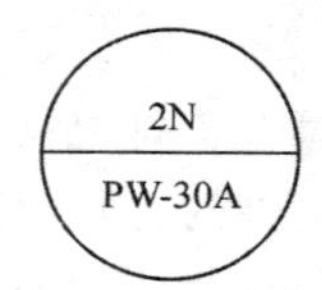

	交流电流输出	交流电压输出				开关量输入		
	101◎Ia	◎Ua105			110 ◎	A	◎ 114	
	102◎Ib	◎Ub106			111 ◎	B	◎ 115	
	103◎Ic	◎Uc107			112 ◎	C	◎ 116	
	104◎In	◎Un108			113 ◎	D	◎ 117	
		◎Uz109						

图 7-2　PW-30A 型继电保护测试仪端子位置图

D1 电压输入			
	IN209	1	
	IN210	2	
	IN211	3	
	IN212	4	
	IN213	5	
	IN214	6	
D2 电流输入			
	IN201	1	
	IN202	2	
	IN203	3	
	IN204	4	
	IN205	5	
	IN206	6	
	IN207	7	
	IN208	8	
D3 输出接点			
	IN614	1	
	IN623	2	
	IN605	3	
	IN606	4	
	IN607	5	
	IN608	6	

	IN609	7	
	IN610	8	
	IN625	9	
	IN626	10	
	IN919	11	
	IN920	12	
	IN921	13	
		14	
	INA05(黄)	15	
		16	
	INA07(绿)	17	
		18	
	INA09(红)	19	
		20	
	INA02(公共)	21	
		22	
	INA11(黑)	23	
		24	
	INA01(白)	25	
		26	
	IN909	27	
	IN910	28	

图 7-3 机柜端子排图

7.1.4 实验报告

1. 画出本实验所需线路保护装置连接参考图。

2. 试画出 RCS-901 超高压线路保护装置与 PW-30A 型继电保护测试仪之间的二次接线安装图。

【整定操作说明】

通过以上对微机保护装置与电气二次接线各种接线图的介绍，学习了如何测试微机保护装置的接线方法。下面介绍微机继电保护装置的使用方法。

装置的主要功能：RCS-901A 超高压线路微机保护装置，主要用作 220 kV 及以上电压等级输电线路的主保护及后备保护。它包括以纵联变化量方向和零序方向元件为主体的快速主保护，由工频变化量距离元件构成的快速Ⅰ段保护，由三段式相间和接地距离及两个延时段零序方向过流构成的全套后备保护；有分相出口，配有自动重合闸功能，对单或双接线的开关实现单相重合、三相重合和综合重合闸。

7.2　装置整定实验

7.2.1　实验目的

通过对 RCS-901A 超高压线路保护装置的整定，了解保护配置及应用范围，掌握微机保护装置整定值的设置方法。

7.2.2　原理与说明

按装置要求，直流电源为 220 V，允许偏差为＋15％、－20％，使用万用表校对。了解保护硬件配置及应用范围，观察、熟悉装置中各种插件电路板的功能。

7.2.3　实验内容与步骤

装置主要定值包括装置参数、保护定值和压板定值。

1. 装置参数及整定，如表 7-1 所示。

表 7-1　　装置参数及整定表

序号	定值名称	定值范围	整定值
1	定值区号	0～29	有 30 套可供切换
2	通信地址	0～254	后台机与装置通信地址
3	串口 1 波特率	4800,9600,19200,38400 b/s	4800 b/s
4	串口 2 波特率	4800,9600,19200,38400 b/s	4800 b/s
5	打印波特率	4800,9600,19200,38400 b/s	4800 b/s
6	调试波特率	4800,9600 b/s	4800 b/s
7	系统频率	50,60 Hz	50 Hz
8	电压一次额定值	127～655 kV	220 kV
9	电压二次额定值	57.73 V	57.73 V
10	电流一次额定值	1～655.35 kA	1200 A
11	电流二次额定值	1,5 A	5 A
12	厂站名称	某 220 kV 变电站	某 220 kV 变电站
13	网络打印	0,1	
14	自动打印	0,1	
15	规约类型	0,1	
16	分脉冲对时	0,1	

2. RCS-901A 保护定值，如表 7-2 所示。

保护的所有定值均按二次值整定，定值范围中 I_n 为 1 或 5，分别对应于二次额定电流为 1 A 或 5 A。

表 7-2　RCS-901A 保护定值表

序号	定值名称	定值范围	整定值 1	整定值 2
1	电流变化量启动值	0.1～0.5 A×I_n	0.5	1
2	零序启动电流	0.1～0.5 A×I_n	0.5	0.5
3	工频变化量阻抗	0.05～37.5 Ω/I_n	0.4	4.2
4	超范围变化量阻抗	0.05～125 Ω/I_n	6.3	5
5	零序方向过流定值	0.1～20 A×I_n	1	2
6	零序补偿系数	0～2	0.67	0.5
7	振荡闭锁过流	0.2～2.2 A×I_n	6	10
8	接地距离Ⅰ段定值	0.05～125 Ω/I_n	2.4	2.4
9	接地距离Ⅱ段定值	0.05～125 Ω/I_n	4.2	4.2
10	接地距离Ⅱ段时间	0.01～10 s	0.5	0.5
11	接地距离Ⅲ段定值	0.05～125 Ω/I_n	4.9	4.9
12	接地距离Ⅲ段时间	0.01～10 s	1.5	1.5
13	相间距离Ⅰ段定值	0.05～125 Ω/I_n	2.4	3
14	相间距离Ⅱ段定值	0.05～125 Ω/I_n	4.9	5
15	相间距离Ⅱ段时间	0.01～10 s	2	0.5
16	相间距离Ⅲ段定值	0.05～125 Ω/I_n	5.2	8
17	相间距离Ⅲ段时间	0.01～10 s	3.5	1.5
18	正序灵敏角	55°～85°	85	80
19	零序灵敏角	55°～85°	85	80
20	接地距离偏移角	0°,15°,30°	0	15
21	相间距离偏移角	0°,15°,30°	0	15
22	零序过流Ⅱ段定值	0.1～20 A×I_n	2.5	3.2
23	零序过流Ⅱ段时间	0.01～10 s	0.3	0.5
24	零序过流Ⅲ段定值	0.1～20 A×I_n	2	1.4
25	零序过流Ⅲ段时间	0.5～10 s	1.5	1.5
26	零序过流加速段	0.1～20 A×I_n	1	5
27	TV 断线相过流定值	0.1～20 A×I_n	6	5

续表

序号	定值名称	定值范围	整定值 1	整定值 2
28	TV 断线时零序过流	0.1～20 A×I_n	1	1.6
29	TV 断线时过流时间	0.1～10 s	2	0.5
30	单相重合闸时间	0.1～10 s	1	0.6
31	三相重合闸时间	0.1～10 s	1	0.6
32	同期合闸角	0°～90°	40	0
33	线路正序电抗	0.01～655.35 Ω	3.1	23.5
34	线路正序电阻	0.01～655.35 Ω	0.61	5
35	线路零序电抗	0.01～655.35 Ω	9.88	23.5
36	线路零序电阻	0.01～655.35 Ω	1.92	5
37	线路总长度	0～655.35 km	60	100
38	线路编号	0～65535	901	902

如果要保存修改的定值，输入的口令为："十，左，上，一"，然后单击"确定"按钮。

3. 装置运行方式控制字整定情况，如表 7-3 所示。

表 7-3　运行方式控制字表

以下是运行方式控制字 SW(n)整定，"1"表示投入，"0"表示退出			
1	工频变化量阻抗	0,1	
2	投纵联变化量	0,1	
3	投纵联零序保护	0,1	
4	投方向补偿阻抗	0,1	
5	允许式通道	0,1	
6	弱电源侧	0,1	
7	电压接线路 TV	0,1	
8	投振荡闭锁元件	0,1	
9	投Ⅰ段接地距离	0,1	
10	投Ⅱ段接地距离	0,1	
11	投Ⅲ段接地距离	0,1	
12	投Ⅰ段相间距离	0,1	
13	投Ⅱ段相间距离	0,1	
14	投Ⅲ段相间距离	0,1	
15	三重加速Ⅱ段距离	0,1	

续表

以下是运行方式控制字 SW(n)整定,"1"表示投入,"0"表示退出			
16	三重加速Ⅲ段距离	0,1	
17	零序Ⅲ段经方向	0,1	
18	零Ⅲ跳闸后加速	0,1	
19	投三相跳闸方式	0,1	
20	投重合闸	0,1	
21	投检同期方式	0,1	
22	投检无压方式	0,1	
23	投重合闸不检	0,1	
24	不对应启动重合	0,1	
25	相间距离Ⅱ闭重	0,1	
26	接地距离Ⅱ闭重	0,1	
27	零Ⅱ段三跳闭重	0,1	
28	投选相无效闭重	0,1	
29	非全相故障闭重	0,1	
30	投多相故障闭重	0,1	
31	投三相故障闭重	0,1	
32	内重合把手有效	0,1	
33	投单重方式	0,1	
34	投三重方式	0,1	
35	投综重方式	0,1	

4. 装置压板定值情况,如表 7-4 所示。

表 7-4　装置压板定值表

序号	定值名称	定值范围	整定值
1	投主保护压板	0,1	
2	投距离保护压板	0,1	
3	投零序保护压板	0,1	
4	投闭重三跳压板	0,1	

5. 熟练操作装置小键盘,观察刚才设置的整定值是否正确,并进行讨论。

7.2.4 实验报告

1. 通过对保护装置的整定，说明主要定值有哪几大模块，其作用是什么。
2. 说明保护的配置有哪些功能，保护装置电压、电流，一、二次额定值是多少。
3. 画出 RCS-901A 装置的硬件原理模块图。

7.3 装置基本调试实验

调试内容：通过以下程序的检测，确保整个装置各项指标正常，以便投运使用：

(1)装置通电检查。

(2)利用键盘操作熟悉装置菜单。

(3)数据采集系统。

(4)修改固化定值。

(5)距离保护校验。

(6)零序电流方向保护校验。

(7)纵联保护校验。

7.3.1 装置通电检查

检查全部插件插接完好后，合上直流电源，直流电压为 220 V，装置的“运行”灯亮，正常运行时液晶屏显示器显示如下：

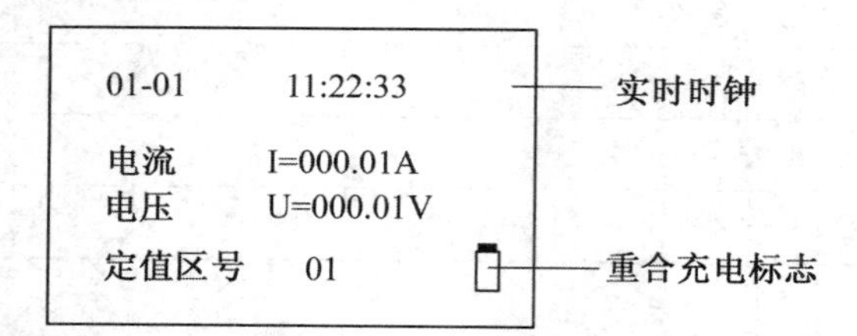

第一行显示装置的实时时钟，下面显示电流值、电压值、当前重合闸充电状态、定值区号等。按“▲”键可进入主菜单。

按“▲”“▼”键可选择不同子菜单，按“确认”键可进入相应子菜单，按“取消”键可返回上一层显示状态。

7.3.2 利用键盘操作熟悉装置菜单

命令菜单采用图 7-4 所示的树形目录结构，键盘操作示意图见附录 A. 2 装置面板布置。

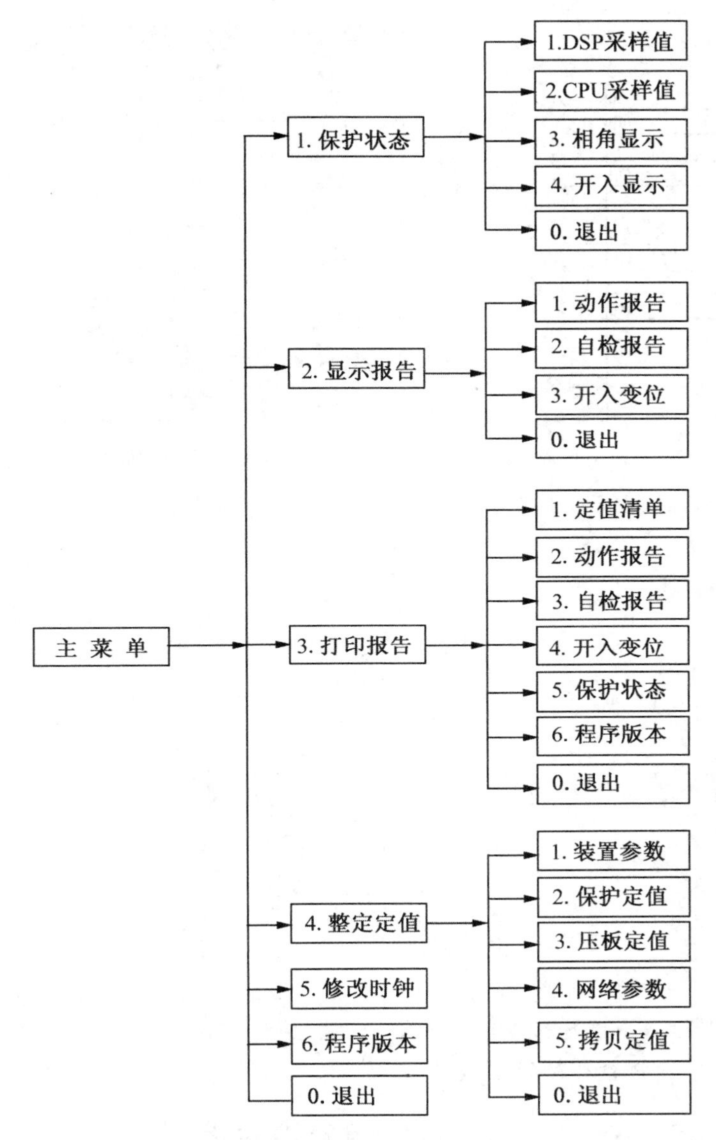

图 7-4 命令菜单树形目录结构图

7.3.3 数据采集系统

1. 电压、电流刻度检查

(1)数据采集系统试验前,按图 7-5 接线。

(2)用继电保护测试仪的“手动试验”模块给各相分别加入 5 A 电流、$100\sqrt{3}$ V/3 电压。“手动试验”模块如图 7-6 所示。

(3)单击工具栏中的按钮▶开始实验,测试仪将按设好的电压、电流值进行输出。

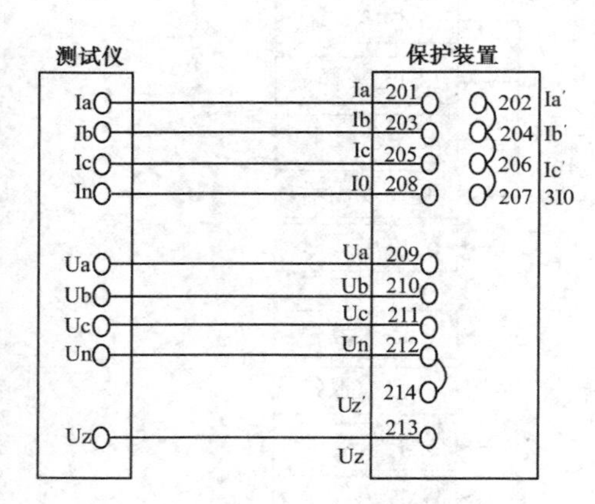

图 7-5 数据采集系统实验接线图

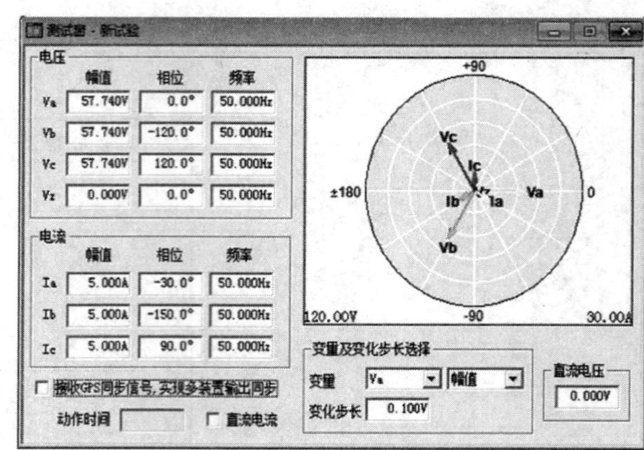

图 7-6 “‘手动试验’模块测试”对话框

(4)这时按“▲”键进入主菜单，在主菜单下，选择“保护状态”子菜单，按“确认”键，显示如下：

保护状态
1 DSP 采样值
2 CPU 采样值
3 相角显示

选中“DSP 采样值”，按“确认”键，显示如下：

DSP 采样值
Ua＝57.74 V
Ub＝57.74 V
Uc＝57.74 V

按“▲”“▼”键查看各模拟量的有效值，在液晶显示屏上显示的采样值与实际加入量误差应小于±5%。将查看结果填入表 7-5 中。

表 7-5 电流、电压刻度检查数据记录表

电流、电压数据	I_a	I_b	I_c	$3I_0$	U_a	U_b	U_c	U_x
显示结果								

2.电流、电压线性度检查

实验方法同上，电流分别通入 0.5 A、1 A、5 A、10 A，电压分别通入 1 V、5 V、30 V、60 V，观察显示值与所加值误差应小于±5%。将结果记录在表 7-6 中。

表 7-6　　电流、电压线性度检查数据记录表

电流量					电压量				
通入电流	I_a	I_b	I_c	$3I_0$	通入电压	U_a	U_b	U_c	U_x
0.5 A					1 V				
1 A					5 V				
5 A					30 V				
10 A					60 V				

3.电流、电压回路相序检查

装置通入正常三相电流、电压，选择“保护状态”下的“相角显示”子菜单，检查各模拟量的相序是否正确。如不正确，检查装置或交流插件是否正确。

7.3.4　修改固化定值

1.可根据实际实验情况，设置装置参数、整定保护定值，也可使用表中所列参考值。

2.在主菜单状态下，按“▼”键选择“整定定值”子菜单后，显示如下：

菜单选择
2　显示报告
3　打印报告
4　整定定值

再按“确认”键，显示如下：

整定定值
1　装置参数
2　保护定值
3　压板定值

按“▼”键选择“保护定值”子菜单，再按“确认”键后就可查看修改的定值。

按“▲”“▼”键滚动选择要修改的定值，按“◀”“▶”键将光标移到要修改的一位，“＋”和“－”键用来修改数据，按“取消”键为不修改返回，按“确认”键完成定值整定后返回。

整定定值的口令为：通过键盘依次输入“＋”“◀”“▲”“－”。输入口令时，每按一次键盘，液晶显示由“.”变为“＊”，当显示四个“＊”时，方可按“确认”键。

3.修改固化定值成功后，打印一份定值单，并逐项进行核对。

在主菜单下，选中“打印报告”子菜单，按“确认”键，显示如下：

打印报告
1　定值清单
2　动作报告
3　自检报告

选中“定值清单”，按“确认”键可打出定值单。

7.3.5　距离保护校验

1. 相间距离定值校验

(1)相间距离定值校验前先按图 7-7 接线。

(2)仅投距离保护压板并整定保护定值。

(3)用测试仪的“线路保护定值校验”模块进行测试。在“测试项目”标签的“测试项目选择”中选择“阻抗定值校验”,单击“添加”按钮,将弹出“阻抗定值校验”窗口,如图 7-8 所示。

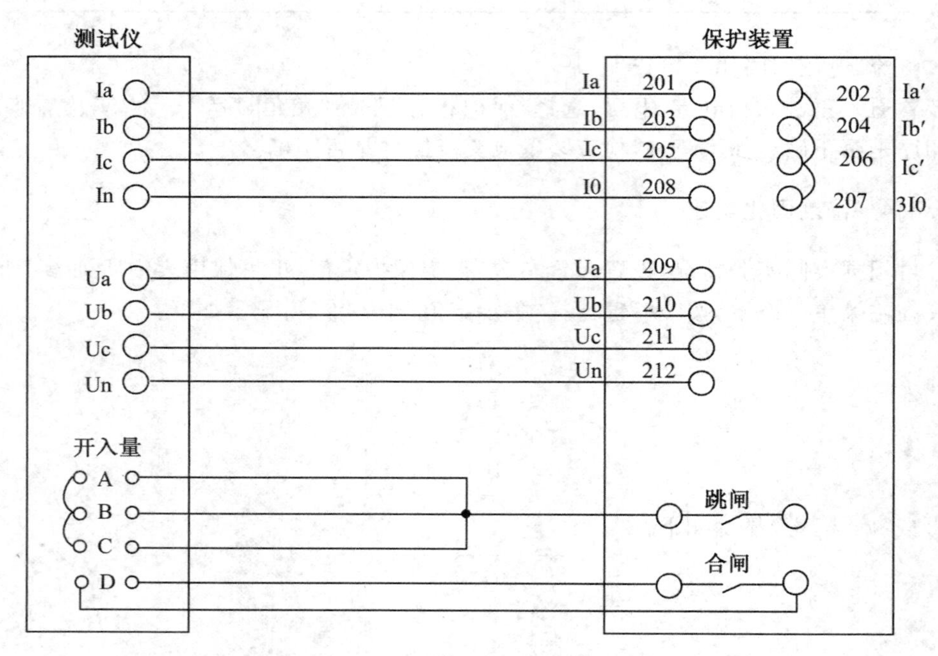

图 7-7　相间距离保护实验接线图

根据实验需要,在图 7-8 所示的对话框中选择“故障类型”,设置“阻抗角”“短路电流”;输入各段“整定阻抗”“整定动作时间”(打“√”方有效);设置“整定倍数”,即短路阻抗=整定值×整定倍数(打“√”方有效)。

下面以测试相间距离Ⅲ段为例,说明实验操作方法。

将图 7-8 所示的“阻抗定值校验”窗口中的Ⅲ段定值设为 8 Ω,时间设为 1.5 s,故障类型选择“AB 短路”,阻抗角设为 80°,整定倍数取 0.70,使短路阻抗等于 5.6 Ω,大于Ⅱ段定值,小于Ⅲ段定值。单击“确认”按钮,设置的测试点将添加到“测试项目列表”中。

(4)在图 7-9 所示的“试验参数”设置窗口中进行参数设置。

故障前时间:设为 18 s(大于保护整组复归时间)。

最大故障时间:设为 5 s(大于保护动作、重合闸、永跳动作时间之和)。

故障触发方式:选择“时间控制”,这样可以按照设置的时间自动完成所有故障模拟实验。Vz 输出等于 0。

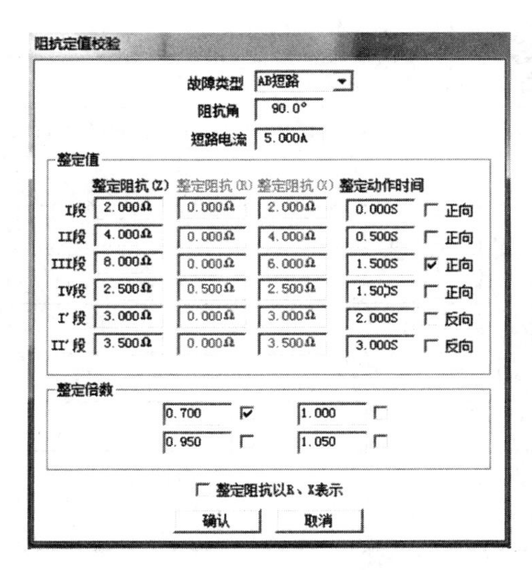

图 7-8　“阻抗定值校验”窗口

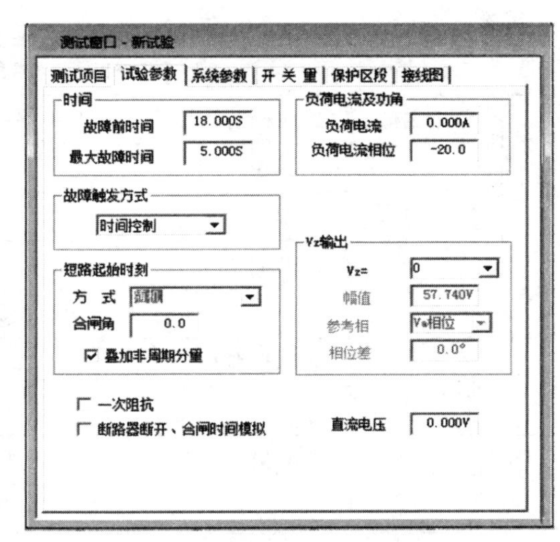

图 7-9　“试验参数设置”窗口

(5)在“开关量”设置窗口中设置开关量参数。由于保护是三相一次重合闸，开入量 A、B、C 需设成三跳方式，开入量 D 设成重合闸。

(6)单击按钮▶开始实验，测试仪将按“测试项目列表”所设置的故障进行输出。

在实验进行过程中单击按钮，打开“历史状态”窗口，实时监视电压、电流有效值及开关量的变化曲线。

测试结束，将弹出“测试结果”对话框。这时可单击按钮打开“录波图”窗口，观察刚做完实验的电压、电流的输出波形，对保护装置的动作情况进行分析。

(7)参照步骤(3)～(6)，模拟各段正方向瞬时性相间故障(AB、BC 或 CA)，相角为灵敏角，使测量阻抗分别为各段 1.05 倍定值(测试动作行为)、0.95 倍定值(测试动作行为)、0.70 倍定值(测试动作时间)，结果记录到表 7-7 中，打印区内保护动作故障报告。

表 7-7　　相间距离定值校验数据记录表

瞬时性故障(相角为灵敏角)					
I 段	整定定值	故障相别	$1.05Z_{set_1}$ 时动作行为	$0.95Z_{set_1}$ 时动作行为	$0.7Z_{set_1}$ 时动作行为
	$Z_{set_1}=$　Ω	AB			
		BC			
		CA			
II 段	整定定值	故障相别	$1.05Z_{set_1}$ 时动作行为	$0.95Z_{set_1}$ 时动作行为	$0.7Z_{set_1}$ 时动作行为
	$Z_{set_2}=$　Ω $T_{02}=$　s	AB			
		BC			
		CA			

续表

瞬时性故障（相角为灵敏角）					
	整定定值	故障相别	$1.05Z_{set_3}$时动作行为	$0.95Z_{set_3}$时动作行为	$0.7Z_{set_3}$时动作行为
Ⅲ段	$Z_{set_3}=\quad\Omega$ $T_{03}=\quad s$	AB			
		BC			
		CA			
永久性故障					
Ⅱ段	故障相别	通入故障量		动作情况	
Ⅲ段	故障相别	通入故障量		动作情况	

（8）模拟Ⅱ、Ⅲ段区内永久性相间故障，观察保护动作行为，结果记录到表7-7中，并打印故障报告。相应的实验方法如下：用测试仪的“线路保护定值校验”模块进行测试。在“测试项目”标签的“测试项目选择”中选择“自动重合闸及后加速”，单击“添加”按钮，将弹出“重合闸及后加速”测试窗口，如图7-10所示。

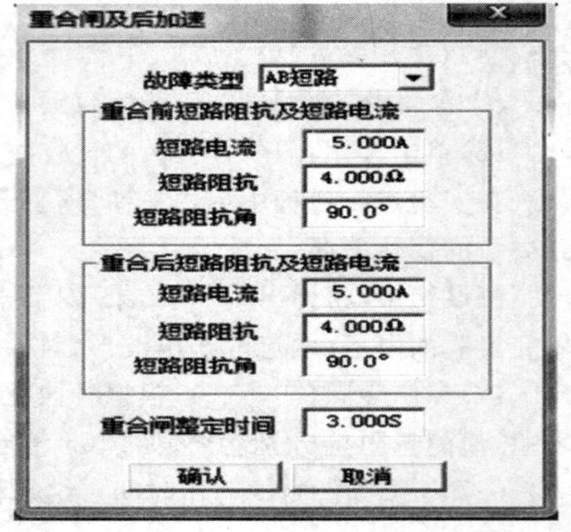

图7-10 “重合闸及后加速”测试窗口

根据实验需要，在图7-10所示的测试窗口中选择“故障类型”，设置“重合前短路阻抗及短路电流”“重合后短路阻抗及短路电流”及“重合闸整定时间”。

注意：重合前、后短路阻抗及短路电流要设置得一样。

参数设置好后，单击“确认”按钮，设置的测试点将添加到“测试项目列表”中。

单击按钮▶开始实验，观察保护动作行为。测试结束，将弹出“测试结果”对话框。

思考：不直接给出短路阻抗，而是通过加入电流、电压计算短路阻抗的方式，利用继电保护测试仪其他测试模块（如“手动试验”模块等）重复模拟表7-7中各段瞬时性相间故障。

2. 接地距离定值校验

实验方法与相间距离定值校验类似。模拟各段正方向瞬时性接地故障（AN、BN或CN），相角为灵敏角，使测量阻抗分别为各段1.05倍定值（测试动作行为）、0.95倍定值（测试动作行为）、0.70倍定值（测试动作时间），结果记录到表7-8中，打印区内保护动作故障报告。

表 7-8　接地距离定值校验数据记录表

	整定定值	故障相别	$1.05Z_{set_1}$ 时动作行为	$0.95Z_{set_1}$ 时动作行为	$0.7Z_{set_1}$ 时动作行为
Ⅰ段	$Z_{set_1}=$ 　Ω	AN			
		BN			
		CN			
	整定定值	故障相别	$1.05Z_{set_2}$ 时动作行为	$0.95Z_{set_2}$ 时动作行为	$0.7Z_{set_2}$ 时动作行为
Ⅱ段	$Z_{set_2}=$ 　Ω $T_{02}=$ 　s	AN			
		BN			
		CN			
	整定定值	故障相别	$1.05Z_{set_3}$ 时动作行为	$0.95Z_{set_3}$ 时动作行为	$0.7Z_{set_3}$ 时动作行为
Ⅲ段	$Z_{set_3}=$ 　Ω $T_{03}=$ 　s	AN			
		BN			
		CN			

注意：如果按表 7-8 测试动作不正确，考虑要测出实际动作值，可适当增大或减小整定倍数。

7.3.6　零序电流方向保护校验

1. 零序电流方向保护动作区测试

(1)零序电流方向保护动作区测试的接线同图 7-7。仅投零序保护，并整定保护定值相应控制字。

(2)找出零序方向保护的两个动作边界角，根据实验数据绘出动作区域。

用测试仪的“手动试验”模块进行测试。

2. 零序电流方向保护定值测试

(1)模拟各段正方向瞬时性接地故障(AN、BN 或 CN)，使故障电流分别为各段 1.05 倍定值(测试动作行为)、0.95 倍定值(测试动作行为)、1.20 倍定值(测试动作时间)，结果记录到表 7-9 中，打印区内保护动作故障报告。

表 7-9　零序电流方向保护定值校验数据记录表

	整定定值	故障相别 (瞬时性)	$1.05I_{01}$时动作行为	$0.95I_{01}$时动作行为	$1.2I_{01}$时动作行为
Ⅰ段	$I_{01}=$ 　A	AN			
		BN			
		CN			

续表

	整定定值	故障相别（瞬时性）	$1.05I_{02}$时动作行为	$0.95I_{02}$时动作行为	$1.2I_{02}$时动作行为
Ⅱ段	$I_{02}=$　A $T_{02}=$　s	AN			
		BN			
		CN			
	整定定值	故障相别（瞬时性）	$1.05I_{03}$时动作行为	$0.95I_{03}$时动作行为	$1.2I_{03}$时动作行为
Ⅲ段	$I_{03}=$　A $T_{03}=$　s	AN			
		BN			
		CN			
	整定定值	故障相别（瞬时性）	$1.05I_{04}$时动作行为	$0.95I_{04}$时动作行为	$1.2I_{04}$时动作行为
Ⅳ段	$I_{04}=$　A $T_{04}=$　s	AN			
		BN			
		CN			
零序过电流加速段	整定定值	故障相别（永久性）	通入故障量	动作行为	
		AN			
		BN			
		CN			

用测试仪的“线路保护定值校验”模块进行测试。在“测试项目”标签的“测试项目选择”中选择“零序电流定值校验”，单击“添加”按钮，将弹出“零序定值校验”窗口，如图7-11所示。

根据实验需要，在图 7-11 所示的对话框中选择“故障类型”，设置“短路阻抗”；输入各段“零序定值”“动作时间”（打“√”方有效）；设置“整定倍数”，即短路电流＝整定值×整定倍数（打“√”方有效）。

图 7-11 是以模拟瞬时性 A 相接地故障，短路电流等于 1.05 A 进行设置的。

参数设置好后，单击“确认”按钮，设置的测试点将添加到“测试项目列表”中。

单击按钮▶开始实验，测试仪将按“测试项目列表”所设置的故障进行输出。测试结束，将弹出“测试结果”对话框。

(2) 模拟各区段反方向故障，保护应可靠不动。

(3)模拟区内 A 相（或 B 相、C 相）永久性单相接地故障，结果记录到表 7-9 中。

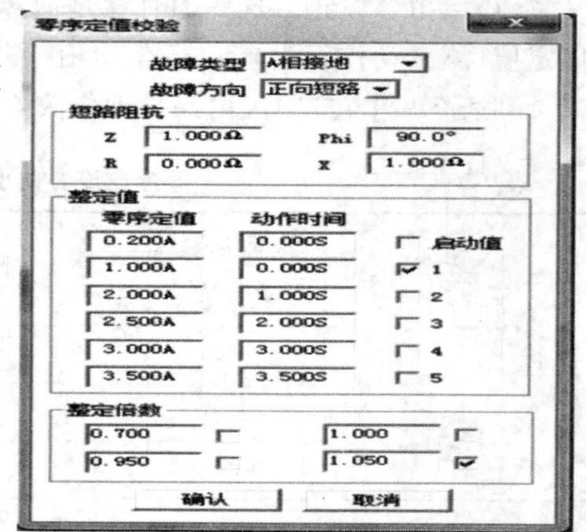

图 7-11　“零序定值校验”对话框

7.3.7　纵联保护校验(闭锁式)

1.纵联距离保护

(1)纵联距离保护的接线同图7-7。将装置的发信输出接至收信输入构成自发自收。

(2)投主保护。

(3)将保护定值控制字中的“投纵联距离保护”置“1”,将“允许式通道”置“0”,将“投重合闸”置“1”,将“投重合闸不检”置“1”。

(4)用测试仪的“线路保护定值校验”模块进行测试。在“测试项目”标签的“测试项目选择”中选择“阻抗定值校验”,单击“添加”按钮,将弹出“阻抗定值校验”窗口,如图7-8所示。

(5)在图7-8所示的“阻抗定值校验”窗口中设好各项参数,分别模拟区内瞬时性接地和相间故障,观察保护动作行为,结果记录于表7-10中。

(6)模拟上述反方向故障,观察纵联保护动作行为。

表7-10　纵联距离保护数据记录表

序号	模拟故障相别	通入故障量	动作结果
1	AB		
2	BC		
3	CA		
4	AN		
5	BN		
6	CN		

2.纵联零序保护

(1)纵联零序保护的接线同图7-7。将装置的发信输出接至收信输入构成自发自收。

(2)投主保护及任一段零序过电流保护。

(3)将保护定值控制字中的“投纵联零序方向”置“1”,将“允许式通道”置“0”,将“投重合闸”置“1”,将“投重合闸不检”置“1”。

(4)用测试仪的“线路保护定值校验”模块进行测试。在“测试项目”标签的“测试项目选择”中选择“零序电流定值校验”,单击“添加”按钮,将弹出“零序定值校验”窗口,如图7-11所示。

(5)在图7-11所示的“零序定值校验”窗口中设好各项参数,分别模拟区内瞬时性接地和相间故障,观察保护动作行为,结果记录于表7-11中。

(6)模拟上述反方向故障,观察纵联保护动作行为。

表7-11　纵联距离保护数据记录表

序号	模拟故障相别	通入故障量	动作结果
1	AN		
2	BN		
3	CN		

第 8 章　输电线路微机保护原理实验

本章分为微机保护原理中的数字仿真实验和线路保护中的原理实验。8.1～8.2 节介绍了微机保护数字滤波器仿真实验和保护算法仿真实验。8.3～8.12 节介绍了超高压输电线路中应用广泛的保护原理实验。在电力系统实际运行当中，发生的故障绝大多数是输电线路的故障。因此，输电线路的保护在电力系统保护中占有十分重要的位置，这里作为重点实验研究对象。

8.1　微机保护数字滤波器仿真实验

8.1.1　实验目的

通过仿真各种数字滤波器的实验，掌握它们的滤波特点，学会分析它们的应用场合。

8.1.2　原理与说明

微机保护装置的主要任务是在被保护的设备发生故障时，在尽可能短的时限和尽可能小的区间内，自动把故障设备从电网中切除。系统在发生故障的最初阶段，由于电流和电压信号中含有衰减的直流和各次谐波，使故障暂态信号的频谱十分复杂。任何动作原理是基于信号的某部分或单一频率分量(如工频分量、二次谐波等)的保护装置，为满足动作快速性的要求，必须在故障的暂态过程中动作，因此都不可避免地要对输入信号做滤波处理。

注意：该实验需要计算机安装 MATLAB 软件。

8.1.3　实验内容与步骤

双击计算机桌面上的“微机保护数字滤波器实验系统”图标，进入实验主界面，如图 8-1 所示。

1. 差分滤波：单击“差分滤波器”按钮进入

(1)滤除三次及其整倍数次谐波：设每周期采样点数 N 为 24，即采样频率为 1200 Hz，设置数据窗 k 为 8，则可滤除三次及三的整倍数次谐波，即可除去 $3P(P=1, 2,\cdots)$ 次谐波。

设置输入波形中含基波及三次、六次、九次、十二次谐波，令基波及三次、六次、九次、十二次谐波幅值输入框为“1”，其他输入框为“0”，如图 8-2 所示。

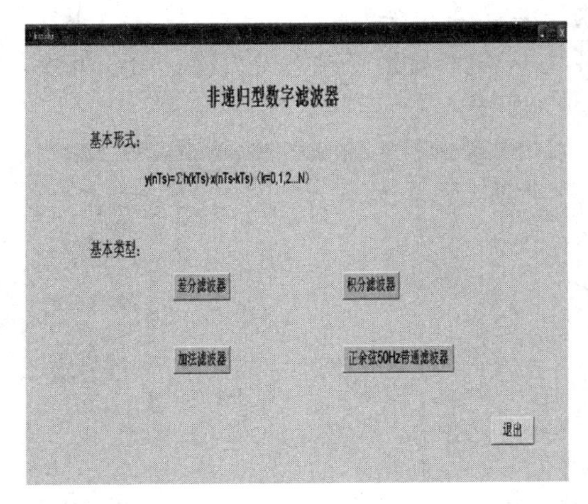

图 8-1　“非递归型数字滤波器”实验界面

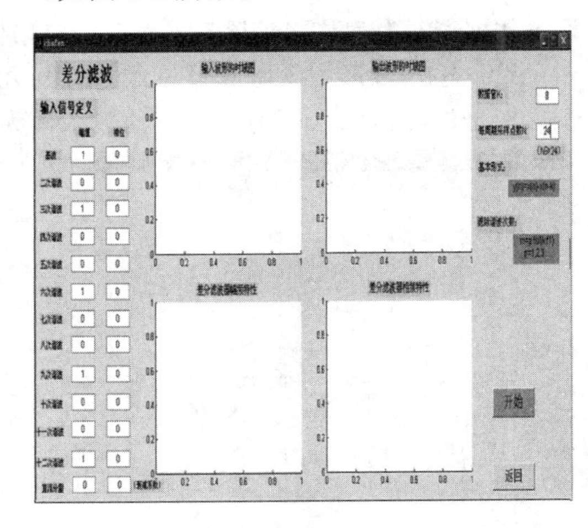

图 8-2　“差分滤波器”实验界面

单击屏幕右下方的“开始”按钮，则显示出输入、输出、幅频及相频曲线，记录各曲线。

(2)滤除四次及其整倍数次谐波：设每周期采样点数 N 为 24，数据窗 k 为 6，即可除去 $4P(P=0,1,2,\cdots)$次谐波。

设置输入波形中含基波及四次、八次、十二次谐波，令基波及四次、八次、十二次谐波幅值输入框为“1”，其他输入框为“0”。单击屏幕右下方的“开始”按钮，记录显示的四种曲线。

(3)滤除直流分量能力：在(2)的基础上在输入波形中添加幅值为 1、衰减系数为 −2 的直流分量，单击屏幕右下方的“开始”按钮，观察并记录输入、输出波形。单击“返回”按钮，返回实验主界面。

2. 加法滤波：单击“加法滤波器”按钮进入

(1)滤除二次及其奇数倍次谐波：设每周期采样点数 N 为 24，即采样频率为 1200 Hz，设置数据窗 k 为 6，则可滤除二次及二的奇数倍次谐波，即可除去 $2(2P-1)(P=1,2,3,\cdots)$次谐波。

设置输入波形中含基波及二次、六次、十次谐波，令基波及二次、六次、十次谐波幅值输入框为“1”，其他输入框为“0”，如图 8-3 所示。

单击屏幕右下方的“开始”按钮，则显示出输入、输出、幅频及相频曲线，记录各曲线。

(2)滤除三次及其奇数倍次谐波：设每周期采样点数 N 为 24，数据窗 k 为 4，即可除去 $3(2P-1)(P=0,1,2,\cdots)$次谐波。

设置输入波形中含基波及三次、九次谐波，令基波及三次、九次谐波幅值输入框为“1”，其他输入框为“0”。单击屏幕右下方的“开始”按钮，记录显示的四种曲线。

(3)滤除直流分量能力：在(2)的基础上在输入波形中添加幅值为 1、衰减系数为 −2 的直流分量，单击屏幕右下方的“开始”按钮，观察并记录输入、输出波形。单击“返回”按钮，返回实验主界面。

3. 积分滤波：单击“积分滤波器”按钮进入

(1)滤除三次及其整倍数次谐波：设每周期采样点数 N 为 24，即采样频率为 1200 Hz，设置数据窗 k 为 7，则可滤除三次及三的整倍数次谐波，即可除去 $3P(P=0,1,2,\cdots)$次谐波。

设置输入波形中含基波及三次、六次、九次、十二次谐波，令基波及三次、六次、九次、十二次谐波幅值输入框为“1”，其他输入框为“0”，如图 8-4 所示。

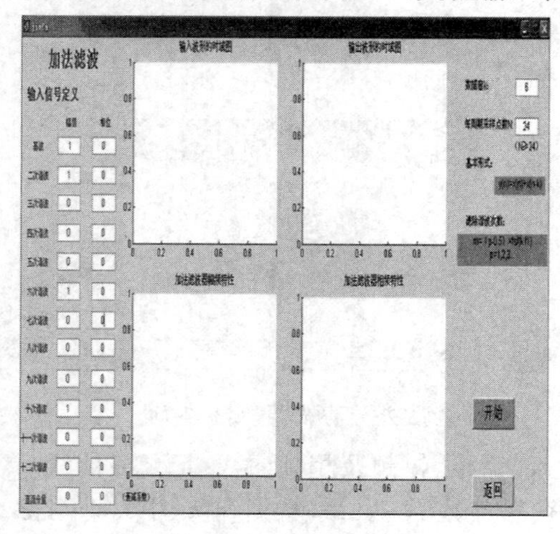

图 8-3　“加法滤波器”实验界面

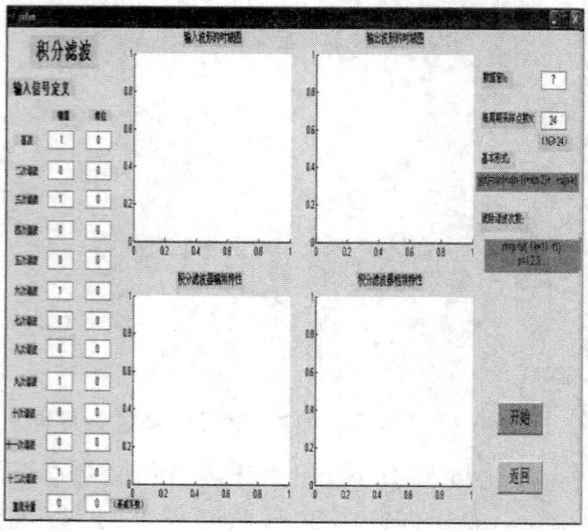

图 8-4　“积分滤波器”实验界面

单击屏幕右下方的“开始”按钮，则显示出输入、输出、幅频及相频曲线，记录各曲线。

(2)滤除四次及其整倍数次谐波：设每周期采样点数 N 为 24，数据窗 k 为 5，即可除去 $4P(P=0,1,2,\cdots)$次谐波。

设置输入波形中含基波及四次、八次、十二次谐波，令基波及四次、八次、十二次谐波幅值输入框为“1”，其他输入框为“0”。

单击屏幕右下方的“开始”按钮，记录显示的四种曲线。

(3)滤除直流分量能力：在(2)的基础上在输入波形中添加幅值为 1、衰减系数为 −2 的直流分量，单击屏幕右下方的“开始”按钮，观察并记录输入、输出波形。

(4)对高次谐波的抑制能力：在(1)的基础上在输入波形中添加幅值为 1 的十一次谐波，单击屏幕右下方的“开始”按钮，观察并记录输入、输出波形。

单击“返回”按钮，返回实验主界面。

4. 正余弦 50 Hz 带通滤波：单击“正余弦 50 Hz 带通滤波器”按钮进入

设每周期采样点数 N 为 24，即采样频率为 1200 Hz。

设置输入波形中含基波、任意次谐波(如二次、五次、七次谐波)及直流分量，令它们的幅值输入框为“1”，其他输入框为“0”，如图 8-5 所示。

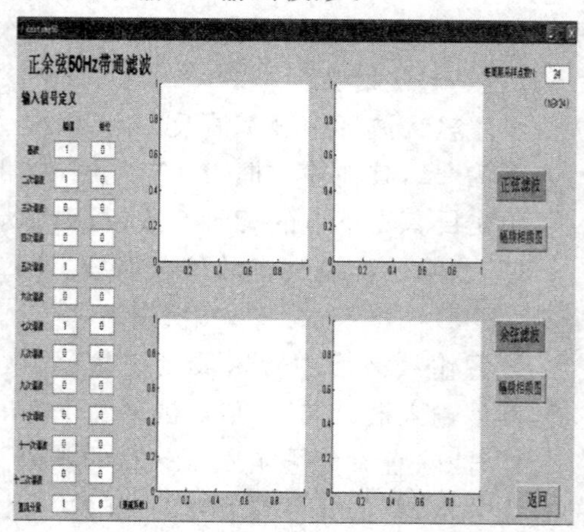

图 8-5　“正余弦 50 Hz 带通滤波器”实验界面

单击屏幕右侧的“正弦滤波”和“余弦滤波”按钮，记录显示的输入、输出曲线。单击“返回”按钮，返回实验主界面。

8.1.4　实验报告

1. 整理五种滤波器实验的波形图，分析它们的滤波特点，比较五种滤波器的差异，根据其特点说明应用场合。

2. 若令每周期采样点数 $N=36$，则对应于差分及积分滤波器，要滤除偶数次谐波该如何设置数据窗 k 的值？

8.1.5　预习与思考

1. 数字滤波器与模拟滤波器相比，有哪些特点？

2. 了解差分、加法、积分及正余弦 50 Hz 带通滤波器的特点，数据窗长度 k 的意义。

8.2　微机保护算法仿真实验

8.2.1　实验目的

通过仿真各种保护算法实验，掌握保护算法的特点，学会分析它们的应用场合。

8.2.2　原理与说明

算法是研究微机保护的重点之一。在计算机保护中，保护的硬件和输入的模拟量一般是相同的，不同的保护原理、特性由不同的算法实现，而每一种原理的保护其算法也可以有多种。不论是哪一类算法，其核心问题归结为算出表征被保护设备运行特点的参数，如电流的有效值、电压的有效值、相位，或者某次谐波分量等。有了这些基本的计算量，就可以很容易地构成各种不同原理的继电器保护。

衡量各类算法优缺点的主要指标可归结为：计算精度、响应时间和运算量。这三者之间往往是相互矛盾的，因此，应根据保护的功能、性能指标（如精度、动作时间）和保护系统硬件的条件（如 CPU 的运算速度、存储器的容量）的不同，采用不同的算法。

注意：该实验需要计算机安装 MATLAB 软件。

8.2.3　实验内容与步骤

双击计算机桌面上的“微机保护算法实验系统”图标，进入实验主界面，如图 8-6 所示。

1. 两点乘积算法：单击“两点乘积算法”按钮进入

两点乘积算法是对电路中的电压和电流在任意时刻进行相隔 $T/4$ 采样，通过计算获得电压和电流的有效值以及阻抗的幅值、幅角。故设每周采样点数为 24，电压幅值为 100 V，相角为 75°，电流幅值为 10 A，相角为 0°，如图 8-7 所示。

单击“开始”按钮，观察相应波形并记录下电压、电流的有效值及阻抗的电阻分量、电抗分量和阻抗值、阻抗角。关闭该界面，返回实验主界面。

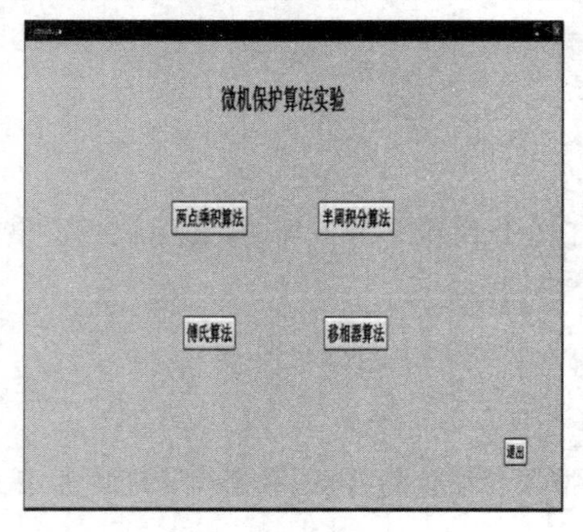

图 8-6 “微机保护算法实验”界面

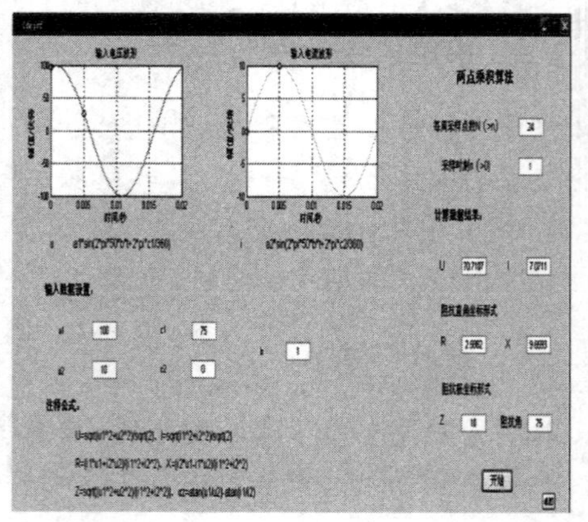

图 8-7 “两点乘积算法”实验界面

2. 半周积分算法：单击“半周积分算法”按钮进入

半周积分算法的依据是一个正弦量在任意半个周期内绝对值的积分为一常数。通过计算正弦量半个周期内绝对值的积分，可获得电压和电流的有效值。故设每周采样点数为 24，电压幅值为 100 V，相角为 75°，电流幅值为 10 A，相角为 0°，如图 8-8 所示。

单击“开始”按钮，观察相应波形并记录下电压、电流的有效值。关闭该界面，返回实验主界面。

3. 傅氏算法：单击“傅氏算法”按钮进入

傅氏算法是在给出输入信号所含各次谐波成分的幅值和相位后，通过选择“全周傅氏算法”或“半周傅氏算法”，计算所选择的谐波信号的幅值和相位。故设每周采样点数为 24，令输入信号中基波及四次、八次、九次谐波幅值输入框为“1”、相位输入框为“30”，其他谐波幅值和相位输入框均为“0”，如图 8-9 所示。

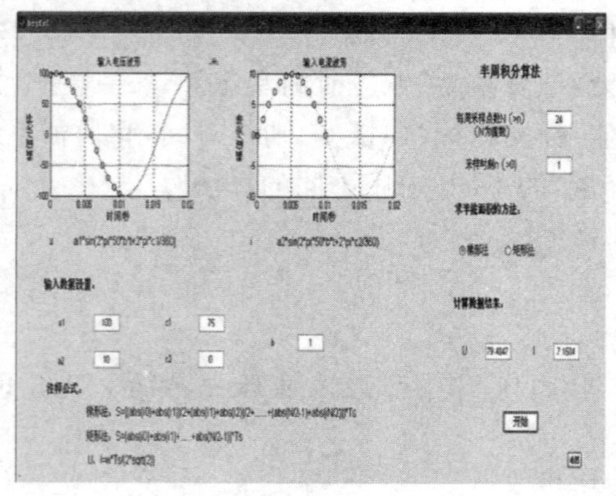

图 8-8 “半周积分算法”实验界面

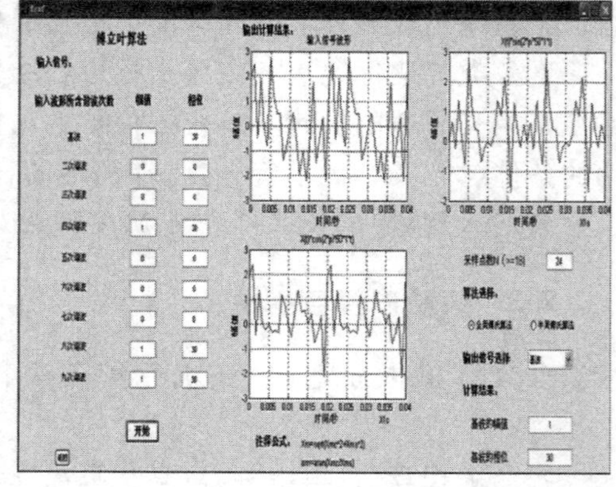

图 8-9 “傅里叶算法”实验界面

分别选择“全周傅氏算法”和“半周傅氏算法”，观察相应波形，并比较计算数据结果。关闭该界面，返回实验主界面。

4. 移相器算法：单击“移相器算法”按钮进入

移相器算法分为直接移相法、差分移相法、傅氏移相法和两点乘积移相法。通过设置输入信号的幅值、相位和频率，再设定好每周采样点数以及数据窗长度，可以使输入波形移动不同的角度。故设每周采样点数为 24，数据窗长度 k 为 4，输入信号幅值为 5，相角为 30°，如图 8-10 所示。

分别选择“直接移相法”“差分移相法”“傅氏移相法”和“两点乘积移相法”，观察相应波形并记录比较实验数据。关闭该界面，返回实验主界面。

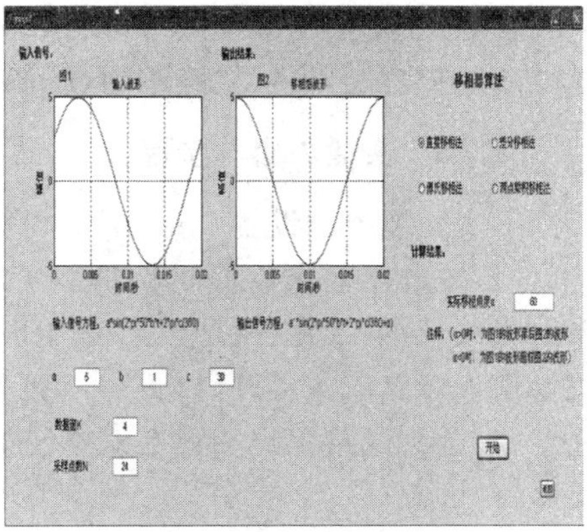

图 8-10　“移相器算法”实验界面

8.2.4　实验报告

1. 整理两点乘积算法和半周积分算法的数据结果，分析两种算法的特点，并计算出电压、电流的有效值和阻抗值、阻抗角的理论值。

2. 分析傅氏算法中全周傅氏算法和半周傅氏算法的算法特点以及它们之间的异同。

3. 通过观察移相器算法中各类算法的波形，分析各类算法的特点。

8.2.5　预习和思考

1. 了解各类保护算法的特点。

2. 使用各种算法时，如何满足对继电保护快速性的要求？

8.3　三段式零序电流保护实验

8.3.1　实验目的

1. 了解三段式相间电流保护原理，熟悉装置的三段式零序电流保护原理，掌握微机保护装置整定值设置。

2. 学会使用继电保护测试仪设置软件，完成三段式电流保护测试任务。

8.3.2　原理与说明

在反映电流增大而动作的电流保护中，电流速断保护动作无时限，却不能保护线路全长；限时电流速断可以保护线路全长，但不能作为相邻线路的后备保护；定时限过流保护可作为本线路及相邻线路的后备保护，但动作时间较长。为保证迅速、可靠地切除故障，可将这三种电流保护，根据需要组合在一起，称为“三段式电流保护”。实验原理电路如图 8-11 所示。

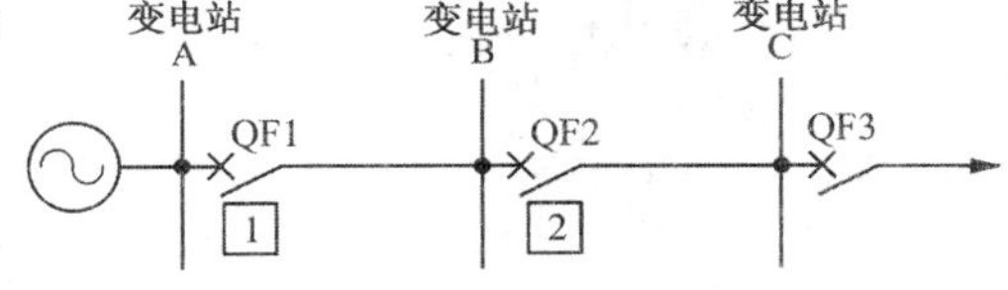

图 8-11　线路电流保护一次系统原理图

要求：在单侧电源网络AB线路中，QF1处安装保护装置1，该装置配置有零序三段式电流保护功能，模拟线路不同点短路，对装置功能进行测试。

8.3.3 实验内容与步骤

1. 实验装置的设置

（1）按电路要求将微机保护装置与继电保护测试仪的二次三相电压、三相电流、开关量输入接点依次接好，如图8-12所示。

（2）微机线路保护装置定值整定如表8-1所示。

（3）微机保护装置要求软、硬压板选择正确：硬压板全投、软压板投主保护、零序保护。投三相跳闸方式，其他运行方式控制字都退出。

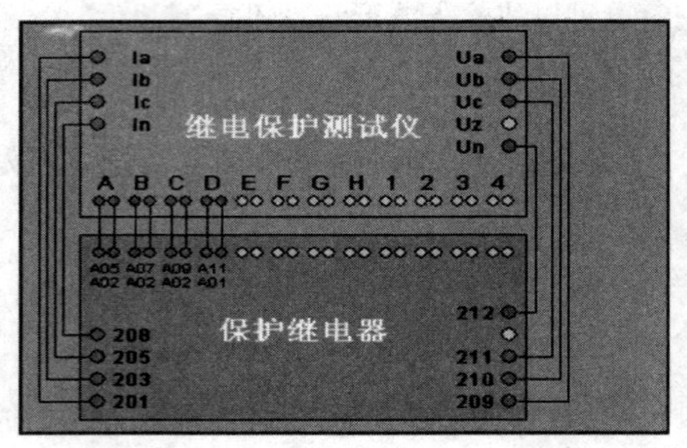

图 8-12 输电线路继电保护实验接线图

表 8-1 **微机线路保护装置定值整定表**

序号	定值名称	单位	定值
24	零序过流Ⅱ段定值	A	3.2
25	零序过流Ⅱ段时间	s	0.5
26	零序过流Ⅲ段定值	A	1.4
27	零序过流Ⅲ段时间	s	1.5

2. 实验软件参数的设置

（1）进入PW软件系统，单击“线路保护定值校验”按钮，进入“测试窗口”中的“测试项目”，选择“零序电流定值校验”，单击“添加”按钮，将出现如图8-13(a)所示的界面。

故障类型选“A相接地”，故障方向选“正向短路”，短路阻抗Phi设为80°，整定值选Ⅰ、Ⅱ、Ⅲ段。

“零序定值”和“动作时间”的设置如下：

4 A	0 s	☑	Ⅰ段
3.2 A	0.5 s	☑	Ⅱ段
1.4 A	1.5 s	☑	Ⅲ段

“整定倍数”选择0.95和1.05，单击“确认”按钮，将出现6项测试项目，如图8-13(b)所示。

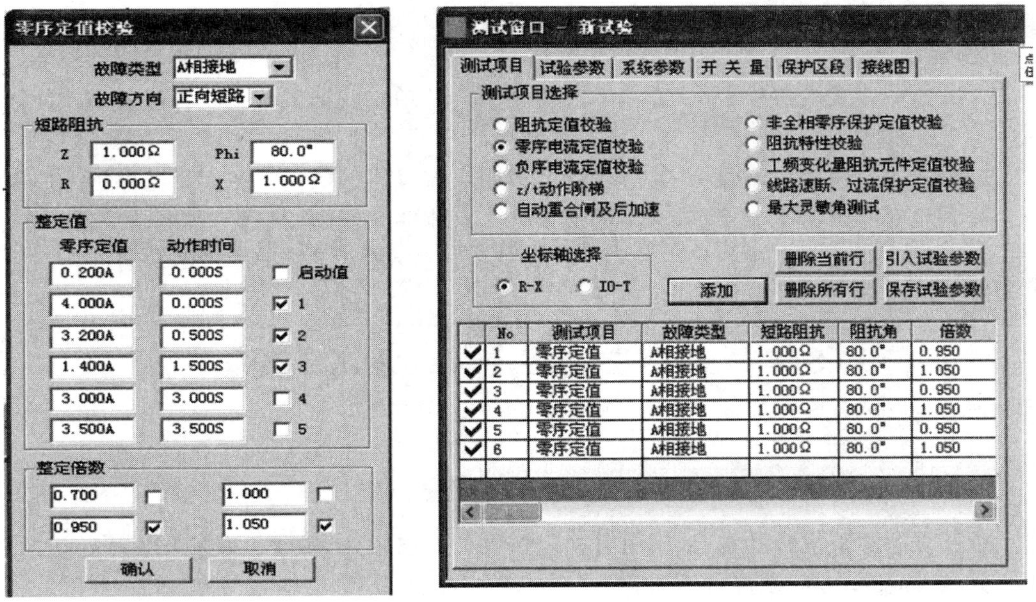

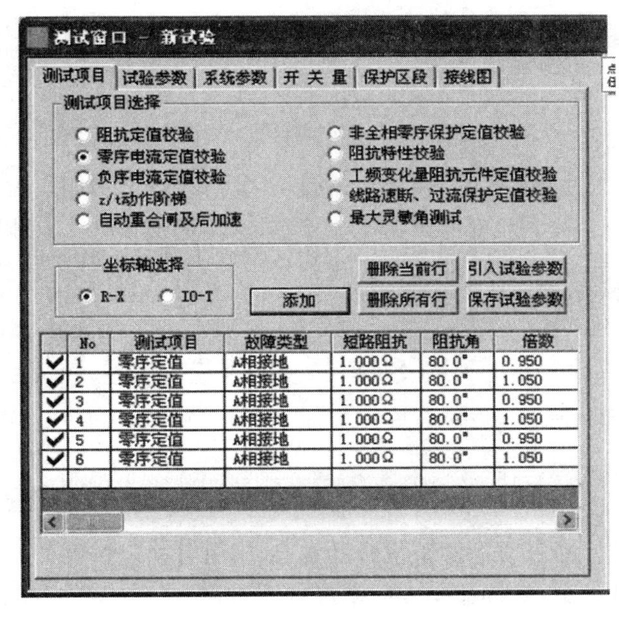

(a)　　　　　　　　　　(b)

图 8-13　零序三段电流保护定值校验参数设置

(2)选“试验参数”栏，故障前时间设为 12 s，最大故障时间设为 2 s，去掉叠加非周期分量；选“系统参数”栏，零序补偿系数选择 KL，幅值设为 0.5，如图 8-14、图 8-15 所示。选“接线图”栏，画出接线图。

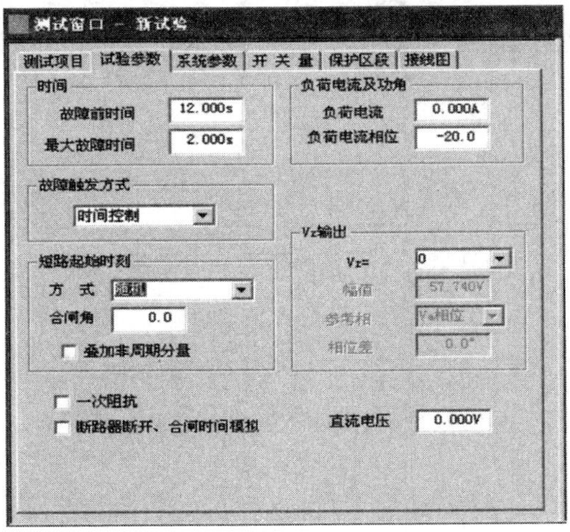

图 8-14　“试验参数”栏设置

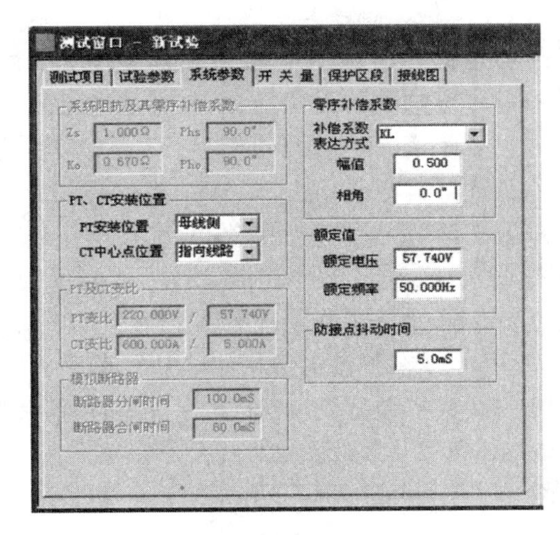

图 8-15　“系统参数”栏设置

(3)单击工具栏中的按钮▶开始实验，打开“工具栏”中的“测试项列表”，观察实验过程，记录实验数据。

8.3.4　实验报告

1. 画出三段式电流保护 I—L、T—L 关系图。整理测试结果并说明各值的动作原因，描述一下装置显示情况。

2. 试论述三段式电流保护的整定原则，说明零序过流保护优于相间过流保护的原因。

3. 对相间短路的电流保护，常用的接线方式有哪些？作用如何？

4. 根据继电保护原理教材中的相关内容，画出三段式电流保护原理图和展开接线图。

8.4　方向圆阻抗特性（Ⅰ段）实验

8.4.1　实验目的

通过方向圆阻抗特性实验，了解方向阻抗保护的原理，掌握微机保护装置整定值的设置情况，最终测出方向阻抗特性圆。

8.4.2　原理与说明

电压、电流保护的主要优点是简单、经济、可靠，在 35 kV 及以下电压等级的电网中得到了广泛应用，但由于它们的定值选择、保护范围以及灵敏度等受系统运行方式变化的影响较大，故难以应用于更高电压等级的复杂网络中。这就需要性能更加完善的保护装置，距离保护就是其中之一。距离保护是利用短路时电压、电流同时变化的特征，测量电压与电流的比值，反映故障点到保护安装处的距离而工作的保护。阻抗继电器是距离保护中不可缺少的元件，它是欠量继电器的一种。

把距离保护的测量阻抗 Z_m 与整定阻抗 Z_{set} 进行比较，当 $Z_m < Z_{set}$ 时，表明保护区内发生故障，保护按时限特性动作；当 $Z_m > Z_{set}$ 时，表明区外故障，保护不动作，从而保证动作的选择性。实验原理电路如图 8-16 所示。

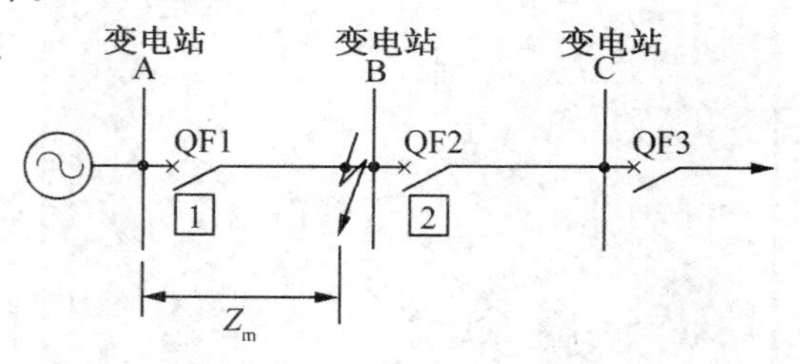

图 8-16　线路阻抗保护一次系统原理图

要求：在单侧电源网络 AB 线路中，QF1 处安装保护装置 1，该装置配置有距离保护功能，模拟 AB 线路区内、区外短路，对装置功能进行测试。

8.4.3　实验内容与步骤

1. 实验装置的设置

(1)按电路要求将微机保护装置与继电保护测试仪的二次三相电压、三相电流、开关量输入接点依次接好，如图 8-12 所示。

(2)微机线路保护装置定值整定如表 8-2 所示。

表 8-2　微机线路保护装置定值整定表

序号	定值名称	单位	定值
9	接地距离Ⅰ段定值	Ω	2.4
序号	运行方式控制字	原定值	设定值
11	接地距离Ⅰ段投入	0	1

Ⅱ、Ⅲ段不用，均设为0。其他定值：正序灵敏角设为80°，零序灵敏角设为80°，接地距离偏移角设为0°。

(3)微机保护装置要求软、硬压板选择正确：硬压板全投，软压板投主保护、距离保护。运行方式控制字：投距离Ⅰ段，投三相跳闸方式。

2. 实验软件参数的设置

(1)进入PW软件系统，单击“线路保护定值校验”按钮，选“阻抗特性校验”。

(2)选“测试窗口”中的第5项“保护区段”栏，单击“新建”按钮，选中“Z_1栏”，再单击“编辑”按钮，选择特性图中的“特性圆”，将整定值定为Ⅰ段定值2.4 Ω，偏移量设为0，灵敏角设为80°，单击“×”保存区段特性曲线数据，选择“是”，如图8-17所示。

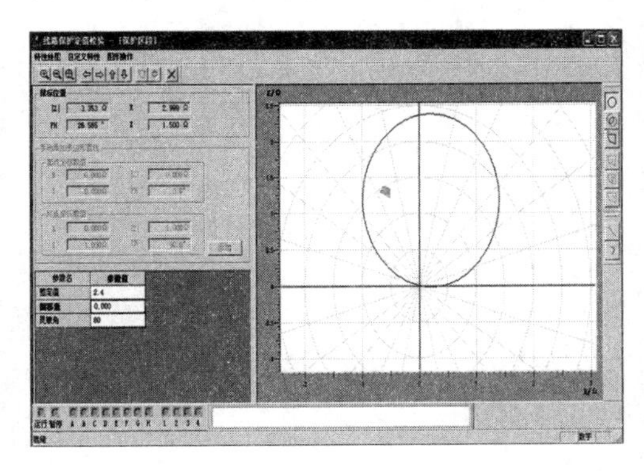

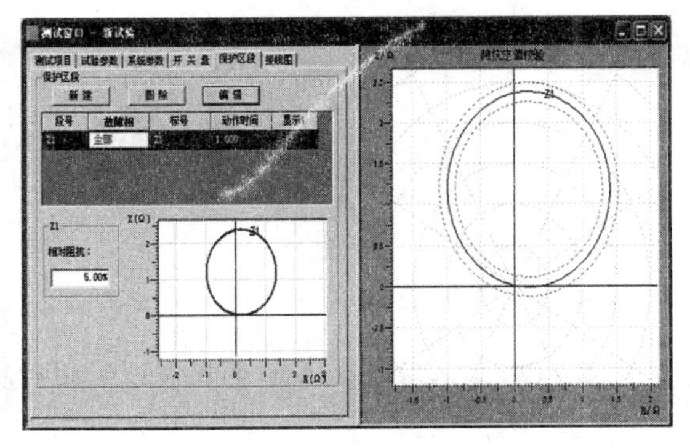

图 8-17　方向阻抗特性(Ⅰ段)“特性圆”设置

(3)选“测试窗口”中的第1项“测试项目”栏，选中“阻抗特性校验”(Ⅰ段阻抗测量)。

单击“添加”按钮，故障类型选择“A相接地”，起始角设为0°，终止角设为180°，角度步长设为20°，短路电流设为5 A，区段选“Ⅰ段”。然后单击“确认”按钮，将出现9大项内、外共18个测试点，如图8-18所示。

(4)选“测试窗口”中的第2项“试验参数”栏，故障前时间设为12 s，最大故障时间设为0.5 s，去掉叠加非周期分量。选“测试窗口”中的第3项“系统参数”栏，零序补偿系数选择KL，幅值设为0.5。编辑“测试窗口”中的第6项“接线图”栏。

(5)单击工具栏中的按钮▶开始实验，打开测试项列表观察实验过程，记录实验结果。

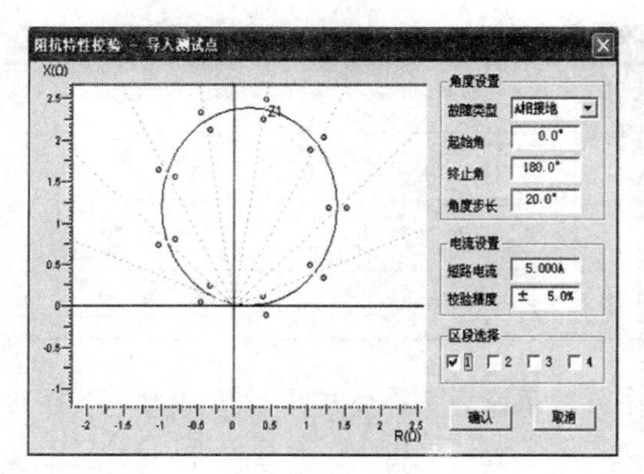

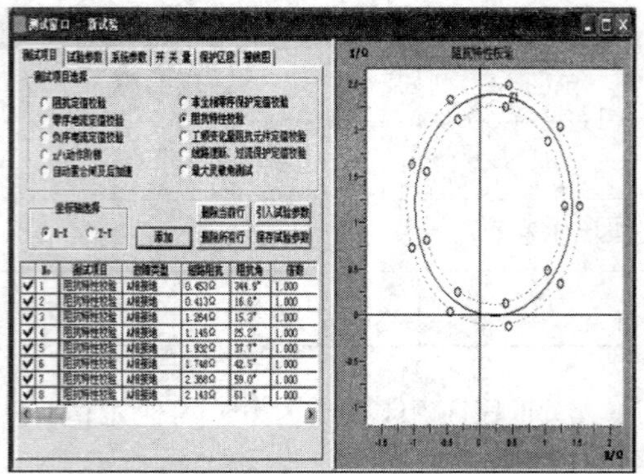

图 8-18　方向阻抗特性（Ⅰ段）"特性圆测试点"设置

8.4.4　实验报告

1. 根据阻抗保护区内、区外故障保护动作实验情况，说明阻抗特性原理。

2. 根据测试结果计算出各角度下的动作阻抗值 Z_{dz}，用方格纸画出方向圆阻抗特性图并说明其特点。

3. 为什么阻抗继电器的动作特性必须是一个区域？画出常用动作区域的形状并说明其优缺点。

8.5　多边形阻抗特性实验

8.5.1　实验目的

通过设置多边形，更好地了解多边形阻抗特性，掌握其测试方法。

8.5.2　原理与说明

当阻抗继电器整定值较小时，动作特性圆也就比较小，区内经过渡电阻短路时，测量阻抗容易落在区外，导致测量元件拒动作；而当整定值较大时，动作特性圆也较大，负荷阻抗有可能落在圆内，从而导致测量元件误动作。具有多边形特性的阻抗元件可以克服这些缺点，能够同时兼顾耐受过渡电阻的能力和躲负荷的能力。最常用的多边形特性为四边形和稍作变形的准四边形特性，分别如图 8-19(a)(b)所示。

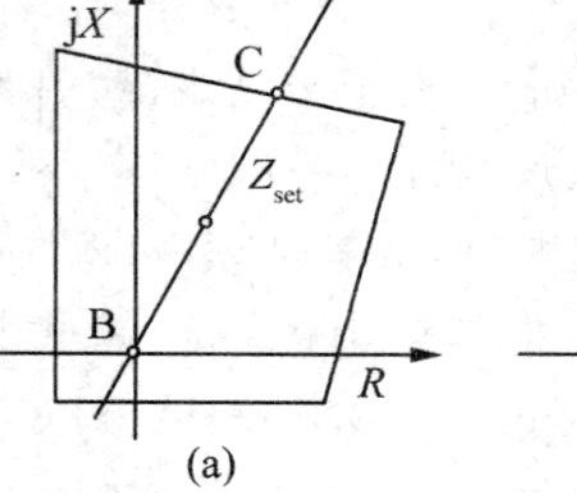

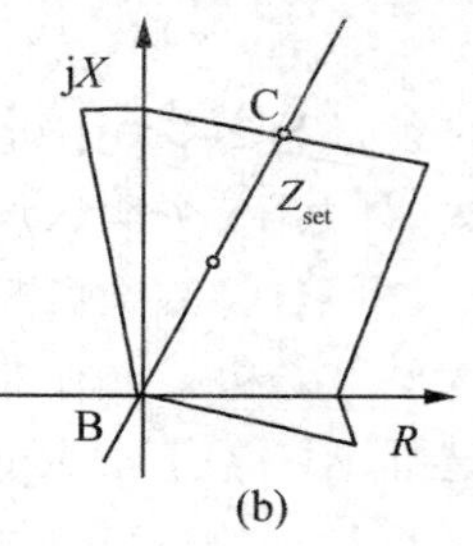

图 8-19　多边形阻抗特性图

8.5.3　实验内容与步骤

1. 实验装置的设置

(1)按电路要求将微机保护装置与继电保护测试仪的二次三相电压、三相电流、开关量输入接点依次接好，如图 8-12 所示。

(2)设保护定值：接地距离Ⅰ段设为 2.4 Ω；Ⅱ段设为 4.2 Ω，动作时间设为 0.5 s；Ⅲ段设为 4.9 Ω，动作时间设为1.5 s。

2. 实验软件参数的设置

(1)双击进入 PW 软件系统，单击“线路保护定值校验”按钮，进入“测试窗口”，选择第 5 项“保护区段”栏，确定测试项目要测试哪几段，编辑多边形特性并保存，不用画灵敏线。

(2)选中“测试窗口”第 1 项“测试项目”栏中的“阻抗特性校验”，单击“添加”按钮，将出现“导入测试点”窗口，双击该图设置扫描线中心、扫描范围、短路电流及校验精度，选择保护区段并确认，如图 8-20 所示。

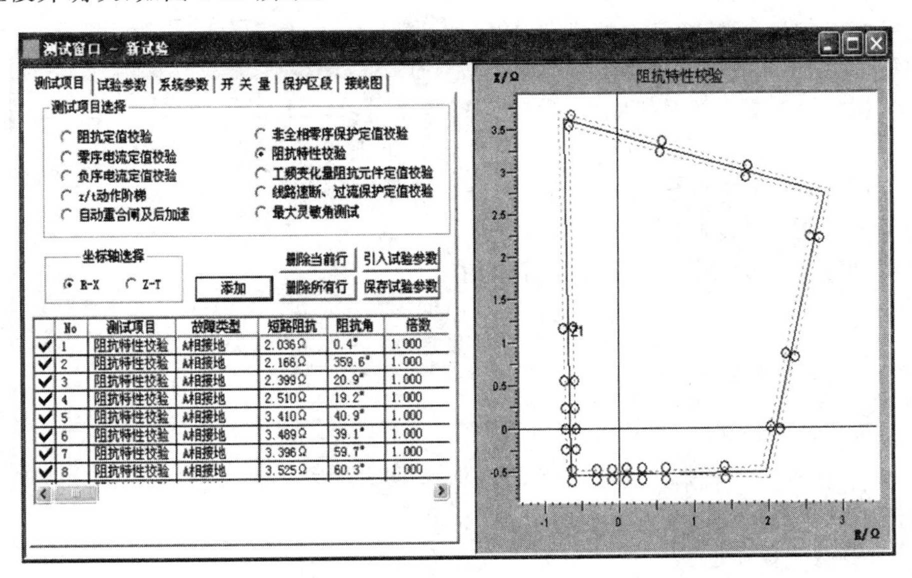

图 8-20　“多边形阻抗特性实验”设置

(3)单击工具栏中的按钮▶开始实验，打开测试项列表观察实验过程，记录实验结果。

8.5.4　实验报告

1. 根据实验结果画出测试多边形特性图，总结如何测试多边形特性的方法。

2. 讨论多边形阻抗特性主要用在什么场合下，它的作用是什么。

8.6　三段式距离保护特性实验

8.6.1　实验目的

掌握三段式阻抗特性原理，熟悉微机保护装置整定值设置，最终测出三段式距离保护的特性图。

8.6.2　原理与说明

距离保护和前面介绍的三段式相间短路电流保护一样，也广泛采用三段式，即有三个保护区和相应的三个动作时限。通常，距离保护Ⅰ段保护本线路全长的80%～85%，为了切除本线路末端附近15%～20%范围内的故障，同时作为相邻线路Ⅰ段的后备，须装设距离保护的Ⅱ段，整定原则是不应超出保护2的Ⅰ段保护区。距离保护的Ⅲ段作为本线路和相邻线路保护的后备，整定原则是应躲过正常运行时的最小负荷阻抗。实验原理电路如图8-21所示。

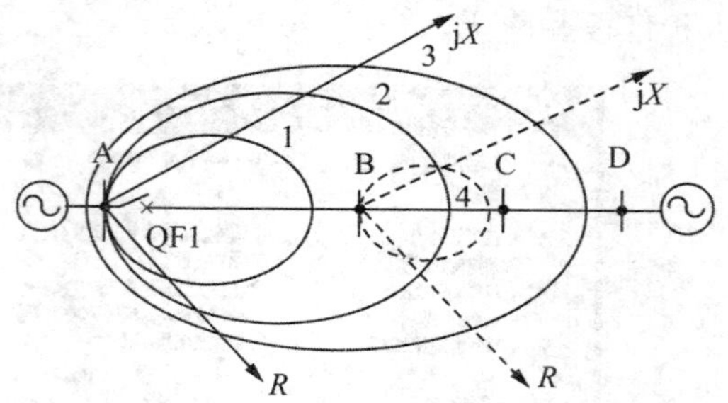

图8-21　距离保护各段动作区域示意图

要求：在双侧电源网络AB线路中，QF1处安装保护装置，该装置配置有三段式距离保护功能，模拟线路不同点短路，对装置功能进行测试。

8.6.3　实验内容与步骤

1. 实验装置的设置

(1)按电路要求将微机保护装置与继电保护测试仪的二次三相电压、三相电流、开关量输入接点依次接好，如图8-12所示。

(2)微机线路保护装置定值整定如表8-3所示。

(3)装置要求软、硬压板选择正确：硬压板全投，软压板投主保护、距离保护。运行方式控制字：距离Ⅰ、Ⅱ、Ⅲ段全投，投三相跳闸方式。

表8-3　　微机线路保护装置定值整定表

定值名称	单位	定值
接地距离Ⅰ段定值	Ω	2.4
接地距离Ⅱ段定值	Ω	4.2
接地距离Ⅱ段时间	s	0.5
接地距离Ⅲ段定值	Ω	4.9
接地距离Ⅲ段时间	s	1.5

2.实验软件参数的设置

(1)打开PW软件系统,单击“线路保护定值校验”按钮,进入“测试窗口”中的“测试项目”,选中“阻抗定值校验”。

(2)进入“测试窗口”,选择第5项“保护区段”栏,编辑“圆特性”,分别编辑同一角度(80°)下的不同阻抗(Z1＝2.4 Ω,Z2＝4.2 Ω,Z3＝4.9 Ω),如图8-22所示。

(3)选择“测试窗口”中的第1项“测试项目”栏,将出现“阻抗定值校验”界面,单击“添加”按钮整定定值,如图8-23所示。

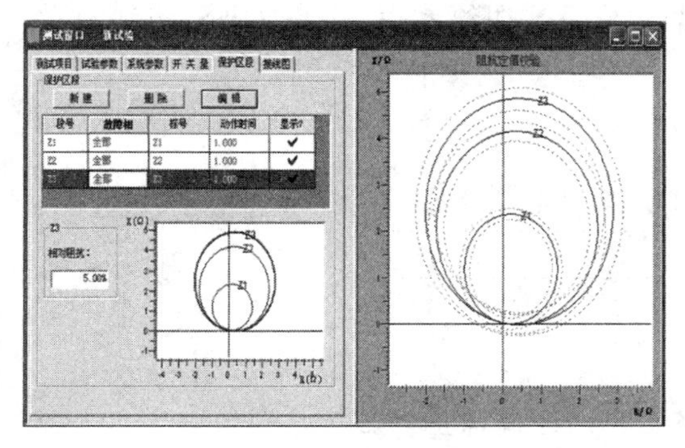

图8-22　三段距离保护特性圆编辑

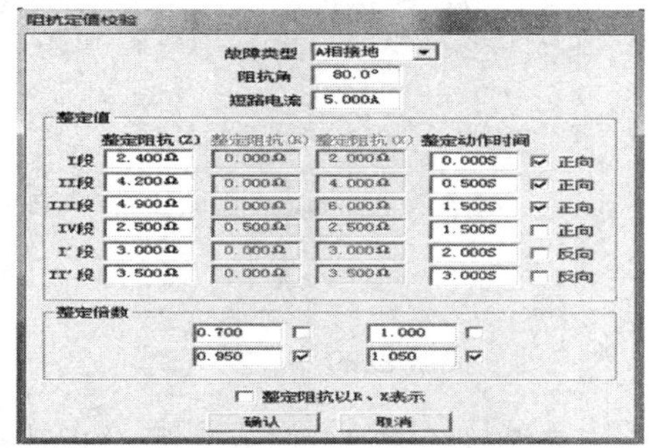

图8-23　三段距离保护特性圆整定设置

故障类型选择“A相接地”,阻抗角设为80°,短路电流设为5 A。

“整定值”栏内容设置如下:

Ⅰ段	2.4 Ω	0 s	√	正向
Ⅱ段	4.2 Ω	0.5 s	√	正向
Ⅲ段	4.9 Ω	1.5 s	√	正向

选择“整定倍数”栏中的0.95和1.05,然后单击“确定”按钮,将出现阻抗定值校验坐标图,测试项目共6项,共计6个测试点,如图8-24所示。

(4)选“测试窗口”中的第2项“试验参数”栏,故障前时间设为12 s,最大故障时间设为2 s,去掉叠加非周期分量(见图8-25);选第3项“系统参数”栏,零序补偿系数选择KL,幅值设为0.5;然后,编辑“接线图”栏。

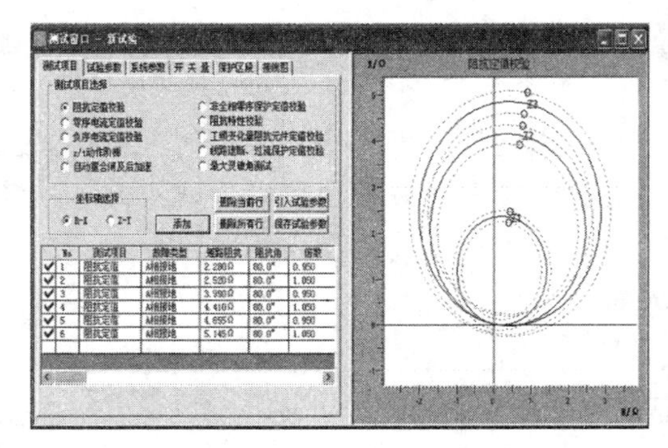

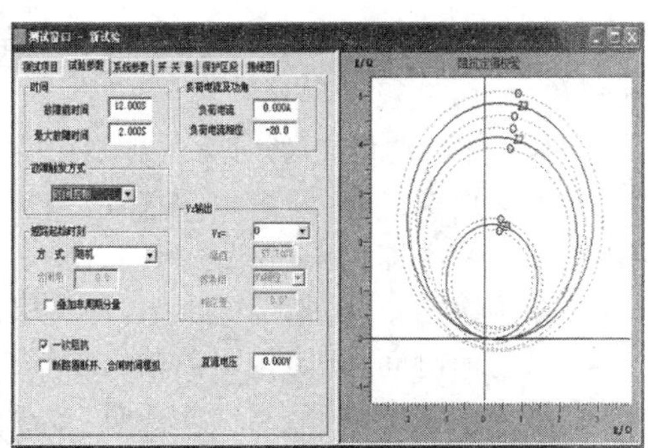

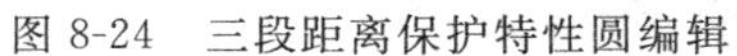

图8-24　三段距离保护特性圆编辑

图8-25　三段距离保护实验参数设置

(5)单击工具栏中的按钮▶开始实验，打开测试项列表观察实验过程，记录实验结果。

(6)设置Ⅰ段内的“A 相接地”为 1 个故障点，记录故障录波图。

8.6.4 实验报告

1. 画出三段接地距离保护阻抗特性图(在坐标纸上画)并说明其整定原则，描述一下装置显示情况。

2. 画出 110 kV 线路保护系统(LPS)的典型配置图。

3. 试画出单相接地故障序网图，并根据故障录波图绘制 A 相接地故障相量图，然后进行分析。

8.7 振荡闭锁实验

8.7.1 实验目的

了解模拟系统动态振荡过程，分析系统振荡对距离保护的影响。

8.7.2 原理与说明

电力系统中发电机失去同步的现象，称为电力系统的振荡。电力系统振荡时，系统两侧等效电动势间的夹角 δ 在 0°～360°范围内作周期性变化，从而使系统中各点的电压、线路电流、距离保护的测量阻抗也都呈现周期性变化，影响了距离保护的正确性。因此，为保证电力系统正常运行，对振荡闭锁装置提出如下要求：

(1)电力系统发生振荡时，应可靠将保护闭锁。

(2)保护范围内发生短路时，不论系统有否发生振荡(包括先故障后振荡和先振荡后故障)，保护都应正确动作切除故障。

8.7.3 实验内容与步骤

1. 需设置的参数

(1)振荡初始功角：振荡开始时的功率角度(即由测试仪设置的振荡初始时两侧电源电气功角之差，一般设为 0°)。

(2)最大振荡功角：振荡时所达到的最大角度(即振荡最严重时两侧电源电气功角之差)。

(3)振荡周期：振荡开始后，振荡功角从初始功角增大到最大功角后再减小到初始功角，如此反复一次即为一个振荡周期。

(4)振荡次数：输出振荡的次数，即滑极次数。

(5)振荡前时间：开始振荡前输出工频量的时间。

(6)振荡中发生故障：当选此项时，振荡中发生故障。

(7)频率：系统频率。

(8)TA 极性：对于发电机来说，可选为“指向母线”；对于线路来说，可选为“指向线路”。

2.振荡的模拟

进入 PW 软件系统,单击“振荡”测试模块,打开“试验参数”页面,观察系统等效网络图,如图 8-26 所示。图中,Zm 为保护安装处的系统阻抗;Z1 为线路阻抗;Zn 为对侧系统阻抗;$\dot{E}$m、$\dot{E}$n 为系统的等值电势。

(1)系统参数的设置:打开“系统参数”页面,可设置两机系统参数,以建立系统振荡的系统模型。系统参数设置如下:

系统阻抗|Zm|　　3.000 Ω　　80°

系统阻抗|Zn|　　3.000 Ω　　80°

线路阻抗|Z1|　　2.000 Ω　　78°

参考电势|En|取默认值,两侧电势幅值之比|Em|/|En|设为 1.1,如图 8-27 所示。由图可见,振荡中心及最大振荡电压、最大振荡电流值将由软件自动算出,在测试仪界面中将出现对应于系统参数的振荡轨迹。因两侧电势幅值之比稍大于 1,故振荡轨迹在第一象限,且近似为一直线。

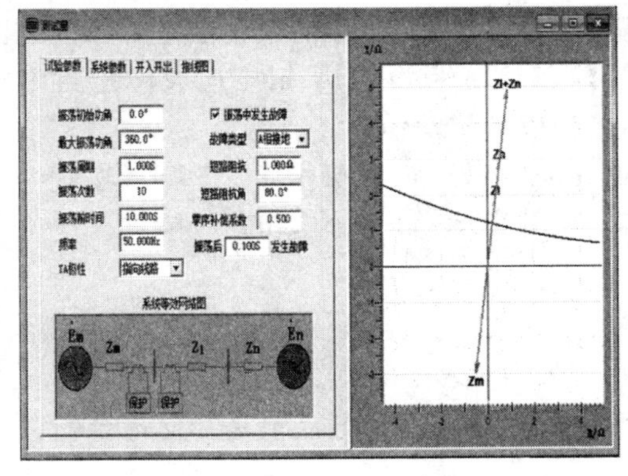

图 8-26　“试验参数”栏设置

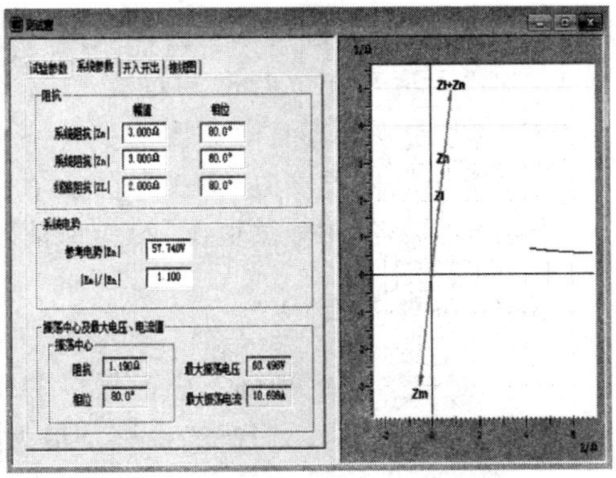

图 8-27　“系统参数”栏设置

(2)振荡过程控制:打开“试验参数”页面进行参数设置。具体设置如图 8-26 所示。

①“振荡初始功角”设置为 0°　　②“最大振荡功角”设置为 360°

③“振荡周期”设置为 1 s　　④“振荡次数”设置为 10 次

⑤“振荡前时间”设置为 10 s　　⑥“频率”设置为 50 Hz

⑦“TA 极性”设置为“指向线路”　　⑧“振荡中发生故障”设置为选中

⑨“故障类型”设置为“A 相接地”　　⑩“短路阻抗”设置为 1 Ω

⑪“短路阻抗角”设置为 80°　　⑫“零序补偿系数”设置为 0.5

⑬“振荡后 0.1 s 发生故障”

(3)振荡前正常运行状态模拟:在模拟振荡之前,测试仪输出振荡前负荷电压、电流,定义该时间为振荡前时间。

(4)振荡模拟:从振荡前时间到测试仪开始,按预先设置的各项参数模拟振荡过程。振荡功角从振荡初始功角增大到最大振荡功角后再减小到振荡初始功角,如此反复一次即为一个振荡周期。但如果最大振荡功角为 360°,则振荡轨迹形成一个圆周。振荡次数到，结束实验。

(5)振荡过程中发生故障模拟：设定在振荡开始后开始计时，到时间后，测试装置模拟振荡过程中的故障。

3. 振荡闭锁的模拟

下面以 RCS-901A 线路距离保护为例说明距离保护振荡闭锁的测试方法。

(1)保护设置：微机保护装置投距离保护压板，投振荡闭锁元件，相间及接地阻抗Ⅰ段定值设置为 1 Ω。距离Ⅱ、Ⅲ段及零序保护退出，其他保护压板和定值均退出。

(2)测试仪“试验参数”页面设置如下：

“最大振荡功角”设置为 90°；

“振荡周期”设置为 0.5 s；

“振荡前时间”设置为 1 s。

“系统参数”页面设置如图 8-27 所示。

(3)测试过程：开始测试后，测试仪首先输出振荡前负荷电压、电流，时间为振荡前时间 1 s。振荡前时间到，输出振荡。

本实验模拟振荡过程中发生的故障，振荡开始后开始计时，振荡过程结束后保护装置距离Ⅰ、Ⅱ段不应动作。若振荡过程中发生故障，0.1 s 后模拟 A 相接地故障短路阻抗 1 Ω，短路阻抗角 80°，零序补偿系数 0.5，距离保护应可靠动作。

结论：系统发生振荡时，保护装置应在 160 ms 后闭锁距离保护Ⅰ、Ⅱ段。若发生故障，无论系统是否存在振荡情况，都应保证距离Ⅰ、Ⅱ段的动作出口，切除故障点。

8.7.4　实验报告

1. 什么是电力系统振荡？引起振荡的原因一般有哪些？

2. 整理实验数据，说明振荡中心及最大振荡电压、最大振荡电流值是如何计算的。

3. 根据所做实验画出系统振荡时测量阻抗的变化轨迹。

4. 画出振荡过程中的故障录波图。

8.8　阻抗动作边界搜索实验

8.8.1　实验目的

通过实验了解如何测试阻抗保护的阻抗动作边界，会分析阻抗特性。

8.8.2　原理与说明

在很多情况下，已知装置是圆特性，未知其整定值大小，而测试软件具有搜索阻抗动作边界的功能。实验接线如图 8-12 所示。

8.8.3　实验内容与步骤

1. 实验装置的设置

(1)按电路要求将微机保护装置与继电保护测试仪的二次三相电压、三相电流、开关量输入接点依次接好。微机保护要求压板选择正确，投主保护(605)、投距离(606)。

(2)因为要测试Ⅰ段，阻抗定值设为 2.4 Ω，建立一个特性图，此特性图的整定值设为 2.6 Ω(大于Ⅰ段定值)，灵敏角设为 80°，完成后单击“保存”按钮。

2. 实验软件参数的设置

(1)进入 PW 软件系统，单击“距离保护(扩展)”框，进入“测试窗口”，选“保护区段”建立一个特性图，此特性图的整定值应大于Ⅰ段定值 2.4 Ω，取 2.6 Ω，灵敏角取 80°。

(2)单击“边界搜索”栏，进入“添加序列项”。先确定“原点”项：Z＝1.3 Ω，Φ＝80°。然后设置“查找线”项：初始角度：0°；终止角度：360°；角度步长：30°；搜索线长度：1.5 Ω。设置完成后单击“确认”按钮，如图 8-28 所示。

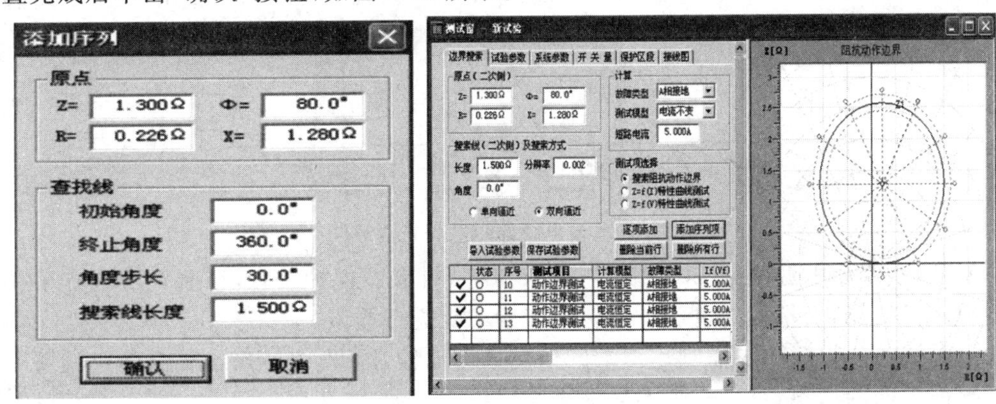

图 8-28　阻抗特性分析测试设置

(3)“试验参数”栏设置如下：故障前时间设为 12 s，最大故障时间设为 0.3 s，去掉叠加非周期分量，系统参数 KL 设为 0.5。

(4)单击工具栏中的按钮▶开始实验，测出距离Ⅰ段阻抗特性图。

8.8.4　实验报告

根据测试结果画出所测试的阻抗特性图，简述一下如何测试阻抗特性。如果是功率方向继电器，应如何搜索边界？

8.9　输电线路纵联保护实验

8.9.1　实验目的

了解输电线路纵联保护的概念，掌握闭锁式纵联方向保护的动作原理，会用 Dbg2000

软件分析动作行为。

8.9.2 原理与说明

在前面的三段式电流保护和距离保护实验中，我们看到，由于在整定值和动作时间上必须与相邻线路的保护相配合，所以不能瞬时切除全线的故障。例如，在Ⅰ段保护范围外短路要经延时切除，这使超高压线路不能满足系统稳定性的要求，即保护装置从故障开始到故障线路两端断路器跳开的时间（包括断路器跳闸和灭弧时间）不超过 100 ms。究其原因是这些保护仅利用线路一端的电气量来反映故障情况，这就不可能从电流或阻抗的大小和方向上来判断是本线路末端还是相邻线路始端所发生的故障。为了实现快速切除全线短路故障的目的，还需要利用线路另一端的电气量（如电流、功率方向等）作为保护测量的信息，经过通道将各自测得的电气量传送到对端进行比较，来判断本线路是否发生故障，从而确定是否应该动作。由于相邻线路上发生故障保护不动作，不需在时间上与相邻线路的保护相配合，故可构成灵敏的全线速动保护。我们把这种保护称作"输电线路的纵联保护"，原理如图 8-29 所示。

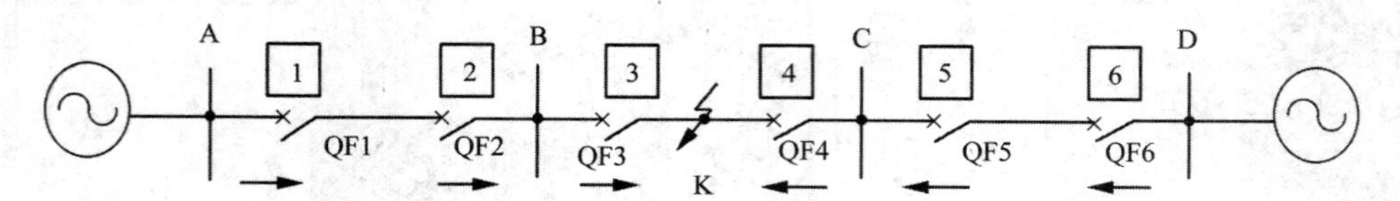

图 8-29　输电线路纵联保护原理图

要求：在双侧电源网络 BC 线路中，QF3、QF4 处安装保护装置，该装置配置有纵联方向差动保护功能，模拟区内、区外短路，对装置功能进行测试。

输电线路的纵联保护需利用对端的信息进行比较，因此，必须解决信息传送的通道问题。根据不同的通道，可以实现不同的纵联保护。例如，利用辅助导线的输电线路纵差动保护、借助输电线路载波的高频保护、采用无线电波的微波保护和光纤的光纤纵差动保护等。纵联差动保护的单相原理接线图如图 8-30 所示。

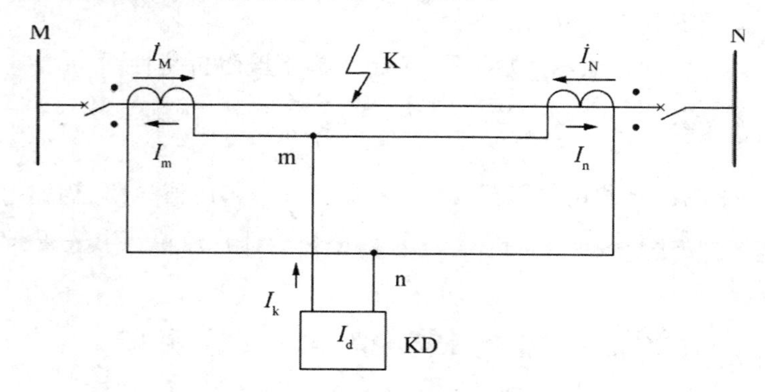

图 8-30　纵联差动保护的单相原理接线图

8.9.3　实验内容与步骤

1. 实验装置的设置

(1)按电路要求将微机保护装置与继电保护测试仪的二次三相电压、三相电流、开关量输入接点依次接好。614 接 909,626 接 910。

(2)检查微机线路保护装置定值情况。

(3)正确选择微机保护软、硬压板:硬压板全投,软压板仅投主保护。运行方式控制字中,投纵联变化量方向为 1。

2. 实验软件参数的设置

打开 PW 软件系统,单击“线路保护定值校验”按钮,进入“测试窗口”中的“测试项目”栏,选中“阻抗定值校验”。

(1)模拟纵联正向故障设置,如图 8-31 所示。

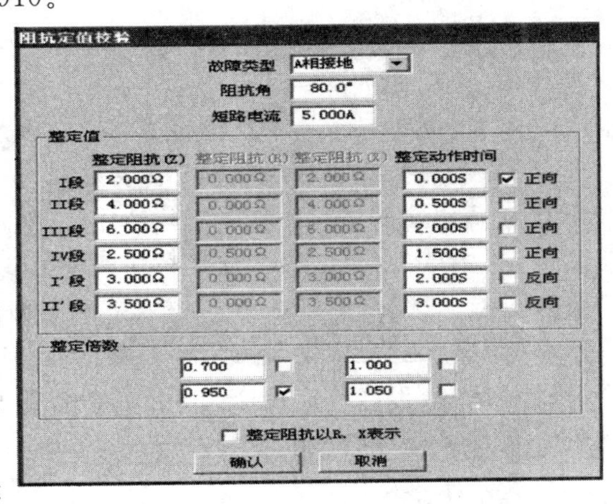

图 8-31　模拟纵联保护正向故障设置

单击“添加”按钮进行如下设置:故障类型选择“A 相接地”,阻抗角设为 80°,短路电流设为 5 A。

“整定值”栏设置如下:

Ⅰ段　　2 Ω　　0 s　　☑　　正向

选择“整定倍数”栏中的 0.95,然后单击“确认”按钮。

选“试验参数”栏,故障前时间设为 12 s,最大故障时间设为 0.5 s,去掉叠加非周期分量;选“系统参数”栏,零序补偿系数 KL 设为 0.5;选“接线图”栏,画出接线图。

测试项目为 1 项,设置完成纵联正向故障,单击工具栏中的按钮▶开始实验。打开 Dbg2000 软件,校验装置时钟,可查看跳闸报告→变位,分析闭锁式纵联方向保护的动作行为。

(2)模拟纵联反向故障设置:

“整定值”栏设置如下:

Ⅰ′段　　3 Ω　　2 s　　☑　　反向

选择“整定倍数”栏中的 0.95,然后单击“确认”按钮。

测试项目为 1 项,设置完成纵联反向故障,其他栏目设置同上。设置完成后开始实验,分析保护的动作行为。

8.9.4　实验报告

1. 分析实验数据,当系统如图 8-29 所示,线路全部配置闭锁式方向纵联保护时,分析在 K 点短路时各保护的动作行为。

2. 简述一下纵联保护的优缺点,它与阶段式保护的根本差别是什么?

【纵联保护动作说明】

纵联保护选择采用超范围允许式或闭锁式，可由整定控制字来决定。

1. 闭锁式纵联保护

纵联保护一般与专用收发信机配合构成闭锁式纵联保护，发信或停信只由保护发信触点控制，发信触点动作即发信，不动作则为停信。对闭锁式纵联保护的说明如下：

(1)低定值启动元件动作后，启动收发信机发闭锁信号。

(2)方向元件中反方向元件动作优先。当反方向元件动作时，立即闭锁正方向元件的停信回路，这样有利于防止故障功率倒方向时误动作。

(3)启动元件动作后，收信 8 ms 后才允许正方向元件投入工作，反方向元件不动作，纵联距离元件或纵联零序元件任一动作时，停止发信。

(4)当本装置其他保护(如零序电流保护、距离保护)动作时，立即停止发信，并在跳闸信号返回后，停信展宽 150 ms。但在展宽期间，若反方向元件动作，立即返回，继续发信。

(5)装置设有功率倒方向延时回路，如连续收信 50 ms，则其后方向比较保护动作需经 25 ms 延时，用以防止区外故障后在断合开关的过程中故障功率方向出现倒方向，短时出现一侧纵联距离元件未返回，另一侧纵联距离元件已动作而出现瞬时误动的现象。

2. 允许式纵联保护

纵联保护一般与载波机或光纤数字通道配合构成允许式纵联保护。对允许式纵联保护的说明如下：

(1)当正方向元件动作且反方向元件不动时，即发允许信号，同时收到对侧允许信号达 8 ms 后纵联保护动作。

(2)如连续 50 ms 未收到对侧允许信号，则其后纵联保护动作需经 25 ms 延时，以防止故障功率倒向时保护误动。

(3)当本装置其他保护(如零序电流保护、距离保护)动作时，立即发允许信号，并在跳闸信号返回后，发信展宽 150 ms。但在展宽期间，若反方向元件动作，立即返回，停止发信。

8.10　关于自动重合闸及模拟断路器实验的说明

8.10.1　自动重合闸的作用

1. 对瞬时性的故障可迅速恢复正常运行，提高了供电可靠性，减少了停电损失。

2. 对由于继电保护误动、工作人员误碰断路器的操作机构、断路器操作机构失灵等原因导致的断路器的误跳闸可用自动重合闸补救。

3. 提高了系统并列运行的稳定性。重合闸成功以后，系统恢复成原先的网络结构，加大了功角特性中的减速面积，有利于系统恢复稳定运行。也可以说，在保证稳定运行的前提下，采用了重合闸后，允许提高输电线路的输送容量。

8.10.2　自动重合闸装置作用于断路器的方式

自动重合闸装置作用于断路器的方式可分为以下四种类型：

1. 三相重合闸

三相重合闸是指不论线路上发生的是单相短路还是相间短路，继电保护装置动作后均使断路器三相同时断开，然后重合闸再将断路器三相同时投入的方式。当前一般只允许重合闸动作一次，故又称为“三相一次自动重合闸装置”。

2. 单相重合闸

在 110 kV 及以上电力系统中，由于架空线路的线间距离大，相间故障的机会很少，而绝大多数是单相接地故障。因此，在发生单相接地故障时，只需把故障相断开，然后再进行单相重合，而未发生故障的两相仍然继续运行，这样就能够大大提高供电的可靠性和系统并列运行的稳定性。这种重合闸方式称为“单相重合闸”。如果是永久性故障，单相重合不成功，且系统又不允许非全相长期运行，则重合后，保护动作使三相断路器跳闸不再进行重合。

3. 综合重合闸

综合重合闸是将单相重合闸和三相重合闸综合到一起，当发生单相接地故障时，采用单相重合闸方式工作；当发生相间短路时，采用三相重合闸方式工作。综合考虑这两种重合闸方式的装置称为“综合重合闸装置”。

4. 停用重合闸

停用重合闸又被称为“直跳方式”，无论断路器以何种方式跳闸，均不启动重合闸。

8.10.3　自动重合闸应用方式选择的一般原则

对于一个具体的线路，究竟使用何种重合闸方式，要结合系统的稳定性分析，选取对系统稳定最有利的重合方式。一般遵循下列原则：

1. 没有特殊要求的单电源线路，宜采用一般的三相重合闸。

2. 凡是选用简单的三相重合闸能满足要求的线路，都应选用三相重合闸。

3. 当发生单相接地短路时，如果使用三相重合闸不能满足稳定性要求而出现大面积停电或重要用户停电者，应当选用单相重合闸和综合重合闸。

8.11　模拟断路器综合性实验

8.11.1　实验目的

1. 了解模拟断路器的原理，掌握断路器的跳合闸时间、跳合闸电流的测试。

2. 会用故障录波图分析各元件的动作行为。

8.11.2 原理与说明

电力系统中实际运行的断路器是不允许随便操作和触及的。我们采用模拟断路器应用于电力系统继电保护装置或屏的整组实验中,它模拟了高压断路器跳合闸的动作行为,以完成继电保护的跳合闸实验。通常,它与微机型继电保护实验装置进行配套,模拟的断路器操作回路行为与真实的高压断路器相同,是实际断路器的替代设备,其动作正确、可靠,动作次数不受限制,可以大大提高实验的正确性与完整性,最大限度地降低实际断路器的动作次数,提高使用寿命,是继电保护实验工作的重要配套工具。

模拟断路器的工作原理:模拟断路器的任务是模拟高压断路器工作的全过程,配合继电保护的项目检验。高压断路器主要是由开断元件即主触头、操作机构和与主触头同步动作的辅助接点等组成的。操作机构里的跳合闸线圈通电后,控制操作机构带动主触头做分合动作,负责接通或断开主电路。断路器的单相操作机构跳合闸回路原理图如图 8-32 所示。图中,TQ 为跳闸线圈,HQ 为合闸线圈,DL 为断路器辅助接点,它是一联动的一开一闭触点。通常跳闸回路接开接点,合闸回路接闭接点,其接点状态与断路器的位置有关:当断路器在开位时,与合闸线圈相连的 DL 接点闭合,为断路器的下一步“合闸操作”准备好回路,而与跳闸线圈相连的 DL 接点打开。一旦有合闸脉冲输入,合闸线圈励磁,断路器机构由开位变成合位。同时,合闸回路的 DL 接点断开,跳闸回路 DL 接点接通,为下一步的“跳闸操作”准备好回路,完成分合操作循环。反之,DL 的接点位置相反。

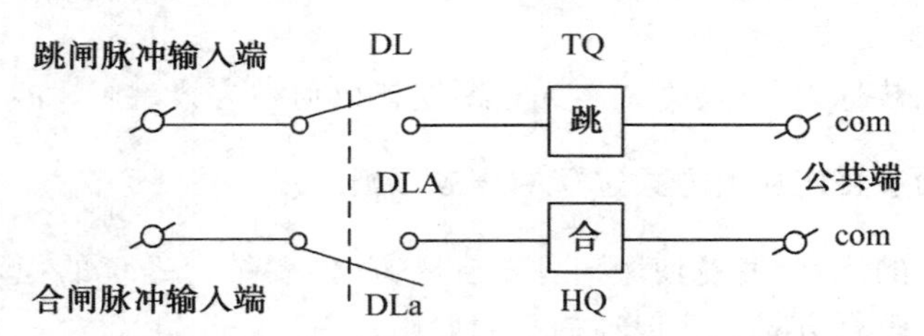

图 8-32 断路器的单相操作机构跳合闸回路原理

要求:能够独自完成改变故障类型以及重合闸方式后的整组实验,包括:单相永久性故障、相间永久性故障时自动重合闸以及模拟断路器的动作行为的实验。

8.11.3 实验内容与步骤

1. 实验装置的设置

(1)按电路要求将微机保护装置与继电保护测试仪、模拟断路器的二次三相电压、三相电流、开关量输入接点、模拟断路器的跳合闸线圈依次接好,如图 8-33 所示。

注意:如果模拟断路器控制电源用测试仪直流电压输出提供,还必须将测试仪直流电压输出正极(红端口)接保护装置 A01 和 A02,负极(黑端口)接模拟断路器跳合闸线圈的负端(即跳闸合闸回路的黑端口)。

以下实验参数设置均为测试仪提供直流电源设置的参数。

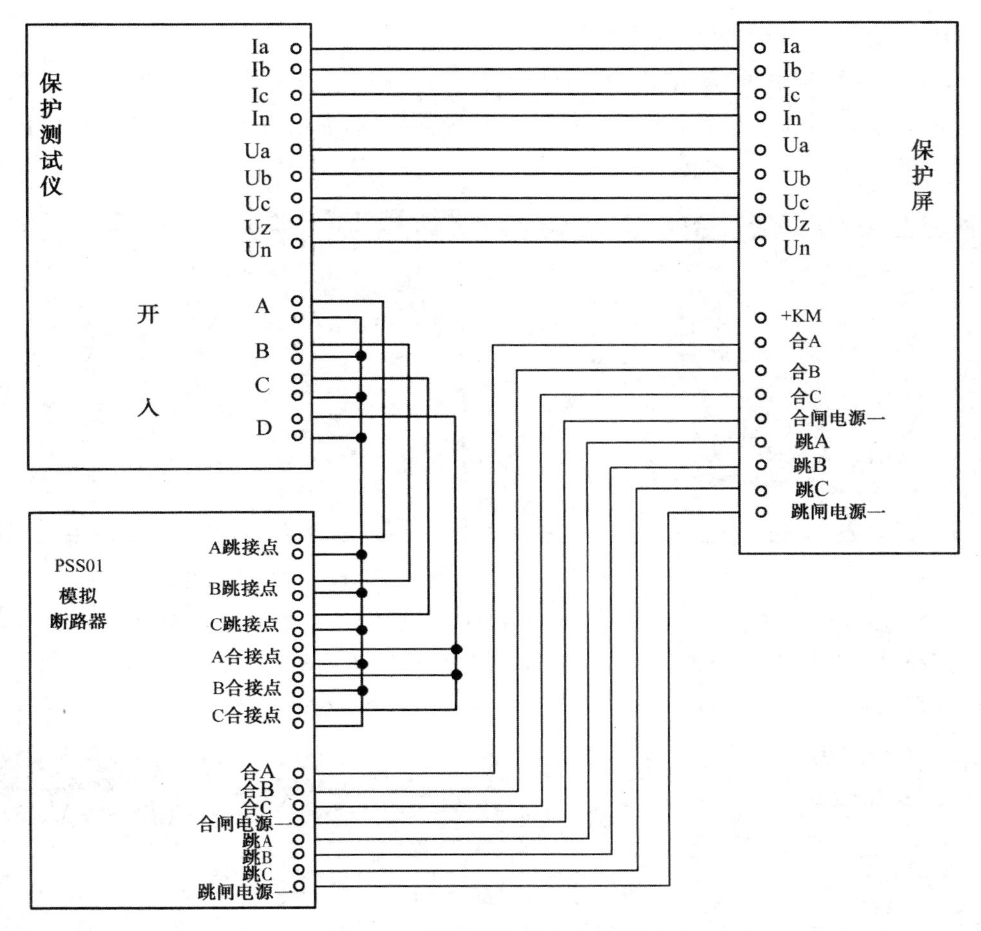

图 8-33 模拟断路器实验接线图

(2)以零序的自动重合闸为例,定值整定情况如表 8-4 所示。

表 8-4 零序自动重合闸定值整定表

序号	定值名称	单位	定值
1	零序过流Ⅱ段定值	A	3.2
2	零序过流Ⅱ段时间	s	0.5
3	零序过流Ⅲ段定值	A	1.4
4	零序过流Ⅲ段时间	s	1.5
5	单重时间	s	0.6
6	三重时间	s	1

(3)微机保护压板要求:硬压板全投(包括综重 609);软压板投主保护,投零序保护。运行方式控制字“重合闸”置“1”,“重合闸不检”置“1”,“内重合把手有效”置“1”,“综重方式”置“1”。

2. 实验软件参数的设置

(1)进入 PW 软件系统，单击“状态序列”按钮，选择“试验参数”窗口中的“状态参数”栏，单击按钮增加 2、3 两个状态。状态 1(故障前状态)参数设置如图 8-34 所示，状态 1 触发条件设置如图 8-35 所示。

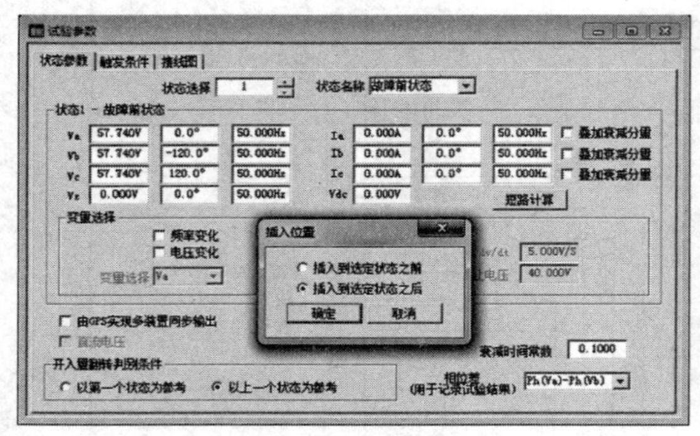

图 8-34　状态 1 参数设置

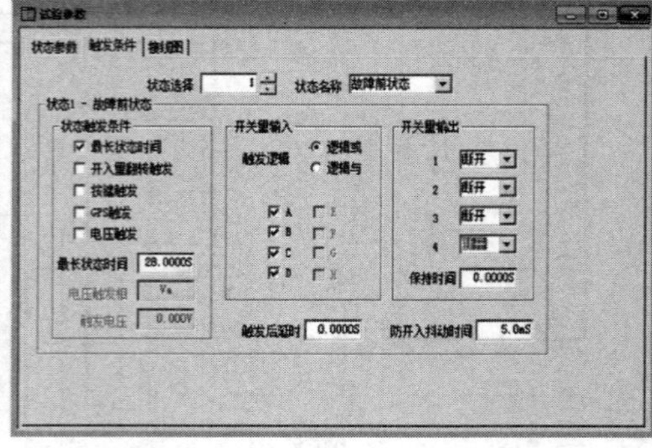

图 8-35　状态 1 触发条件设置

(2)状态 2(故障状态)参数设置如图 8-36 所示，状态 2 触发条件设置如图 8-37 所示。单击“短路计算”按钮，进行如下设置：选择“A 相接地”“正向故障”，故障电流设为 3.36 A(零序Ⅱ段定值的 1.05 倍，即 3.2×1.05 A=3.36 A)，Vdc=110 V(各状态下都有)。

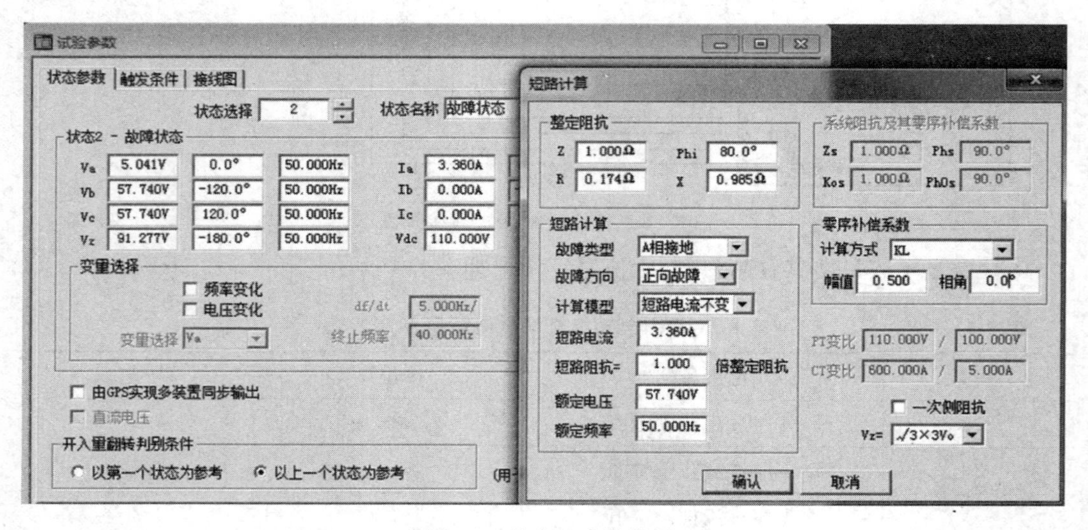

图 8-36　状态 2 参数设置

(3)状态 3(重合状态)参数设置如图 8-38 所示，状态 3 触发条件设置如图 8-39 所示。

(4)单击工具栏中的按钮开始实验，打开工具栏中的“测试项列表”，等待测试结果数据，并观察保护装置的动作行为与模拟断路器的动作行为。

(5)按下模拟断路器面板上的“手合”按钮和“失灵”按钮，重复做一次上述实验，再次观察保护装置的动作行为与模拟断路器的动作行为。

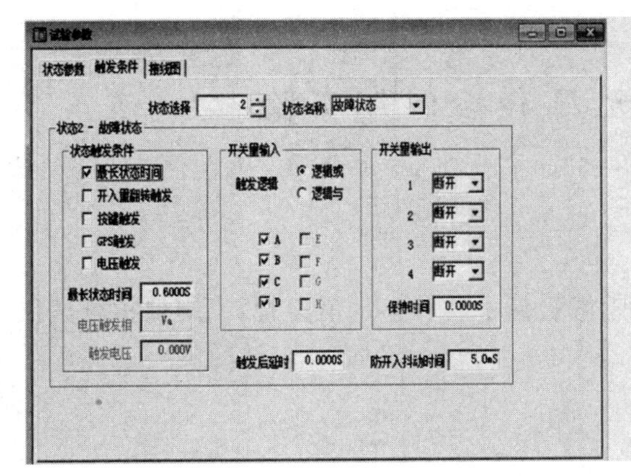

图 8-37 状态 2 触发条件设置

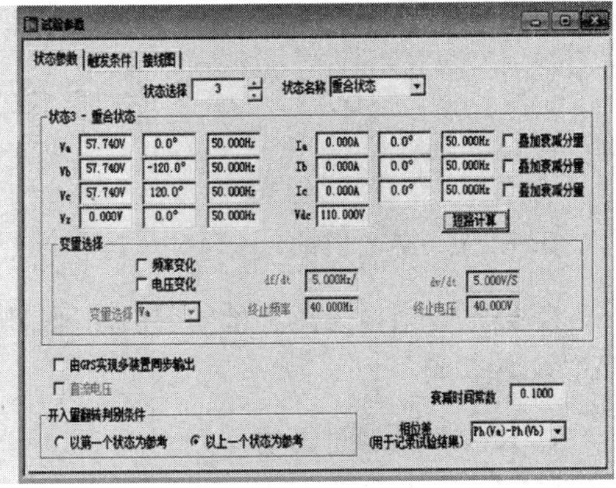

图 8-38 状态 3 参数设置

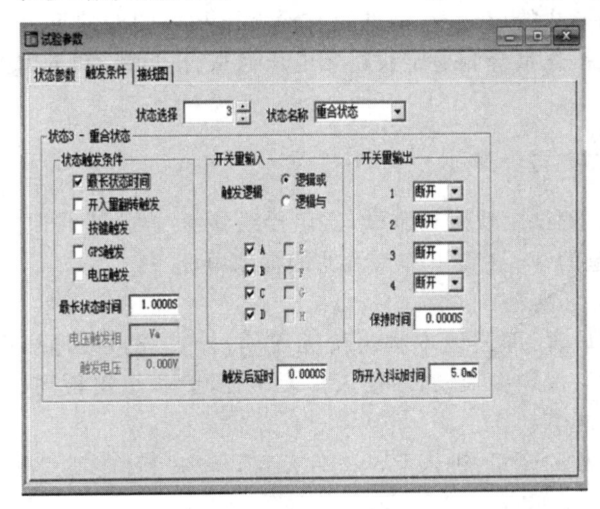

图 8-39 状态 3 触发条件设置

8.11.4 实验报告

1. 说明自动重合闸的作用及重合闸方式选择的一般原则。

2. 画出整组实验的实验接线图,用故障录波图及 Dbg2000 跳闸报告来分析保护装置与模拟断路器在各种情况下配合的动作行为,描述一下装置显示情况。

思考:为了保证供电的可靠性,当系统出现永久性故障时,保护装置会在故障跳开后进行一次重合闸,重合后故障依然存在,保护装置会立即发出后加速动作将故障线路再次跳开。保护装置的加速逻辑分为前加速与后加速,请简单说明其各自应用的电压等级与它们之间的区别,详细说明原因。

8.12　重合闸检无压和检同期实验

8.12.1　实验目的

掌握重合闸检无压和检同期的原理，熟悉微机保护装置整定值设置，了解保护测试仪参数设置方法。

8.12.2　原理与说明

在双侧电源线路上的重合闸，应根据电网的接线方式和运行情况，在单侧电源重合闸的基础上，采用不同形式的重合闸，常见的有检无压和检同期的重合方式。原理是：当线路两侧断路器跳闸后，先重合侧检定线路无电压而重合，后重合侧检定同步（同期）后再进行重合。

8.12.3　实验内容与步骤

利用“整组实验”测试模块进行测试，实验接线参考“微机线路保护装置的二次接线认知实验”。注意：这里的 Vz 要接上作为线路的抽取电压。

1. 重合闸检查无压定值

（1）实验装置的设置，即假设本侧为检无压侧，检查线路或母线的相电压小于 30 V 时，检无压条件满足。保护压板设置：投入检无压控制字，退出检同期控制字。投入距离保护压板，保证保护能够动作。

（2）实验软件参数的设置：进入 PW 软件系统，单击“整组实验”测试模块。

“短路阻抗”栏设置如图 8-40 所示，具体设置如下：

第一次故障：故障类型选择“AB 短路”；短路电流设为 5 A；短路方向选择“正方向”。二次侧整定阻抗：Z（幅值）设为 0.5 Ω；Phi（角度）设为 80°。计算模型选“电流不变”。故障性质不选，默认为“瞬时性故障”。短路阻抗设为 1 倍整定值。

“试验参数”栏设置如图 8-41 所示，具体设置如下：

时间：故障前时间设为 30 s；最大故障时间设为 5 s。故障触发方式选为“时间控制”。短路起始时刻的方式选择“随机”。负荷电流设为 0 A，即不考虑负荷电流的影响。Vz 输出定义：Vz 选择“抽取电压”，幅值设为 31 V，参考相选择“Va 相位”，相位差设为 0°。故障前、后直流电压均设为 0 V。由于 RCS-901A 装置的线路抽取电压是自适应的，所以在这里可任意选择参考相。

“系统参数”栏设置如图 8-42 所示，具体设置如下：

短路阻抗零序补偿系数的计算方式选择 KL，幅值设为 0.5，相角设为 0°。PT、CT 安装位置：PT 安装位置选择“母线侧”，CT 中心点位置选择“指向线路”。额定值：额定相电压设为 57.74 V，额定频率设为 50 Hz。防接点抖动时间设为 5 ms。

“开关量”栏设置如图 8-43 所示，具体设置如下：

输入开关量："第一组保护"中，A 选择"A 相跳闸"，B 选择"B 相跳闸"，C 选择"C 相跳闸"，D 选择"重合闸"。由于只检测一组保护，故第二组保护可以不用设置。输出开关量由于不使用可以不设置。

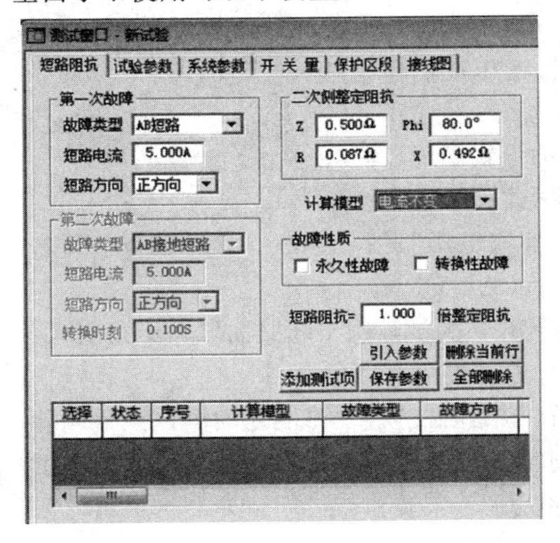

图 8-40　"短路阻抗"栏设置

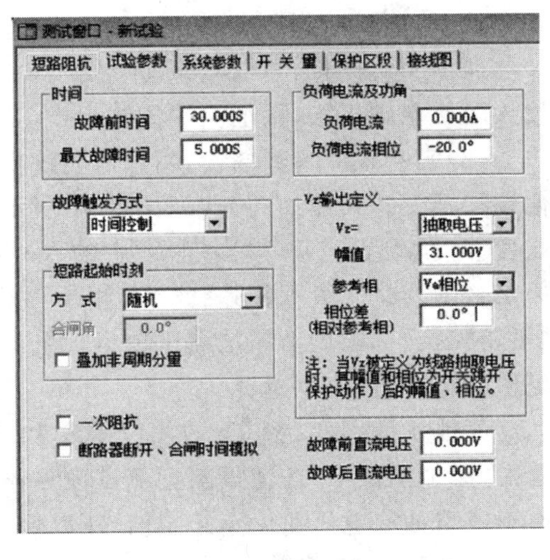

图 8-41　"试验参数"栏设置

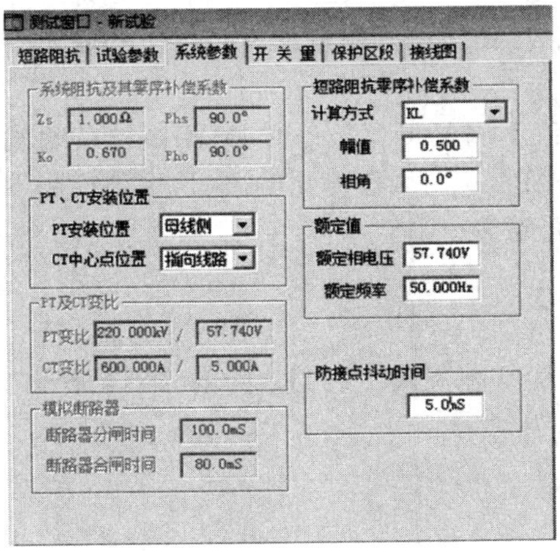

图 8-42　"系统参数"栏设置

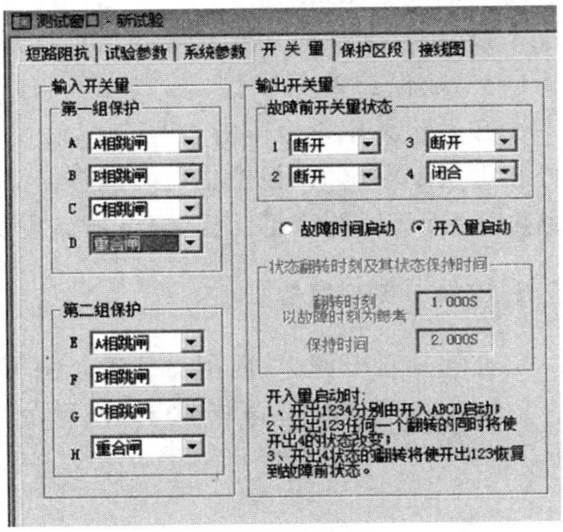

图 8-43　"开关量"栏设置

由于"保护区段"栏和"接线图"栏不直接影响测试，故其设置在这里不作说明。在"短路阻抗"栏中单击"添加测试项"按钮，将测试项目添加到"测试计划表"中。

测试过程：参数设置完毕后，单击工具栏中的按钮▶开始测试。由于线路抽取电压幅值大于定值，所以保护应不重合。

其他参数不变，将图 8-44 所示页面中 Vz 的幅值改为29 V，在"短路阻抗"栏中将刚才的测试项目删除，单击"添加测试项"按钮重新把测试项目添加到"测试计划表"中。单击按钮▶开始测试。由于线路抽取电压幅值小于定值，所以保护应重合。

2.重合闸检查同期定值

(1)实验装置的设置:假设本侧为检同期侧,检查线路电压或母线电压大于 40 V 且线路电压和母线电压的相位在整定范围内,检同期条件满足。

保护压板设置:投入检同期控制字,退出检无压控制字。投入距离保护压板,保证保护能够动作。

(2)实验软件参数的设置:只需要改变 Vz 的设置即可,其他设置不变。具体如图 8-40、图 8-41 所示。在"试验参数"栏改变 Vz 的设置,"Vz 输出定义"中的 Vz 选择"抽取电压",幅值定义为 50 V,参考相选择"Va 相位",相位差设为 31°。在"短路阻抗"栏中重新添加测试项目。单击按钮▶开始测试。由于线路抽取电压角度大于定值,所以保护应不重合。

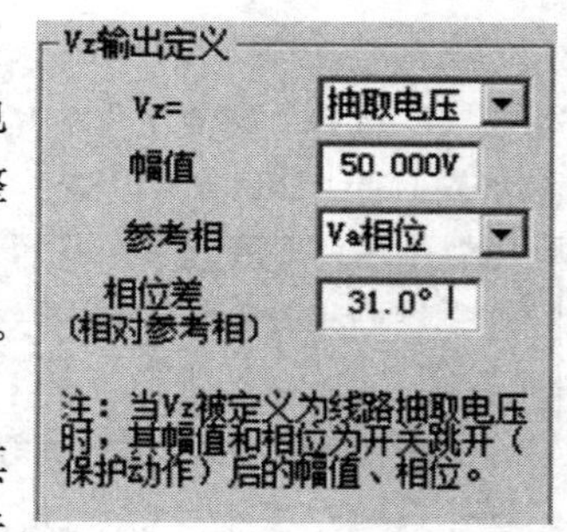

图 8-44　检同期 Vz 的设置

其他参数不变,将 Vz 的相位差改为 29°,在"短路阻抗"栏中将刚才的测试项目删除,单击"添加测试项"按钮重新把测试项目添加到"测试计划表"中。单击按钮▶开始测试。由于线路抽取电压角度小于定值,所以保护应重合。

(3)测试注意事项

①将故障类型设为相间故障,其目的是为了让保护三相跳闸,因为只有三相都跳开的情况下,保护才会检查无压和同期。只跳开单相时,由于两侧系统还有电气上的联系一直保持同步,故保护重合时不去检查无压和同期。

②在做检无压重合闸时,在 Vz 幅值大于定值不满足重合条件时,当测试结束测试仪已停止电气量输出后,保护也有可能重合。这是因为在测试仪停止输出后,保护检测不到线路电压,认为线路满足无压条件,所以发出重合闸命令。

8.12.4　实验报告

1.在超高压电网中,使用自动重合闸可设置为几种方式?它们之间的区别是什么?

2.画出检同期和检同期重合闸配置关系图。

分析篇

第9章　典型实验分析举例

按照继电保护课程要求列举了主要测试实验，制定了各项测试标准，给出了相应的测试分析，供读者参考。

【保护测试相关说明】

1. 本测试实验部分，如无特别指出，凡单相接地距离保护整定值分别为Ⅰ段 2.4 Ω；Ⅱ段 4.2 Ω，整定时间 0.5 s；Ⅲ段 4.9 Ω，整定时间 1.5 s。相间短路距离保护整定值为Ⅰ段 3.2 Ω；Ⅱ段 5 Ω，整定时间 0.5 s；Ⅲ段 8 Ω，整定时间 1.5 s。两相接地短路，相间和接地整定值均为Ⅰ段 3.2 Ω；Ⅱ段 5 Ω，整定时间 0.5 s；Ⅲ段 8 Ω，整定时间 1.5 s。

2. 零序补偿系数 KL＝0.5，零序灵敏角为 80°，正序灵敏角为 80°。

3. 按照相关《规程》常规测试方法，设置校验点的整定倍数，保护在 0.95 倍的定值时应可靠动作（即本段动作），在 1.05 倍的定值时应可靠不动作（即本段不动作，下段动作），在 0.7 倍的定值时测试保护动作时间（即本段动作的时间）。

4. 在“线路保护定值校验”测试中，动作特性图中的符号“＋”表示保护动作于跳闸，“×”表示保护不动作。在“距离保护（扩展）”实验中，动作特性图中的符号“·”表示通过折半搜索法确定保护特性圆边界点。

5. 保护装置 RCS-901A 整定时，一般有保护定值和压板定值需要整定，运行方式控制字整定“1”表示投入，“0”表示退出，未说明需要更改的参数，一律按缺省值。

6. 本部分测试数据有可能受测试条件影响（如温度、电磁环境等因素），故每次测试都会略有误差，数据仅供参考。

9.1　零序方向电流保护

实验设置全部内容详见“8.3　三段式零序电流保护实验”。

9.1.1　实验结果

故障类型	$3I_0$	整定倍数	整定时间	跳 A	跳 B	跳 C
A 相接地	3.800 A	0.95 Ⅰ段	0.500 s	0.526 s	0.526 s	0.526 s
A 相接地	4.200 A	1.05 Ⅰ段	0.000 s	0.526 s	0.526 s	0.526 s
A 相接地	3.040 A	0.95 Ⅱ段	1.500 s	1.520 s	1.520 s	1.520 s
A 相接地	3.360 A	1.05 Ⅱ段	0.500 s	0.525 s	0.525 s	0.525 s
A 相接地	1.330 A	0.95 Ⅲ段	—	—	—	—
A 相接地	1.470 A	1.05 Ⅲ段	1.500 s	1.526 s	1.525 s	1.526 s

9.1.2　三段式零序电流保护特性

零序电流定值校验的界面设置及 I_0—t 特性如图 9-1 所示。

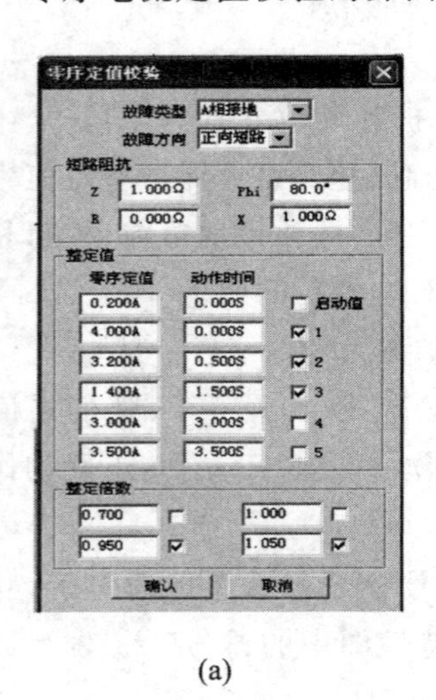

(a)

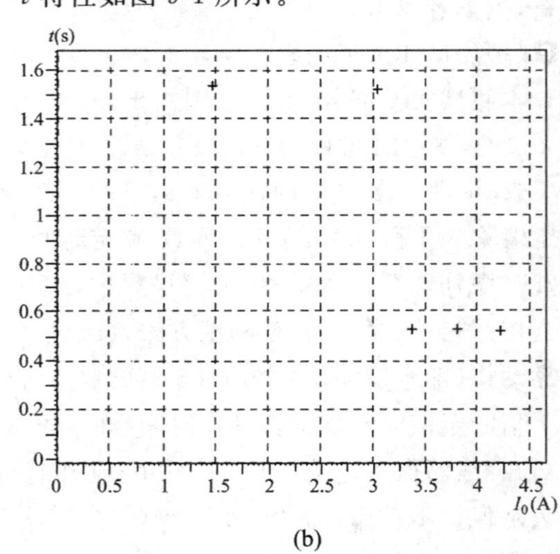

(b)

图 9-1　零序电流定值校验的界面设置及 I_0—t 特性

9.1.3　三段式零序电流保护测试分析

该保护设备的Ⅰ段为纵联保护完成，测试机为单台设备，无Ⅰ段。所以第二项电流为 4.2 A 时，是Ⅱ段 0.5s 动作，这里就模拟一个Ⅰ段拒动由Ⅱ段动作的情况。可以从数据及特性图看出，当电流大于 3.2 A 时，零序Ⅱ段延时 0. 5s 动作；当电流为 1.4～3.2 A 时，保护延时 1.5 s 动作；当零序电流小于 1.4 A 时，保护不动作。测试结果与理论分析一致。

在中性点直接接地的高压电网中，由于零序电流保护简单、经济、可靠，作为辅助保护和后备保护获得了广泛的应用。它与相间保护相比具有独特的优点：相间短路过电流保护是按照大于负荷电流整定的，继电器启动电流一般为5～7 A；而零序过流保护是按照躲开不平衡电流原则整定的，其值一般为2～3 A。由于发生单相接地短路时，故障相的电流与零序电流相等，因此零序过流保护的灵敏度高。零序过流保护的动作时间也比相间保护时间短。

零序过流保护受系统运行方式变化的影响小；在系统振荡、短时过负荷等不正常运行状态下，零序电流保护不受影响；方向性零序电流没有电压死区。不足之处：对运行方式变化很大的电网，保护不能满足系统运行；在重合闸时出现的非全相运行状态可能出现较大的零序电流；采用自耦变压器的电网中，零序保护的整定会变得相当复杂。

9.2 阻抗定值校验

9.2.1 方向圆阻抗特性(Ⅰ段)测试

实验设置全部内容详见“8.4 方向圆阻抗特性(Ⅰ段)实验”。

1. 实验结果

故障类型	$\|Z\|$	阻抗角	跳A	跳B	跳C
A相接地	0.453 Ω	344.900°	—	—	—
A相接地	0.413 Ω	16.600°	0.034 s	0.034 s	0.034 s
A相接地	1.264 Ω	15.300°	—	—	—
A相接地	1.145 Ω	25.200°	0.035 s	0.034 s	0.034 s
A相接地	1.932 Ω	37.700°	—	—	—
A相接地	1.748 Ω	42.500°	0.035 s	0.035 s	0.035 s
A相接地	2.368 Ω	59.000°	—	—	—
A相接地	2.143 Ω	61.100°	0.035 s	0.035 s	0.035 s
A相接地	2.520 Ω	80.000°	—	—	—
A相接地	2.280 Ω	80.000°	0.036 s	0.036 s	0.036 s
A相接地	2.368 Ω	101.000°	—	—	—
A相接地	2.143 Ω	98.900°	0.037 s	0.036 s	0.036 s
A相接地	1.932 Ω	122.300°	—	—	—
A相接地	1.748 Ω	117.500°	0.036 s	0.036 s	0.035 s
A相接地	1.264 Ω	144.700°	—	—	—
A相接地	1.145 Ω	134.800°	0.034 s	0.033 s	0.033 s
A相接地	0.453 Ω	175.100°	—	—	—
A相接地	0.413 Ω	143.400°	0.034 s	0.033 s	0.033 s

2. 方向阻抗特性(Ⅰ段)

方向阻抗特性(Ⅰ段)如图 9-2 所示。

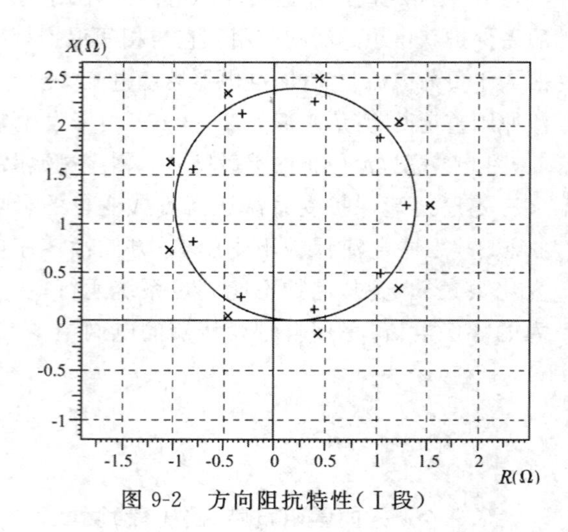

图 9-2　方向阻抗特性(Ⅰ段)

3. 方向阻抗特性(Ⅰ段)测试分析

本保护装置的动作特性为圆特性，由实验数据和动作特性图可以看出，距离保护Ⅰ段，由测试仪输出的 A 相接地故障，在特性圆内 0.95 倍阻抗处保护可靠动作；在圆外 1.05 倍阻抗处，保护可靠不动作。Ⅰ段为无延时的速动段，保护实际动作时间为 35 ms左右。这说明保护装置性能优良，测试结果与理论分析一致。

9.2.2　三段式距离保护特性测试

实验设置全部内容详见“8.6　三段式距离保护特性实验”。

1. 实验结果

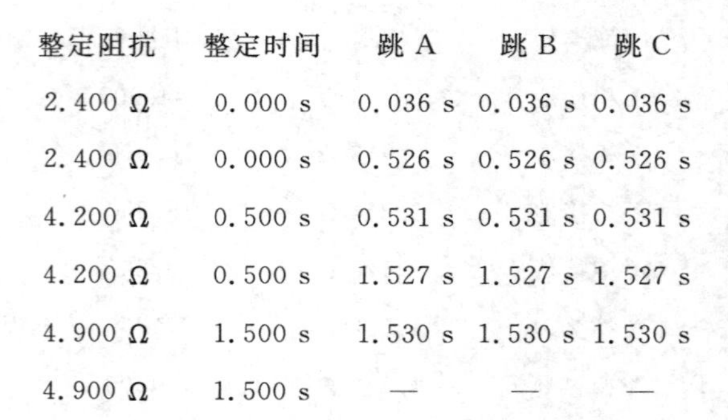

故障类型	整定倍数	短路阻抗	阻抗角	整定阻抗	整定时间	跳 A	跳 B	跳 C
A 相接地	0.95 Ⅰ段	2.280 Ω	80.000°	2.400 Ω	0.000 s	0.036 s	0.036 s	0.036 s
A 相接地	1.05 Ⅰ段	2.520 Ω	80.000°	2.400 Ω	0.000 s	0.526 s	0.526 s	0.526 s
A 相接地	0.95 Ⅱ段	3.990 Ω	80.000°	4.200 Ω	0.500 s	0.531 s	0.531 s	0.531 s
A 相接地	1.05 Ⅱ段	4.410 Ω	80.000°	4.200 Ω	0.500 s	1.527 s	1.527 s	1.527 s
A 相接地	0.95 Ⅲ段	4.655 Ω	80.000°	4.900 Ω	1.500 s	1.530 s	1.530 s	1.530 s
A 相接地	1.05 Ⅲ段	5.145 Ω	80.000°	4.900 Ω	1.500 s	—	—	—

2. 三段式距离保护阻抗特性

三段式距离保护阻抗特性如图 9-3 所示。

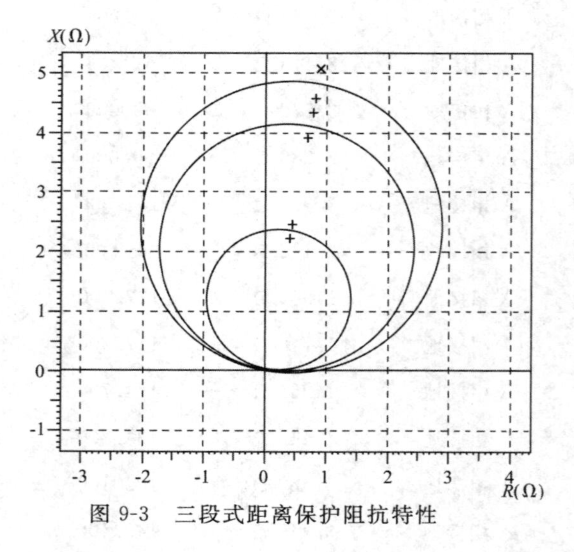

图 9-3　三段式距离保护阻抗特性

3. 三段式距离保护特性测试分析

从图 9-3 中可以看到典型的三段式距离保护的工作原理。一般要求Ⅰ段、Ⅱ段的测量元件都具有明确的方向性，第Ⅲ段为后备段，包括对本线路Ⅰ段、Ⅱ段保护的近后备及相邻下一级线路保护的远后备和反向母线保护的后备。一般Ⅲ段采用带有偏移特性的元件，本实验中仍然采用方向圆。三段保护配合，可以看到保护区段内都能准确动作，Ⅰ段无延时动作，Ⅰ段圆外Ⅱ段圆内延时 0.5 s 动作，Ⅱ段圆外Ⅲ段圆内延时 1.5 s 动作，Ⅲ段圆外不动作。三段相互配合，保证线路运行的安全性、稳定性发挥最大效能。

9.3 工频变化量阻抗元件

9.3.1 测试目的

掌握工频变化量阻抗元件的测试，分析保护装置的动作行为。

9.3.2 测试步骤

1. 设接地距离Ⅰ段定值为 2.4 Ω，投工频变化量阻抗，运行方式控制字设为“1”。

2. 进入 PW 软件系统，单击“线路保护定值校验”按钮，在“测试项目”属性页中选择“工频变化量阻抗元件定值校验”，单击“添加”按钮，故障类型选择“A 相接地”，短路阻抗角设为 80°，整定阻抗设为 2.4 Ω，短路电流设为 5 A，m 值分别取 0.9、1.0、1.1、1.2，选择正方向单相接地，单击“确定”按钮。故障前时间设为 12 s，最大故障时间设为 1 s，去掉叠加非周期分量。KL 设为 0.5。

3. 开始实验，记录主要实验数据。实验结果如下：

故障类型	Z_{zd}	系数 m	阻抗角	跳 A	跳 B	跳 C
A 相接地	2.400 Ω	0.90	80.000°	—	—	—
A 相接地	2.400 Ω	1.00	80.000°	—	—	—
A 相接地	2.400 Ω	1.10	80.000°	0.015 s	0.015 s	0.015 s
A 相接地	2.400 Ω	1.20	80.000°	0.014 s	0.014 s	0.014 s

9.3.3 工频变化量阻抗元件定值校验分析

工频故障分量距离保护是通过反映工频故障分量电压、电流而工作的距离保护。实验中 $m=0.9$ 时保护可靠不动作，$m=1.1$ 时保护可靠动作，$m=1.2$ 时测量保护动作时间，$m=1.0$ 时刚好在保护区段边界，动作或不动作都有可能。可以看出，动作时间只有 14 ms，动作速度比接地距离(35 ms)保护更快。

工频变化量距离继电器以电力系统故障引起的故障分量电压、电流为测量信号，基本不受非故障状态的影响，无须加振荡闭锁；仅反映故障分量中的工频量，动作特性较为稳定；动作判据简单，因而实现方便，动作速度较快；距离继电器具有明确的方向性，因而既可以作为距离元件，又可以作为方向元件使用，具有较好的选相能力。

鉴于以上特点，工频故障分量距离保护可以作为快速距离保护的Ⅰ段，用来快速地切除Ⅰ段范围内的故障，也可以与四边形特性的阻抗继电器复合组成复合距离继电器，作为纵联保护的方向性元件。

9.4 引入偏移量的阻抗特性

9.4.1 两相相间短路动作特性

1.两相相间短路Ⅰ段

(1)测试步骤

①按电路要求将微机保护装置与测试仪输出的二次三相电压、电流及开关量输入依次接好。

②确定微机保护装置定值(见表9-1)。

表9-1 两相相间短路Ⅰ段定值表

序号	定值名称	定值
13	相间距离Ⅰ段定值	3.2 Ω
序号	运行方式控制字	设定值
12	相间距离Ⅰ段投入	1

Ⅱ段、Ⅲ段不用,控制字均设为“0”。

③微机保护装置要求压板定值选择正确,只投距离保护压板,运行方式控制字设为“1”,其他保护压板均退出,设为“0”。

④进入PW软件系统,单击“距离保护(扩展)”按钮,进入“测试窗口”中的测试项目。

⑤单击“保护区段”中的“新建”按钮,然后单击“Z1栏”,再单击“编辑”按钮选“特性圆”,将整定值定为Ⅰ段3.2 Ω,偏移量设为0,灵敏角设为80°。设置完成后,单击“×”保存区段特性曲线数据,然后单击“是”按钮。

⑥“试验参数”栏中,故障前时间设为12 s ,最大故障时间设为0.5 s,去掉叠加非周期分量。“系统参数”栏中,KL的幅值设为0.5,相位设为0°。

⑦选中“边界搜索”栏,故障类型选择“AB短路”,电流不变,短路电流设为5 A,选“双向逼近”。单击“添加序列项”按钮,“原点”项设置如下:Z=1.6 Ω;Φ=80°(设置查找线的圆心时,应尽量设在拟定阻抗特性的中心)。“查找线”项设置如下:初始角:0°;终止角:330°;角度步长:30°;搜索线长度:2 Ω(搜索线应该完全覆盖拟定的阻抗特性圆,并延长一部分长度)。设置完成后单击“确认”按钮。

⑧实验结果如下:

序号	故障类型	$\lvert Z\rvert$	角度	动作时间
01	AB短路	2.417 Ω	40.7°	0.040 s
02	AB短路	2.877 Ω	55.2°	0.042 s
03	AB短路	3.161 Ω	70.0°	0.072 s
04	AB短路	3.229 Ω	85.1°	0.068 s

05	AB 短路	3.079 Ω	100.5°	0.383 s
06	AB 短路	2.690 Ω	116.0°	0.434 s
07	AB 短路	2.109 Ω	131.6°	0.284 s
08	AB 短路	1.377 Ω	147.1°	0.342 s
09	AB 短路	0.560 Ω	162.1°	0.041 s
10	AB 短路	0.278 Ω	−2.0°	0.035 s
11	AB 短路	1.082 Ω	11.9°	0.037 s
12	AB 短路	1.806 Ω	26.4°	0.041 s

(2) AB 短路阻抗动作特性如图 9-4 所示。

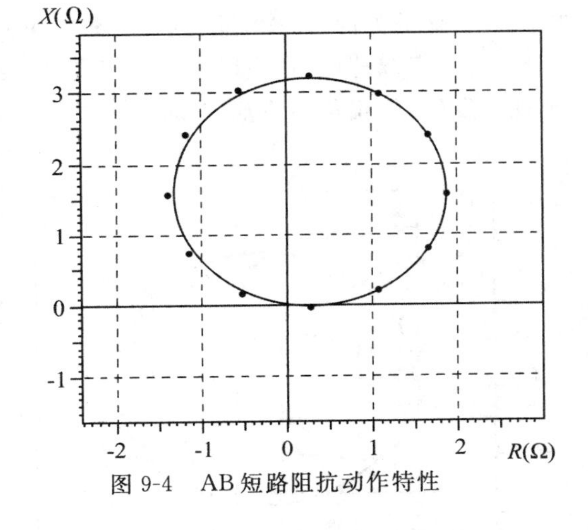

图 9-4　AB 短路阻抗动作特性

(3) AB 两相相间 I 段测试分析：由图 9-4 中可以看出，相间 I 段为一个方向圆特性继电器，灵敏角为 80°。正序、零序灵敏角分别按线路正序、零序阻抗角整定。距离 I 段为无延时的速动段，它应该只反映本线路的故障，下级线路出口发生短路故障时，应可靠不动作。一般整定为本段线路末端短路时测量阻抗的 0.8～0.85。

其他两相相间短路 II、III 段动作情况类似，这里不再赘述。

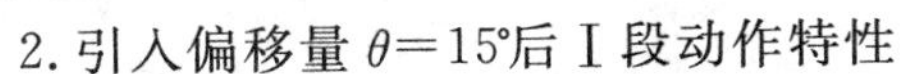
2. 引入偏移量 $\theta=15°$后 I 段动作特性

(1) 测试步骤：在两相相间I段实验的基础上，将微机保护相间距离偏移角由 $\theta=0°$改为 $\theta=15°$，其他定值不变。进入 PW 软件后，在“保护区段”设置整定值为 3.312 Ω(通过 3.2/cos 15°得到)，灵敏角为 65°。添加合适的搜索线，开始实验，记录实验报告。实验结果如下：

序号	故障类型	|Z|	角度	动作时间
01	AB 短路	2.727 Ω	32.1°	0.044 s
02	AB 短路	3.124 Ω	47.1°	0.045 s
03	AB 短路	3.317 Ω	62.4°	0.080 s
04	AB 短路	3.213 Ω	77.9°	0.037 s
05	AB 短路	2.970 Ω	93.8°	0.182 s
06	AB 短路	2.449 Ω	109.4°	0.123 s
07	AB 短路	1.770 Ω	125.0°	0.161 s
08	AB 短路	0.976 Ω	140.0°	0.079 s

09	AB 短路	0.140 Ω	154.0°	0.035 s
10	AB 短路	0.688 Ω	−10.8°	0.033 s
11	AB 短路	1.467 Ω	3.3°	0.034 s
12	AB 短路	2.158 Ω	17.6°	0.035 s

(2)引入偏移量 $\theta=15°$后的动作特性如图 9-5 所示。

(3)测试分析：引入偏移量 $\theta=15°$后，Ⅰ段的动作特性方向圆的偏移圆的直径变大，在 R 方向上的动作区变大，所以区内经较大过渡电阻时也能动作，有一定的耐过渡电阻的能力。但在对侧电源助增下可能超越，因而引入了零序电抗继电器以防止超越。由带偏移角的方向阻抗继电器和零序电抗器结合，同时动作时，Ⅰ、Ⅱ段阻抗继电器动作，该距离继电器有很好的方向性，能测量很大的故障过渡电阻而不会超越。图 9-6 所示为圆特性与电抗特性(直线特性，直线以下为工作区)的复合，它们的交集即为工作区域，可以防止超越现象发生，移相角取值范围一般为 0°、15°、30°。

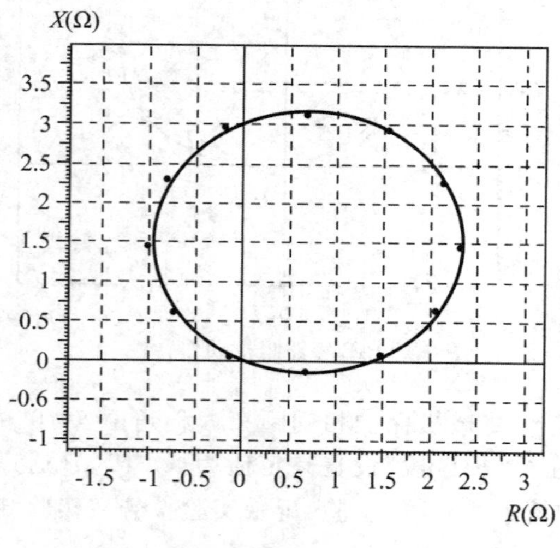

图 9-5　引入偏移量 $\theta=15°$后的动作特性

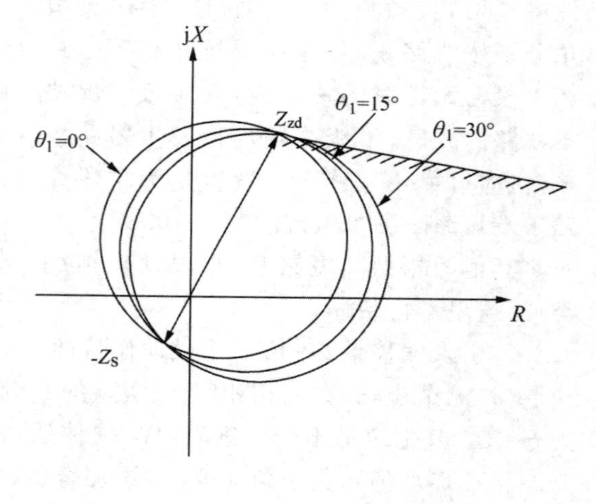

图 9-6　特性圆的偏转

3. 引入偏移量 $\theta=30°$后Ⅰ段动作特性

(1)测试步骤：参数设置与 2 中的实验步骤基本相同，角度步长改为 20°。首先把微机保护相间距离偏移角改为 $\theta=30°$，进入 PW 软件后，将“保护区段”的整定值设为 3.695 Ω，灵敏角设为 50°。添加搜索线，开始实验，记录实验数据。实验结果如下：

序号	故障类型	$\lvert Z\rvert$	角度	动作时间
01	AB 短路	3.250 Ω	24.4°	0.040 s
02	AB 短路	3.540 Ω	34.3°	0.044 s
03	AB 短路	3.689 Ω	44.7°	0.139 s
04	AB 短路	3.534 Ω	55.1°	0.042 s

05	AB短路	3.313 Ω	64.7°	0.038 s
06	AB短路	3.215 Ω	75.4°	0.184 s
07	AB短路	3.036 Ω	87.2°	0.129 s
08	AB短路	2.594 Ω	97.6°	0.300 s
09	AB短路	2.082 Ω	107.8°	0.037 s
10	AB短路	1.518 Ω	117.9°	0.104 s
11	AB短路	0.919 Ω	127.8°	0.163 s
12	AB短路	0.306 Ω	136.4°	0.037 s
13	AB短路	0.304 Ω	−29.0°	0.033 s
14	AB短路	0.898 Ω	−23.0°	0.036 s
15	AB短路	1.466 Ω	−13.9°	0.033 s
16	AB短路	2.012 Ω	−5.2°	0.035 s
17	AB短路	2.481 Ω	4.9°	0.035 s
18	AB短路	2.906 Ω	14.5°	0.037 s

(2)引入偏移量 $\theta=30°$后的动作特性如图 9-7 所示。

(3)测试分析：偏移量 $\theta=30°$时，可以很明显地看出这是一个方向圆特性和电抗特性的复合，其耐过渡电阻能力比偏移量 $\theta=15°$时更强。同时，复合电抗特性直线使该特性耐过负荷的能力也较强，可以防止超越现象发生。

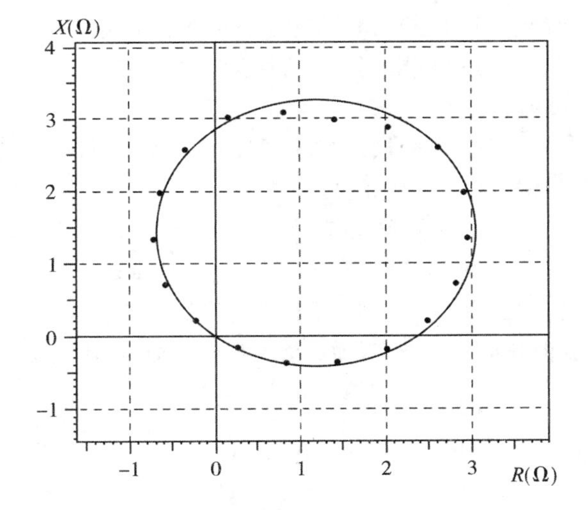

图 9-7　引入偏移量 $\theta=30°$后的动作特性

9.4.2　单相接地短路动作特性

1. 单相接地短路Ⅰ段

(1)测试步骤：投入接地Ⅰ段，退出其他保护。选择短路类型为“A 相接地”，添加实验数据。其他步骤同 9.4.1 节中的两相相间Ⅰ段实验，整定值设为 2.4 Ω，阻抗角设为 80°。添加合适的搜索线，开始实验，记录实验数据。测试结果如下：

序号	故障类型	$\|Z\|$	角度	动作时间
01	A相接地	1.815 Ω	40.6°	0.043 s
02	A相接地	2.150 Ω	55.3°	0.043 s
03	A相接地	2.353 Ω	70.1°	0.089 s

04	A 相接地	2.401 Ω	85.0°	0.114 s
05	A 相接地	2.284 Ω	100.3°	0.120 s
06	A 相接地	2.001 Ω	115.7°	0.162 s
07	A 相接地	1.571 Ω	131.2°	0.039 s
08	A 相接地	1.031 Ω	146.8°	0.183 s
09	A 相接地	0.420 Ω	161.7°	0.038 s
10	A 相接地	0.208 Ω	−2.9°	0.035 s
11	A 相接地	0.812 Ω	11.7°	0.039 s
12	A 相接地	1.356 Ω	26.3°	0.035 s

(2)单相接地Ⅰ段动作特性如图 9-8 所示。

(3)测试分析：由图 9-8 可见，单相接地Ⅰ段动作特性为方向圆，微机保护整定值为 2.4 Ω，灵敏角为 80°，测试特性显示正确。接地Ⅰ段阻抗值整定方法同相间Ⅰ段阻抗值整定。接地Ⅰ段为速动段，其动作时间应该是 30 ms 左右，但由于测试条件或测试边界继电器抖动原因，测试结果会略有误差。

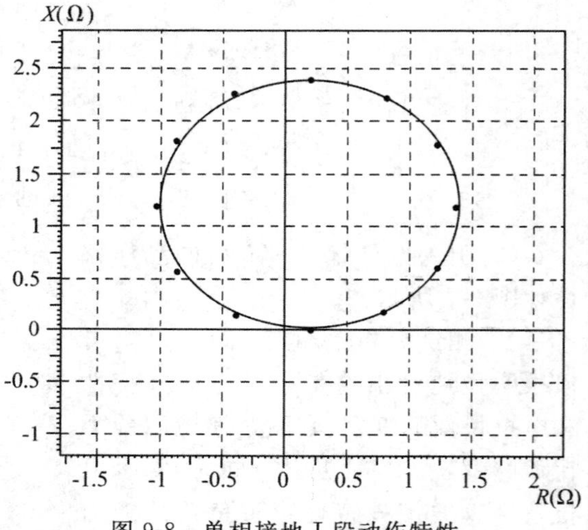

图 9-8　单相接地Ⅰ段动作特性

其他单相接地短路Ⅱ、Ⅲ段动作情况类似，这里不再赘述。

2.引入偏移角 $\theta=15°$后Ⅰ段动作特性

(1)测试步骤：在单相Ⅰ段实验的基础上，压板定值不变，微机保护定值将接地距离偏移角改为 $\theta=15°$，其他定值不变。添加搜索线后开始实验，记录实验数据。实验结果如下：

序号	故障类型	$\|Z\|$	角度	动作时间
01	A 相接地	2.066 Ω	33.2°	0.044 s
02	A 相接地	2.346 Ω	47.8°	0.341 s
03	A 相接地	2.482 Ω	62.5°	0.274 s
04	A 相接地	2.407 Ω	77.3°	0.225 s
05	A 相接地	2.245 Ω	92.9°	0.154 s
06	A 相接地	1.871 Ω	108.3°	0.140 s
07	A 相接地	1.362 Ω	123.7°	0.080 s
08	A 相接地	0.759 Ω	139.1°	0.116 s
09	A 相接地	0.109 Ω	154.1°	0.039 s

10	A 相接地	0.537 Ω	−10.2°	0.035 s
11	A 相接地	1.136 Ω	4.3°	0.035 s
12	A 相接地	1.656 Ω	18.8°	0.039 s

(2)单相接地引入偏移量 $\theta=15°$后的动作特性如图 9-9 所示。

(3)测试分析:引入偏移量 $\theta=15°$后,Ⅰ段的动作特性方向圆发生偏移,在 R 方向上的动作区变大,所以区内经较大过渡电阻时也能动作,有一定的耐过渡电阻的能力。但在对侧电源助增下可能超越,因而引入了零序电抗继电器以防止超越。由带偏移角的方向阻抗继电器和零序电抗器结合,同时动作时,Ⅰ、Ⅱ段阻抗继电器动作,该距离继电器有很好的方向性,能测量很大的故障过渡电阻而不会超越。移相角取值范围一般为 0°、15°、30°。

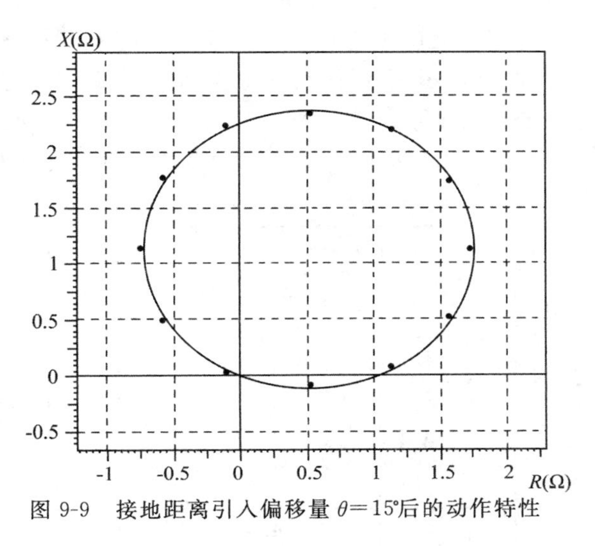

图 9-9　接地距离引入偏移量 $\theta=15°$后的动作特性

3. 引入偏移角 $\theta=30°$后Ⅰ段动作特性

(1)测试步骤:测试步骤同 2,微机保护定值中接地距离偏移角改为 $\theta=30°$,其他步骤不变。添加搜索线后开始实验,记录实验数据。实验结果如下:

序号	故障类型	$\|Z\|$	角度	动作时间
01	A 相接地	2.469 Ω	25.4°	0.141 s
02	A 相接地	2.713 Ω	40.0°	0.043 s
03	A 相接地	2.651 Ω	54.8°	0.258 s
04	A 相接地	2.443 Ω	68.7°	0.043 s
05	A 相接地	2.308 Ω	85.8°	0.129 s
06	A 相接地	1.791 Ω	100.6°	0.035 s
07	A 相接地	1.178 Ω	116.2°	0.036 s
08	A 相接地	0.478 Ω	129.4°	0.036 s
09	A 相接地	0.263 Ω	−5.5°	0.031 s
10	A 相接地	0.902 Ω	−10.3°	0.032 s
11	A 相接地	1.545 Ω	−2.9°	0.034 s
12	A 相接地	2.063 Ω	11.2°	0.035 s

(2)单相接地引入偏移量 $\theta=30°$后的动作特性如图 9-10 所示。

(3)测试分析:引入 $\theta=30°$偏移量的接地距离Ⅰ段的动作特性为一方向圆特性复合一条直线特性。整定阻抗为 2.4 Ω,灵敏角仍为 80°,在整定方向的保护区不变,在整定阻抗的反方向，动作阻抗降为0，反方向故障时不会动作。相间距离继电器Ⅰ、Ⅱ段极化电压引入移相角，其作用是在短线路应用时将方向阻抗特性向第一象限偏移，以扩大允许故障过渡电阻的能力。其正方向故障时的特性如图9-10所示。

可见，该继电器可测量很大的故障过渡电阻，但在对侧电源助增下可能超越，因而引入了零序电抗继电器以防止超越。由带偏移角的方向阻抗继电器和零序电抗器结合，同时动作时，Ⅰ、Ⅱ段阻抗继电器动作，该距离继电器有很好的方向性，能测量很大的故障过渡电阻而不会超越。图9-11所示为圆特性与电抗特性（直线特性，直线以下为工作区）的复合，它们的交集即为工作区域，可以防止超越现象发生。

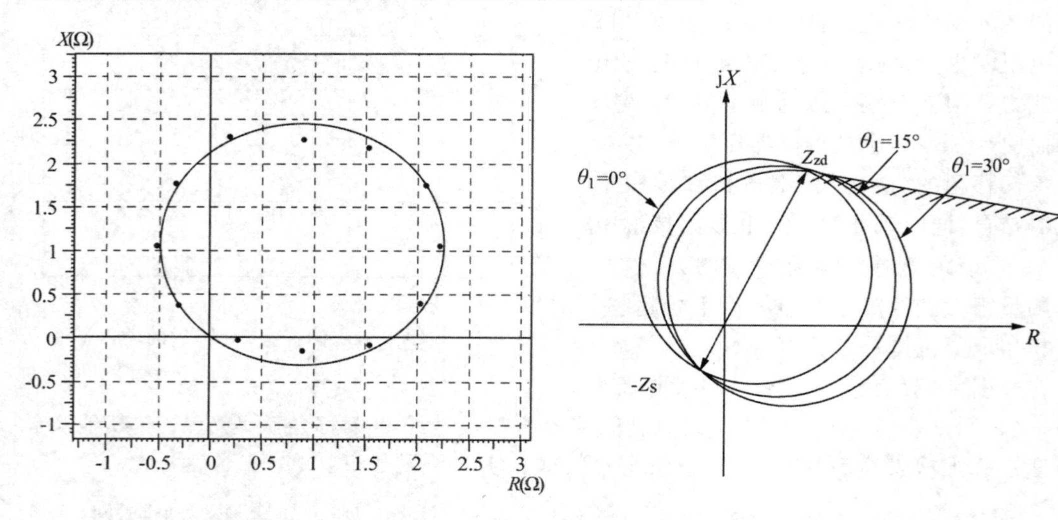

图9-10　接地距离引入偏移量 $\theta=30°$后的动作特性　　　　图9-11　特性圆的偏转

9.5　最小精确工作电流

9.5.1　相间短路Ⅰ段精确工作电流

1. 测试步骤

在“距离保护（扩展）”模块，选中 $Z=f(I)$特性曲线测试，故障类型选择“AB短路”，整定投相间阻抗设为3.2 Ω，微机保护投相间距离Ⅰ段，动作阻抗搜索曲线长度设为5 Ω，角度设为80°，然后单击“添加序列项”按钮。

实验参数：故障前时间设为12 s，最大故障时间设为0.5 s，零序补偿系数方式KL的幅值设为0.5；保护装置：正序灵敏角设为80°，接地距离偏移角设为0°。

短路电流的变化范围为0.2～10.0 A。搜索出动作阻抗边界点，记录测试数据结果，绘出 $Z=f(I)$特性曲线。实验结果如下：

序号	故障类型	$\|Z\|$	角度	Z_{zd}	Z/Z_{zd}	短路电流	动作时间
01	AB短路	—	—	3.200 Ω	—	0.200 A	未动作

02	AB短路	—	—	3.200 Ω	—	0.250 A	未动作
03	AB短路	—	—	3.200 Ω	—	0.300 A	未动作
04	AB短路	—	—	3.200 Ω	—	0.350 A	未动作
05	AB短路	—	—	3.200 Ω	—	0.400 A	未动作
06	AB短路	—	—	3.200 Ω	—	0.450 A	未动作
07	AB短路	—	—	3.200 Ω	—	0.500 A	未动作
08	AB短路	—	—	3.200 Ω	—	0.550 A	未动作
09	AB短路	0.450 Ω	80.0°	3.200 Ω	0.141	0.600 A	0.034 s
10	AB短路	3.175 Ω	80.0°	3.200 Ω	0.992	0.650 A	0.040 s
11	AB短路	3.192 Ω	80.0°	3.200 Ω	0.998	1.000 A	0.039 s
12	AB短路	3.210 Ω	80.0°	3.200 Ω	1.003	3.000 A	0.088 s
13	AB短路	3.210 Ω	80.0°	3.200 Ω	1.003	5.000 A	0.245 s
14	AB短路	3.206 Ω	80.0°	3.200 Ω	1.002	7.000 A	0.036 s
15	AB短路	3.210 Ω	80.0°	3.200 Ω	1.003	9.000 A	0.037 s

2. 相间短路Ⅰ段精确工作电流测试动作特性

相间短路Ⅰ段精确工作电流测试动作特性如图 9-12 所示。

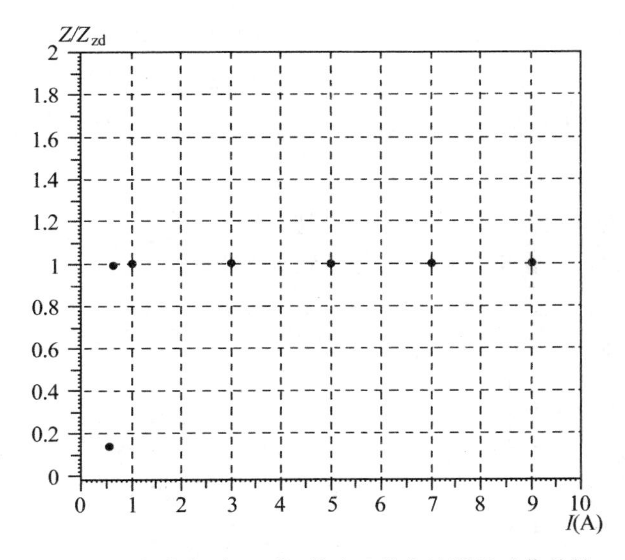

图 9-12　相间短路(Ⅰ段)精确工作电流测试动作特性

3. 相间短路Ⅰ段精确工作电流测试分析

由实验数据和特性曲线可以看出，继电器均准确动作且在 $Z_{op}=0.9\times Z_{set}$ 处，相间短路最小精确工作电流为 0.6 A。RCS-901 保护装置说明书中距离保护最小精确工作电流为 $0.1I_n$，应该是 0.1×5 A=0.5 A。这里考虑到测试结果存在偏差。

9.5.2 单相接地Ⅰ段精确工作电流

1.测试步骤

同 9.5.1 节,微机保护定值投接地距离Ⅰ段。故障类型选择"A 相接地",整定阻抗设为 2.4 Ω,短路电流变化范围为 0.2～10.0 A。开始实验,记录数据,绘出 $Z=f(I)$特性曲线。实验结果如下:

序号	故障类型	$\|Z\|$	角度	Z_{zd}	Z/Z_{zd}	短路电流	动作时间
01	A 相接地	—	—	2.400 Ω	—	0.200 A	未动作
02	A 相接地	—	—	2.400 Ω	—	0.250 A	未动作
03	A 相接地	—	—	2.400 Ω	—	0.300 A	未动作
04	A 相接地	—	—	2.400 Ω	—	0.350 A	未动作
05	A 相接地	—	—	2.400 Ω	—	0.400 A	未动作
06	A 相接地	—	—	2.400 Ω	—	0.450 A	未动作
07	A 相接地	2.367 Ω	80.0°	2.400 Ω	0.986	0.500 A	0.127 s
08	A 相接地	2.367 Ω	80.0°	2.400 Ω	0.986	0.550 A	0.216 s
09	A 相接地	2.391 Ω	80.0°	2.400 Ω	0.996	0.600 A	0.083 s
10	A 相接地	2.391 Ω	80.0°	2.400 Ω	0.996	1.000 A	0.037 s
11	A 相接地	2.391 Ω	80.0°	2.400 Ω	0.996	3.000 A	0.037 s
12	A 相接地	2.391 Ω	80.0°	2.400 Ω	0.996	5.000 A	0.034 s
13	A 相接地	2.391 Ω	80.0°	2.400 Ω	0.996	7.000 A	0.037 s
14	A 相接地	2.391 Ω	80.0°	2.400 Ω	0.996	9.000 A	0.037 s

2.单相接地Ⅰ段精确工作电流测试动作特性

单相接地Ⅰ段精确工作电流测试动作特性如图 9-13 所示。

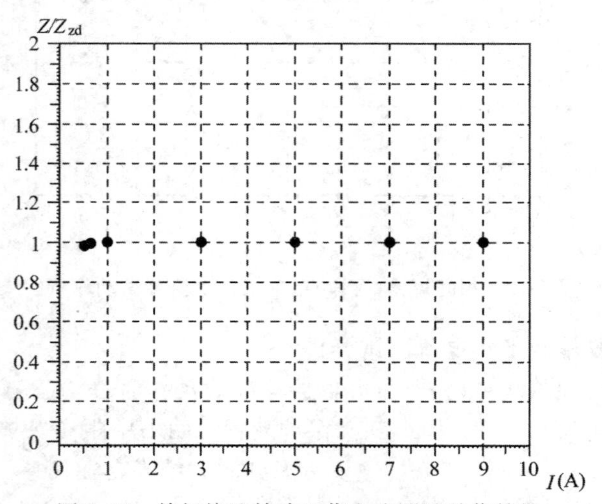

图 9-13 单相接地精确工作电流测试动作特性

3. 单相接地Ⅰ段精确工作电流测试分析

由实验数据和特性曲线可以看出，继电器均准确动作且在 $Z_{op}=0.9\times Z_{set}$ 处，对应的测量电流为 0.5 A，即为最小精确工作电流，符合装置技术参数标准。

9.6 最小精确工作电压

9.6.1 测试步骤

微机保护投接地距离继电器Ⅰ段，在“距离保护(扩展)”模块，选中 $Z=f(V)$ 特性曲线测试，故障类型选择“A 相接地短路”，动作阻抗搜索曲线长度设为 3 Ω，角度设为 80°。短路电压变化范围为 0.15～10.0 V。添加序列项，搜索特性曲线各点，记录测试数据结果，绘出 $Z=f(V)$ 特性曲线。测试结果如下：

序号	故障类型	$\|Z\|$	角度	Z_{zd}	Z/Z_{zd}	短路电压	动作时间
01	A 相接地	—	—	2.400 Ω	—	0.150 V	未动作
02	A 相接地	—	—	2.400 Ω	—	0.160 V	未动作
03	A 相接地	0.233 Ω	80.0°	2.400 Ω	0.097	0.170 V	0.065 s
04	A 相接地	0.252 Ω	80.0°	2.400 Ω	0.105	0.180 V	0.241 s
05	A 相接地	0.266 Ω	80.0°	2.400 Ω	0.111	0.190 V	0.451 s
06	A 相接地	0.276 Ω	80.0°	2.400 Ω	0.115	0.200 V	0.304 s
07	A 相接地	0.293 Ω	80.0°	2.400 Ω	0.122	0.210 V	0.194 s
08	A 相接地	0.304 Ω	80.0°	2.400 Ω	0.127	0.220 V	0.364 s
09	A 相接地	0.317 Ω	80.0°	2.400 Ω	0.132	0.230 V	0.388 s
10	A 相接地	0.331 Ω	80.0°	2.400 Ω	0.138	0.240 V	0.353 s
11	A 相接地	0.347 Ω	80.0°	2.400 Ω	0.145	0.250 V	0.398 s
12	A 相接地	0.355 Ω	80.0°	2.400 Ω	0.148	0.260 V	0.071 s
13	A 相接地	0.377 Ω	80.0°	2.400 Ω	0.157	0.270 V	0.203 s
14	A 相接地	0.385 Ω	80.0°	2.400 Ω	0.160	0.280 V	0.071 s
15	A 相接地	0.396 Ω	80.0°	2.400 Ω	0.165	0.290 V	0.133 s
16	A 相接地	0.415 Ω	80.0°	2.400 Ω	0.173	0.300 V	0.152 s
17	A 相接地	0.418 Ω	80.0°	2.400 Ω	0.174	0.300 V	0.281 s
18	A 相接地	0.686 Ω	80.0°	2.400 Ω	0.286	0.500 V	0.201 s
19	A 相接地	0.965 Ω	80.0°	2.400 Ω	0.402	0.700 V	0.181 s
20	A 相接地	1.226 Ω	80.0°	2.400 Ω	0.511	0.900 V	0.115 s

21	A 相接地	1.524 Ω	80.0°	2.400 Ω	0.635	1.100 V	0.165 s
22	A 相接地	1.790 Ω	80.0°	2.400 Ω	0.746	1.300 V	0.107 s
23	A 相接地	2.042 Ω	80.0°	2.400 Ω	0.851	1.500 V	0.091 s
24	A 相接地	2.325 Ω	80.0°	2.400 Ω	0.969	1.700 V	0.115 s
25	A 相接地	2.373 Ω	80.0°	2.400 Ω	0.989	1.900 V	0.043 s
26	A 相接地	2.398 Ω	80.0°	2.400 Ω	0.999	2.000 V	0.036 s
27	A 相接地	2.409 Ω	80.0°	2.400 Ω	1.004	4.000 V	0.183 s
28	A 相接地	2.387 Ω	80.0°	2.400 Ω	0.995	6.000 V	0.037 s
29	A 相接地	2.400 Ω	80.0°	2.400 Ω	1.000	8.000 V	0.149 s
30	A 相接地	2.414 Ω	80.0°	2.400 Ω	1.006	10.000 V	0.361 s

9.6.2　最小精确工作电压特性

最小精确工作电压特性如图 9-14 所示。

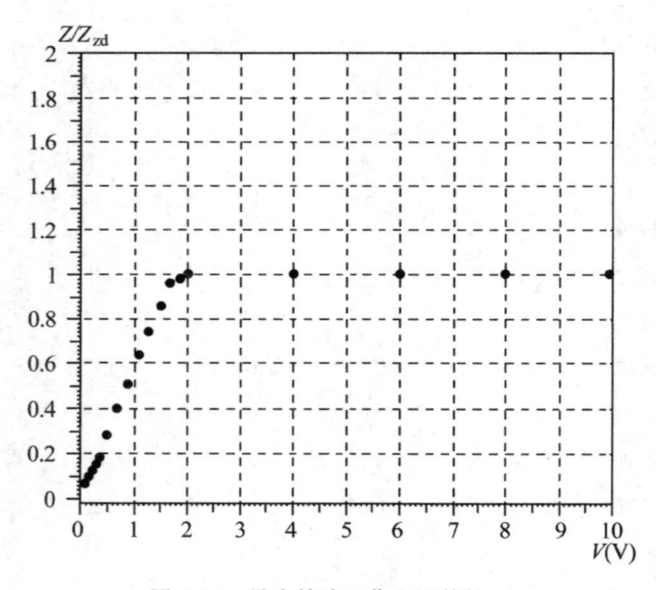

图 9-14　最小精确工作电压特性

9.6.3　最小精确工作电压测试分析

在阻抗继电器应用于较短线路时，由于线路末端短路时测量电压可能比较低，故需要对最小精确工作电压进行校验；线路较长时一般不用校验。由公式$U_{ac.min}=I_{ac.min}|Z_{set}|$可得理论最小精确工作电压应为 0.5×2.4＝1.2(V)。由说明书技术参数列表显示，最小精确工作电压小于 0.25 V。分析实验数据和特性曲线可以看出，短路电压为 0.17～0.25 V 时，保护都能准确动作，符合技术说明上的参数标准。

9.7　自动重合闸及后加速

9.7.1　测试步骤

1. 保护装置运行方式控制字设置：三重加速Ⅱ段距离 0/1；三重加速Ⅲ段距离 0/1；投重合闸 1；投重合闸不检 1；内重合把手有效 1；投综重方式 1。

整定值设置：接地距离继电器和相间距离继电器整定值Ⅰ段均为 2.4 Ω；Ⅱ段均为 4.2 Ω，整定时间 0.5 s；Ⅲ段均为 4.9 Ω，整定时间 2 s。其他保护退出。微机保护要求压板选择正确，投距离保护压板。其他保护压板均退出，设为“0”。

2. 进入 PW 软件系统，单击“线路定值校验”按钮，进入“测试窗口”后，选中“测试项目”中的“自动重合闸及后加速”。

3. 添加相关实验参数。故障前时间设为 30 s，最大故障时间设为 10 s，开关量补偿系数方式选择 KL，幅值设为 0.5，相位设为 0°，然后开始实验。

9.7.2　不投三重加速Ⅱ段距离、三重加速Ⅲ段距离

1. 自动重合闸及后加速测试结果

故障类型	重合前阻抗	重合前阻抗角	重合后阻抗	重合后阻抗角	整定重合时间	重合动作时间	后加速动作时间
A 相接地	1.000 Ω	80.000°	1.000 Ω	80.000°	0.500 s	0.543 s	0.039 s
A 相接地	1.000 Ω	80.000°	3.500 Ω	80.000°	0.500 s	0.543 s	0.041 s
A 相接地	1.000 Ω	80.000°	4.500 Ω	80.000°	0.500 s	0.543 s	2.035 s
AB 短路	1.000 Ω	80.000°	1.000 Ω	80.000°	0.500 s	0.843 s	0.041 s
AB 短路	1.000 Ω	80.000°	3.500 Ω	80.000°	0.500 s	0.843 s	0.044 s
AB 短路	1.000 Ω	80.000°	4.500 Ω	80.000°	0.500 s	0.843 s	2.034 s
AB 接地短路	1.000 Ω	80.000°	1.000 Ω	80.000°	0.500 s	0.843 s	0.038 s
AB 接地短路	1.000 Ω	80.000°	3.500 Ω	80.000°	0.500 s	0.843 s	0.042 s
AB 接地短路	1.000 Ω	80.000°	4.500 Ω	80.000°	0.500 s	0.843 s	2.032 s
三相短路	1.000 Ω	80.000°	1.000 Ω	80.000°	0.500 s	0.843 s	0.040 s
三相短路	1.000 Ω	80.000°	3.500 Ω	80.000°	0.500 s	0.843 s	0.043 s
三相短路	1.000 Ω	80.000°	4.500 Ω	80.000°	0.500 s	0.843 s	2.034 s

2. 测试分析

三重加速Ⅱ段距离，三重加速Ⅲ段距离控制字均置“0”时，加速受振荡闭锁控制的Ⅱ段距离保护。从实验数据可以看出，当重合于Ⅰ段区内故障时，保护瞬时动作，动作时间为 40 ms 左右；当重合于Ⅱ段区内故障时，保护加速动作，动作时间为 42 ms 左右；当保护

重合于Ⅲ段区内故障时，Ⅲ段保护延时 2 s 动作于跳闸，但后加速不动作。

9.7.3　投三重加速Ⅱ段距离、三重加速Ⅲ段距离

1. 自动重合闸及后加速测试结果

故障类型	重合前阻抗	重合前阻抗角	重合后阻抗	重合后阻抗角	整定重合时间	重合动作时间	后加速动作时间
A 相接地	1.000 Ω	80.000°	1.000 Ω	80.000°	0.500 s	0.543 s	0.040 s
A 相接地	1.000 Ω	80.000°	3.500 Ω	80.000°	0.500 s	0.543 s	0.044 s
A 相接地	1.000 Ω	80.000°	4.500 Ω	80.000°	0.500 s	0.543 s	2.035 s
AB 短路	1.000 Ω	80.000°	1.000 Ω	80.000°	0.500 s	0.843 s	0.040 s
AB 短路	1.000 Ω	80.000°	3.500 Ω	80.000°	0.500 s	0.843 s	0.043 s
AB 短路	1.000 Ω	80.000°	4.500 Ω	80.000°	0.500 s	0.843 s	0.044 s
AB 接地短路	1.000 Ω	80.000°	1.000 Ω	80.000°	0.500 s	0.843 s	0.039 s
AB 接地短路	1.000 Ω	80.000°	3.500 Ω	80.000°	0.500 s	0.843 s	0.039 s
AB 接地短路	1.000 Ω	80.000°	4.500 Ω	80.000°	0.500 s	0.843 s	0.042 s
三相短路	1.000 Ω	80.000°	1.000 Ω	80.000°	0.500 s	0.843 s	0.038 s
三相短路	1.000 Ω	80.000°	3.500 Ω	80.000°	0.500 s	0.843 s	0.040 s
三相短路	1.000 Ω	80.000°	4.500 Ω	80.000°	0.500 s	0.843 s	0.042 s

2. 测试分析

三重加速Ⅱ段距离、三重加速Ⅲ段距离控制字均置“1”时，当三相重合闸不可能出现系统振荡时投入，则三重时分别加速不受振荡闭锁控制的Ⅱ段或Ⅲ段保护。由实验数据可看出，当重合于Ⅰ段区内故障时，保护瞬时动作，动作时间为 40 ms 左右；当重合于Ⅱ段区内故障时，保护加速动作，动作时间为 42 ms 左右；当保护重合于Ⅲ段区内故障时，Ⅲ段保护加速动作于跳闸，动作时间为 42 ms。但由实验数据还可以看到，单相接地、重合于Ⅲ段区内故障时，保护未加速动作，延时 2 s 后动作。

第10章　故障录波识图与分析

10.1　故障录波概述

随着超高压电网的不断建设和发展，电网的规模越来越大，输电网的电压等级也越来越高，其安全运行也越来越重要。在电力系统运行过程中，经常会出现各种各样的故障。当故障发生后，能及时分析出故障原因，快速恢复电力系统供电，是电网运行人员的重要职责。而分析故障的重要数据来源之一便是微机电力故障录波装置，或者叫电力系统动态记录装置。

故障录波装置启动后，可形成故障记录的数据。故障记录数据可就地自动分析、打印；也可通过故障信息联网系统，上传到上级主站。目前，故障录波厂家比较多，分析软件也各不相同，故障数据可以通过 COMTRADE 国际标准格式导出或者进行通信交换，可与任何支持该格式的数据分析软件兼容，以便在不同场合进行数据分析。同时，导出 COMTRADE 数据可以通过支持该标准的保护实验仪器进行数据回放。

微机电力故障录波装置是变电站中必须配置的二次设备之一。录波装置能够在电力系统发生故障时，记录有关的电气量和开关量，为运行人员提供可靠的分析依据。运行人员在进行故障分析时，要熟悉故障波形图的分析方法，得出科学合理的结论，以便作出正确判断，快速恢复电力系统的供电。因此，录波图分析技术是电力系统有关运行和维护人员必须要掌握的基本技能。

10.2　故障报告及故障波形

一般故障发生后，故障录波装置会提供一个故障报告和故障波形图。

10.2.1　故障报告

故障报告主要内容如图 10-1 所示。

一、故障发生时刻：　　2006年01月01日 19时43分25秒 000毫秒

二、启动量：

（1）开关量启动：　　无

（2）通道越限启动：　　001：辛聊二线A相电压突变量启动
004：辛聊二线零序电压突变量启动
005：聊长一线A相电压突变量启动
008：聊长一线零序电压突变量启动
025：辛聊二线A相电注突变量启动
028：辛聊二线零序电流上限启动/突变量启动
032：聊长一线零序电流突变量启动

（3）序分量启动：　　007：辛聊二线电流负序上限启动

（4）谐波启动：　　无

（5）联动启动：　　无

（6）异常报文启动：　　无

（7）其它启动量：　　差动1差流启动

三、故联分析：

（1）故联线路：　　辛聊二线电流

（2）故障相别：　　AN

（3）故联测距：　　12.729公里

（4）保护动作时刻：

（5）保护跳闸相别：

（6）断路器跳闸时刻：

（7）断路器跳闸相别：

（8）重合闸动作时刻：

（9）断路器重合时刻：

（10）再次故障相别：

（11）保护再次动作时刻：

（12）保护再次跳闸相别：

（13）断路器再次跳闸时刻：

（14）断路器再次跳闸相别：

（15）故障持续时间：

（16）最大故障相电流：　　4.251A（二次值），10.627kA（一次值）

（17）最低故障相电压：　　0.080V（二次值），0.401kV（一次值）

（18）录波起始时间：　　2006年01月01日 19时43分24秒 880毫秒

（19）录波结束时间：　　2006年01月01日 19时43分30秒 274毫秒

（20）重合是否成功：

四、故障前后各模拟量有效值列表（以下均为二次值）：

序号	通道名称	单位	故障前			故障后					重合闸后				
			第3周波	第2周波	第1周波	第1周波	第2周波	第3周波	第4周波	第5周波	第1周波	第2周波	第3周波	第4周波	第5周波
1	辛聊二线A相电压	V	60.546	60.541	60.480	16.668	14.188	4.444	0.176	0.080					
2	辛聊二线B相电压	V	60.539	60.556	60.587	64.213	63.493	60.484	60.198	60.342					
3	辛聊二线C相电压	V	60.543	60.535	60.555	63.769	64.058	61.013	60.191	60.288					
4	辛聊二线零序电压	V	0.189	0.191	0.184	99.017	103.265	101.429	104.081	104.119					
25	辛聊二线A相电流	A	0.027	0.026	0.025	4.087	4.251	1.704	0.001	0.000					
26	辛聊二线B相电流	A	0.030	0.030	0.030	0.136	0.143	0.029	0.030	0.028					
27	辛聊二线C相电流	A	0.027	0.029	0.029	0.081	0.081	0.031	0.030	0.029					
28	辛聊二线零序电流	A	0.003	0.003	0.003	4.294	4.449	1.695	0.026	0.024					

五、保护、安全自动装置及开关量动作情况一览表：

序号	开关量名	第1次变位	第2次变位
25	辛聊二线保护A柜A相跳闸	↓ 15.3ms 2006/01/01 19 : 43 : 25.009	↑ 65.6ms 2006/01/01 19 : 43 : 25.059
29	辛聊二线保护B柜A相跳闸	↓ 23.1ms 2006/01/01 19 : 43 : 25.017	↑ 79.0ms 2006/01/01 19 : 43 : 25.073
9	5042断路器保护柜A相跳闸	↓ 26.9ms 2006/01/01 19 : 43 : 25.020	
4	5041断路器保护柜A相跳闸	↓ 27.2ms 2006/01/01 19 : 43 : 25.021	↑ 67.5ms 2006/01/01 19 : 43 : 25.061
1	5041断路器保护柜A相跳闸	↓ 27.5ms 2006/01/01 19 : 43 : 25.021	
12	5042断路器保护柜A相跳闸	↓ 27.5ms 2006/01/01 19 : 43 : 25.021	↑ 67.2ms 2006/01/01 19 : 43 : 25.061
7	5041断路器保护柜重合闸动作	↓ 800.9ms 2006/01/01 19 : 43 : 25.794	↑ 918.8ms 2006/01/01 19 : 43 : 25.912
15	5042断路器保护柜重合闸动作	↓ 1100.8ms 2006/01/01 19 : 43 : 26.094	↑ 1220.0ms 2006/01/01 19 : 43 : 26.214

图 10-1　故障分析报告

由图10-1可知，故障报告一般包括以下内容：

1. 故障发生时间。

2. 启动量：开关量启动、通道越限启动、序分量启动、谐波启动等。

3. 故障分析：显示故障线路、故障相别、故障测距等故障信息。说明如下：

(1)故障线路：显示故障线路名。

(2)故障相别：显示故障相别。

(3)故障测距：显示故障线路的测距结果。

(4)保护动作时刻：线路对应保护的动作时刻(相对时间和绝对时间)。

(5)保护跳闸相别：线路对应保护的跳闸相别。

(6)断路器跳闸时刻：对应断路器的跳闸时间。

(7)断路器跳闸相别：对应断路器的跳闸相别。

(8)重合闸动作时刻：故障切除后重合闸信号的动作时刻，根据线路对应的重合闸信号判断。

(9)断路器重合时刻：对应开关的重合时刻。

(10)再次故障相别：如果重合到永久性故障上，显示重合后的故障相别；如果重合到暂时性故障上，该项不显示。

(11)保护再次动作时刻：如果重合到永久性故障上，显示重合后的保护再次动作时刻；如果重合到暂时性故障上，该项不显示。

(12)保护再次跳闸相别：如果重合到永久性故障上，显示重合后的保护再次跳闸的相别；如果重合到暂时性故障上，该项不显示。

(13)断路器再次跳闸时刻：如果重合到永久性故障上，显示保护再次动作后断路器的跳闸时刻，根据波形判断；如果重合到暂时性故障上，该项不显示。

(14)断路器再次跳闸相别：如果重合到永久性故障上，显示保护再次动作后断路器的跳闸相别，根据波形判断；如果重合到暂时性故障上，该项不显示。

(15)故障持续时间：在重合成功的情况下，为故障开始到重合时刻的时间；在重合不成功的情况下，为故障开始到重合后再次故障切除的时间。

(16)最大故障相电流：故障后故障线路流过的最大电流，显示一次值和二次值。

(17)最低故障相电压：故障后对应母线的最低电压，显示一次值和二次值。

(18)录波起始时间：本次录波开始的时刻。

(19)录波结束时间：本次录波结束的时刻。

(20)重合是否成功：重合后恢复到原来的运行状态，则显示“是”；重合后被保护再次切除，则显示“否”。

4. 故障前后各模拟量有效值列表：故障前3周波、故障后5周波、重合闸后5周波。

5. 发生变位的所有开关量通道的变位时刻一览表，显示初始值、每次变位后的状态值、相对时间和绝对时间。

10.2.2　波形图

波形图一般是经过选择的关心的通道打印出的报告图，它显示的是故障前、故障时刻及故障后的电压、电流等模拟量通道和开关量通道的变化情况。

由于录波装置生产厂家较多，故配套的分析软件版本也较多，且各有千秋。下面就典型的故障录波分析软件进行简单介绍。

10.3　故障录波分析软件的功能

故障数据的分析工具既有各生产厂家提供的装置内或者离线的分析软件，也有故障信息联网以后主站上的分析软件。软件一般以图形化界面设计，可运行于 Windows 或 Linux 操作系统平台；可同时显示和分析稳态波形和录波波形，实现录波数据与稳态数据的统一分析。分析软件可计算、显示各个电压、电流通道瞬时值、有效值、有功功率、无功功率、序分量、差流、谐波、阻抗等值；具有编辑、漫游功能，提供波形的显示、叠加、组合、比较、剪辑、添加标注等分析工具，可选择性打印或打印预览；具有谐波分析、序分量分析、矢量分析、阻抗图分析并显示阻抗变化轨迹等功能；故障分析输出结果详细清楚；对暂态数据和稳态数据有方便的数据再检索功能，用户可离线对录波数据进行重新检索；对于动作过程可进行时序分析，并可提供绝对时刻（卫星同步时间）、相对故障开始零时刻的相对时间及任意两个关注时刻的时间差等。

10.3.1　谐波分析

如图 10-2 所示，谐波分析界面与模拟量分析界面基本相同。这里仅说明不同的功能。

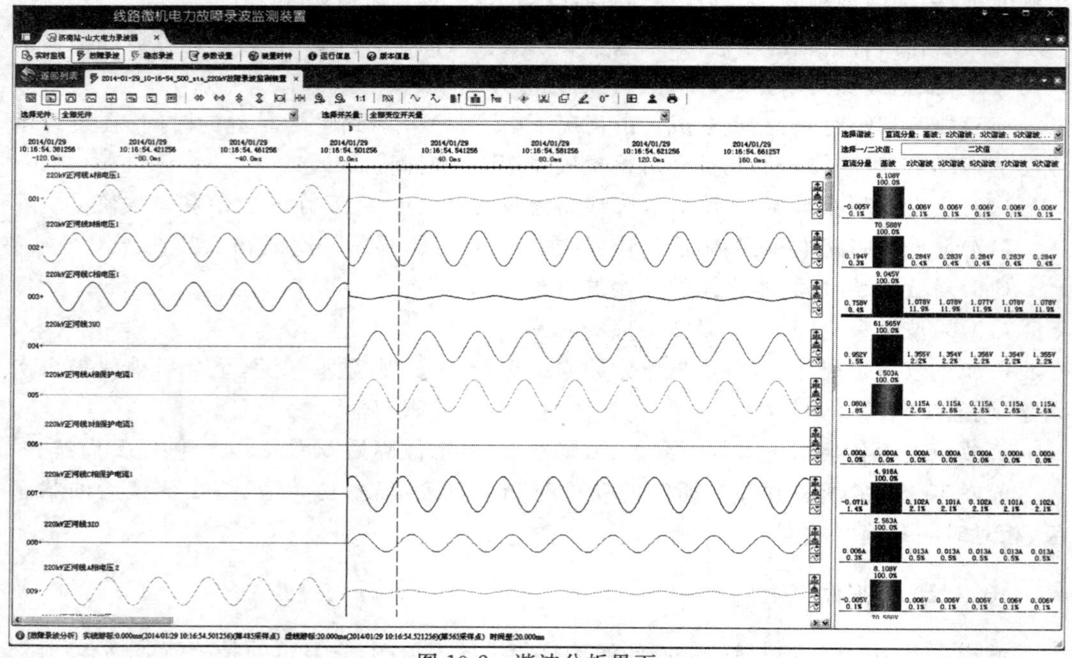

图 10-2　谐波分析界面

界面右侧显示的是各次谐波柱形图以及谐波有效值和谐波含有率。谐波含有率为谐波有效值与基波有效值之比的百分数。

谐波值是取实线游标处数据窗经傅氏计算获得的。

界面右侧上方的“选择谐波”可选择关心的谐波，“选择一/二次值”可分别显示谐波的一次系统值和二次系统值。

10.3.2　矢量分析

相量图提供对电压、电流相量的分析功能，其分析界面如图10-3所示。各项功能说明如下：

1. 选择分析对象

可选择需要进行相量图分析的通道。

2. 显示波形不同位置的相量

相量图对应实线游标处的相量值，移动实线游标可显示波形不同位置处的相量图，相量是取实线游标所在位置的数据窗数据进行计算获得的。

3. 相量图

在四象限平面上显示各个通道的相量，电压相量用蓝色绘制，电流相量用红色绘制。

4. 参考相量

可选择某个通道作为参考相量，相位为0°。其他相量的相位取与参考相量的相位差。

5. 相量列表

界面下方显示相量值的列表，包括通道名称、相量实部、相量虚部和以相量形式（有效值+相位）表示的值。每个通道的前面是选择框，双击选择框可显示或不显示该通道的相量图。

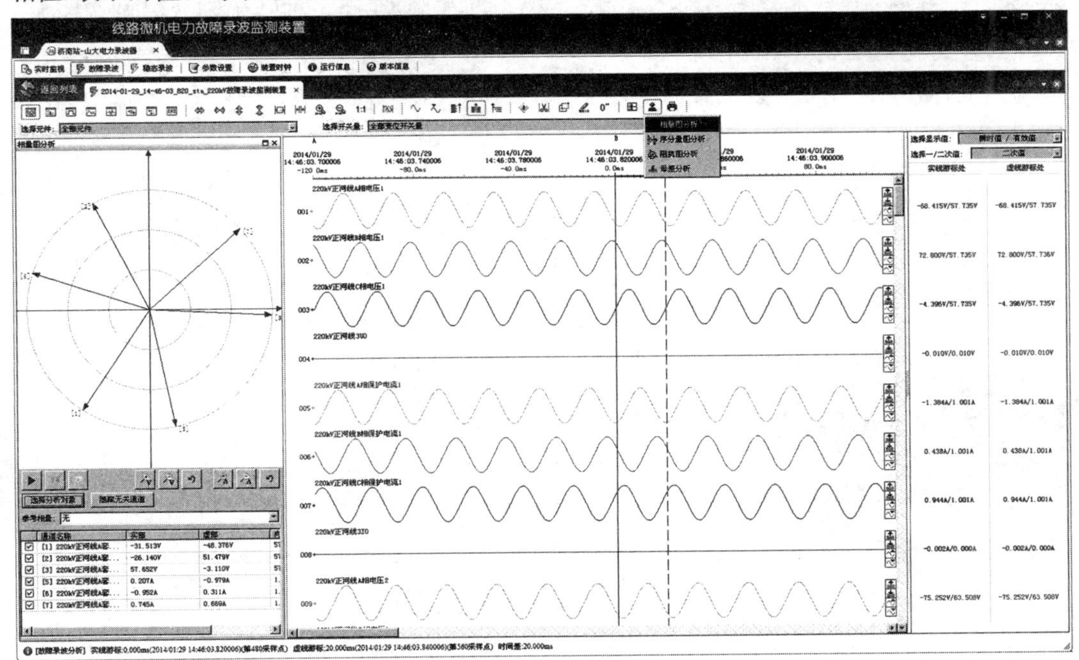

图10-3　相量图分析界面

10.3.3　序分量分析

序分量图提供对三相电压和三相电流的序分量分析功能，其分析界面如图 10-4 所示。各项功能说明如下：

1. 选择分析对象

选择需要进行序分量分析的通道。

2. 显示波形不同位置的序分量

序分量图对应实线游标处的序分量值，移动实线游标可显示波形不同位置处的序分量图，序分量是取实线游标所在位置的数据窗数据进行计算获得的。

3. 序分量图

在四象限平面上显示三相电压的序分量 U_1（正序）、U_2（负序）和 U_0（零序）。三相电流的序分量 I_1（正序）、I_2（负序）、I_0（零序）。电压序分量用蓝色绘制，电流序分量用红色绘制。

4. 参考相量

可选择 U_1、U_2、U_0、I_1、I_2、I_0 中的一个作为参考相量，相位为 0°。其他序分量的相位取与参考相量的相位差。

5. 序分量列表

界面下方显示序分量值的列表，包括序分量实部、序分量虚部和以向量形式（有效值＋相位）表示的值。每个序分量的前面是选择框，双击选择框可显示或不显示该序分量的相量图。

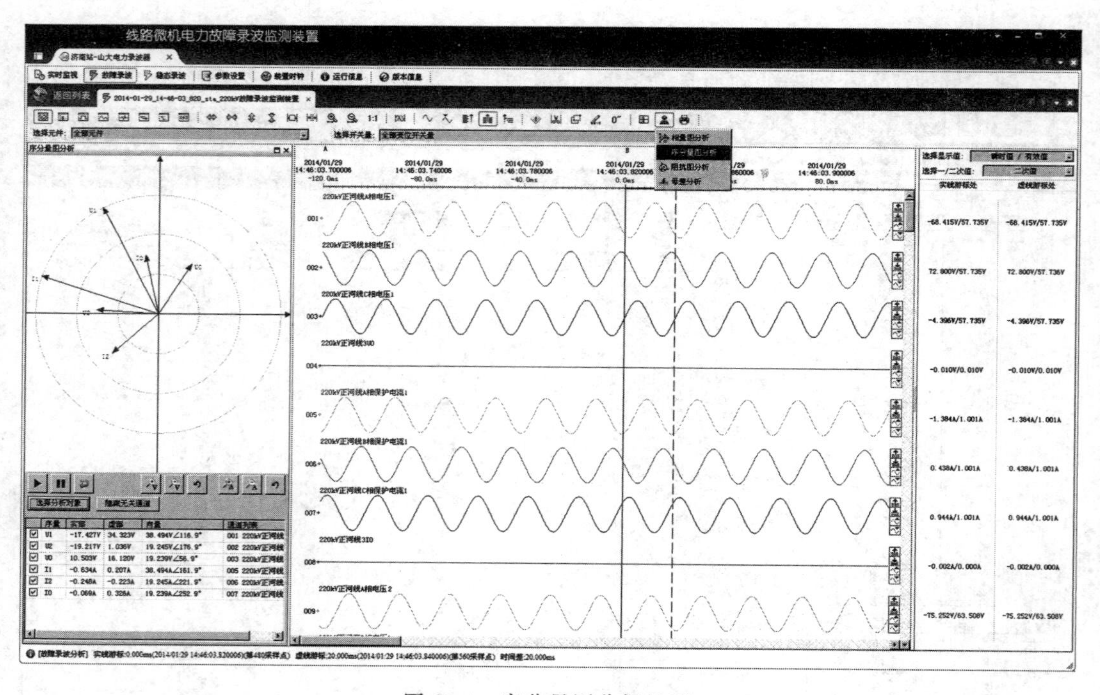

图 10-4　序分量图分析界面

10.3.4　阻抗图分析

阻抗图提供对线路等元件的阻抗分析功能，其分析界面如图 10-5 所示。各项功能说明如下：

1. 选择阻抗计算方法

(1)线路接地阻抗：分析线路单相接地故障时的阻抗。

(2)线路相间阻抗：分析线路相间短路、相间接地短路、三相短路的阻抗。

(3)元件单相阻抗：分析元件的相阻抗。

选择阻抗计算方法后，在图上选择线路及对应的三相电压和三相电流通道，输入线路阻抗值。

2. 显示波形不同位置的阻抗

阻抗图对应实线游标处的阻抗值，移动实线游标可显示波形不同位置处的阻抗图，阻抗是取实线游标所在位置的数据窗数据进行计算获得的。

3. 阻抗图

在四象限平面上显示三相阻抗图。

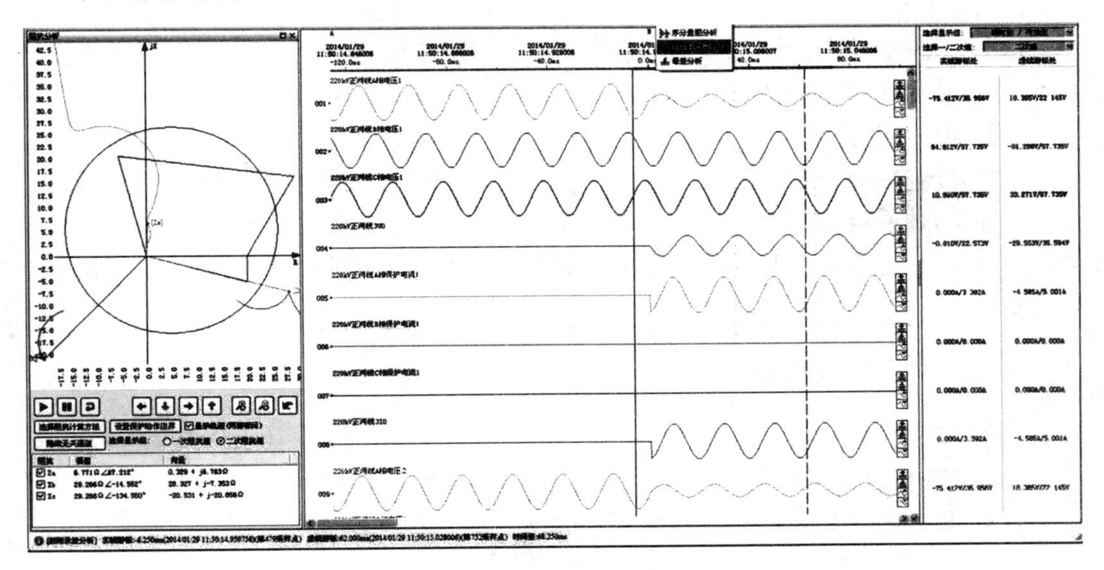

图 10-5　阻抗图分析界面

10.3.5　时间读取

通过移动后台软件的两个(虚、实)游标，可以读取相应位置的相对时间、绝对时间、时间差。可用于测量保护动作时间、开关动作时间等。

10.4　基本故障波形分析

掌握了前面的基本分析工具,了解了录波分析软件的基本功能,可以方便地进行故障波形的分析。通过录波波形分析,可以获得如下相关信息:电气量变化情况、开关量动作时序,以及对保护的动作行为是否作出了正确判断。

10.4.1　分析波形图的基本顺序

1.故障时间、类型

面对故障波形图,首先要找出故障开始时刻,通过所学的知识和现场经验大致判断系统发生的故障类型、故障的持续时间。

2.开关动作行为

分析保护动作过程是否正常、开关跳合闸过程是否正确。

3.故障前相位关系

以某一相电压或电流的过零点为相位基准,查看故障前电流、电压的相位关系是否正确,是否为正相序,负荷角为多少度。

4.故障后相位关系

以故障相电压或电流的过零点为相位基准,确定故障态各相电流、电压的相位关系。这里要注意,选取相位基准时,应躲开故障初始及故障结束部分。因为这两个区间:一是非周期分量较大;二是电压、电流夹角由负荷角转换为线路阻抗角跳跃较大,容易造成错误分析。

10.4.2　基本波形分析

1.单相接地故障

分析单相接地短路故障波形图(见图10-6)的要点如下:

(1)一相电流增大,一相电压降低;出现零序电流、零序电压。

(2)电流增大、电压降低为同一相别。

(3)零序电流相位与故障相电流相同,零序电压相位与故障相电压反向。

(4)故障相电压超前故障相电流约80°;零序电流超前零序电压约110°。

对于分析波形图,第(4)条是非常重要的。对于单相故障,故障相电压超前故障相电流约80°;对于多相故障,则是故障相间电压超前故障相间电流约80°。80°左右的概念实际上就是短路阻抗角,也即线路阻抗($Z=R+jX$)角。

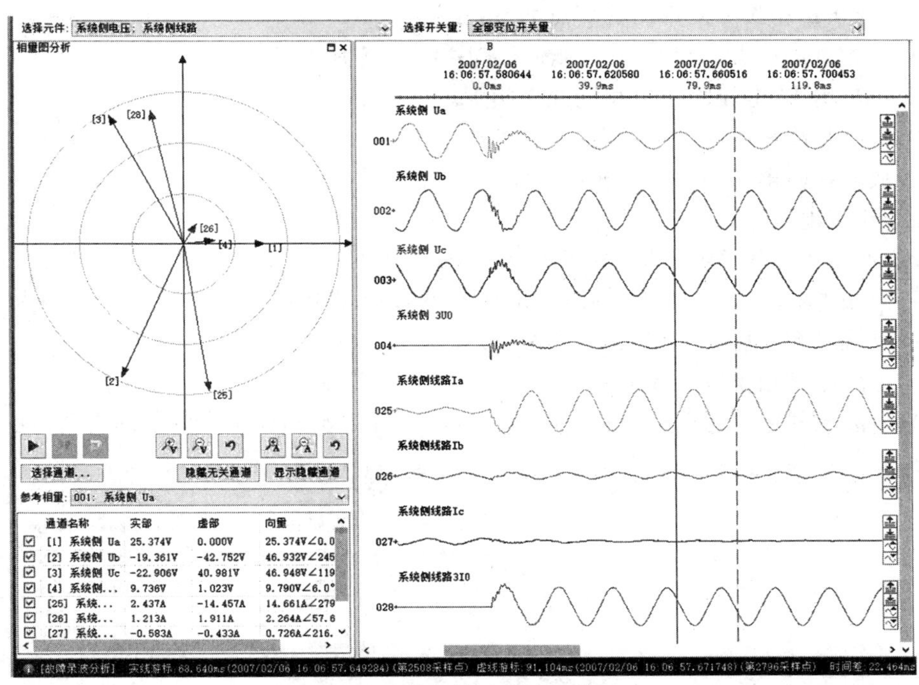

图 10-6　单相接地故障波形图

2. 两相短路故障

两相短路故障波形图如图 10-7 所示。

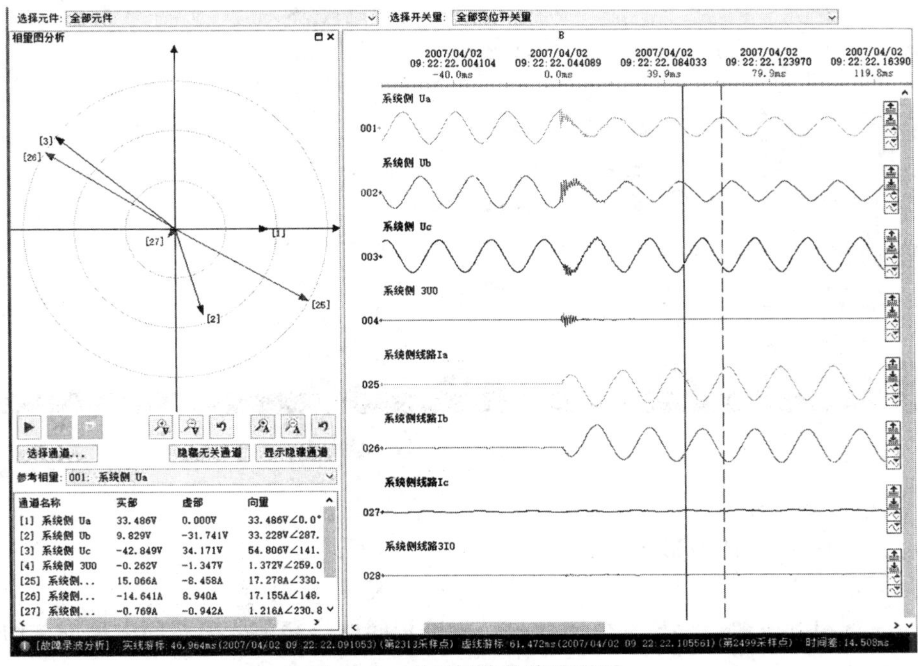

图 10-7　两相短路故障波形图

分析两相短路故障波形图的要点如下：

(1)两相电流增大，两相电压降低；无零序电流、零序电压。

(2)电流增大、电压降低为相同两个相别。

(3)两个故障相电流基本反向。

(4)故障相间电压超前故障相间电流约 80°。

3. 两相接地故障

分析两相接地故障波形图(见图 10-8)的要点如下：

(1)两相电流增大，两相电压降低；出现零序电流、零序电压。

(2)电流增大、电压降低为相同两个相别。

(3)零序电流相量位于故障两相电流间。

(4)故障相间电压超前故障相间电流约 80°；零序电流超前零序电压约 110°。

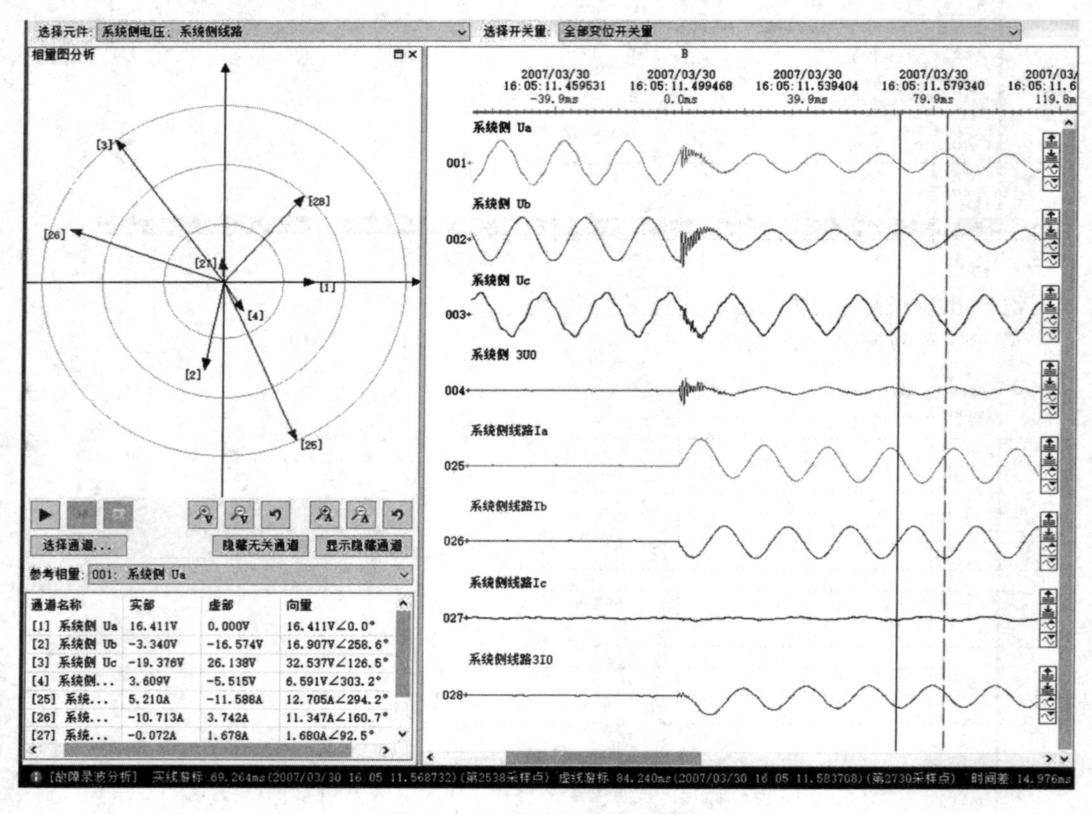

图 10-8　两相接地故障波形图

4. 三相短路故障

分析三相短路故障波形图(见图 10-9)的要点如下：

(1)三相电流增大，三相电压降低；没有零序电流、零序电压。

(2)故障相电压超前故障相电流约 80°；故障相间电压超前故障相间电流同样约 80°。

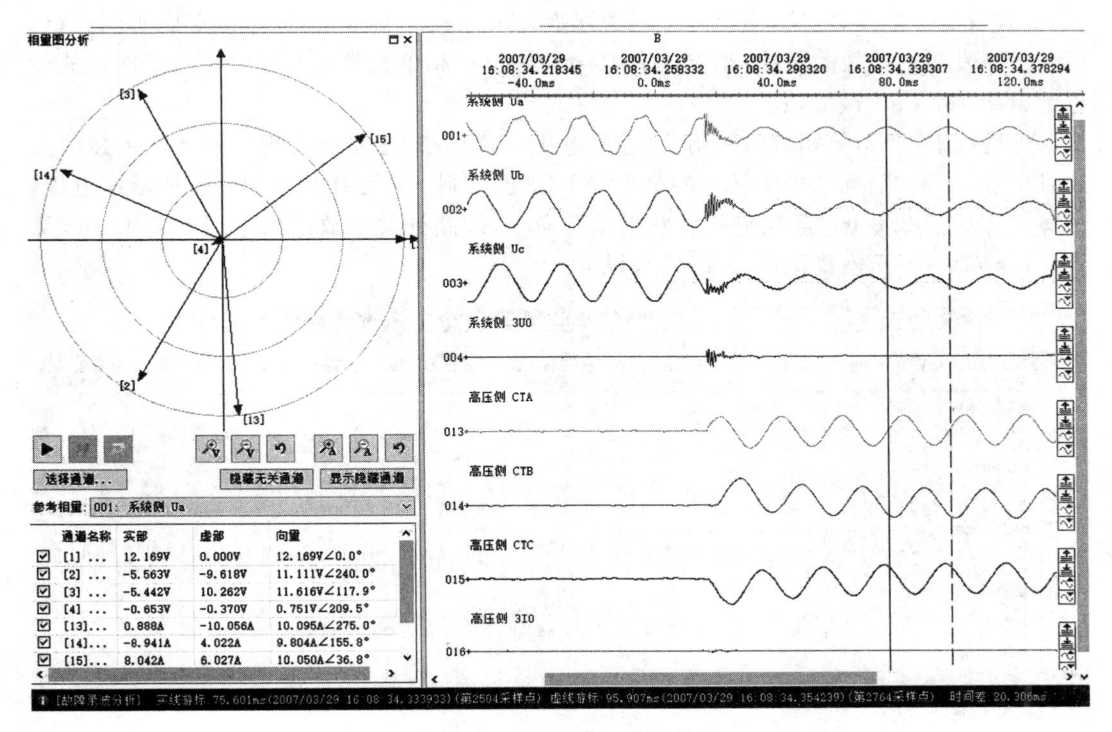

图 10-9　三相短路故障波形图

10.5　现场故障录波图实例分析

要分析现场故障，既要结合所学理论知识，同时也要考虑现场实际的运行方式以及主接线情况。这样才能正确根据录波图进行判断，确定故障的顺序以及保护动作的过程，实现故障的正确分析。当然，也要依靠有关分析软件实现时间顺序、电气量数值等分析。以输电线路故障为例，分析故障主要考虑如下几方面：

(1)故障发生时间：初次故障的开始时刻。在波形图上，一般相对时刻为零时刻，还有绝对时刻。

(2)开始故障类型：首次故障的类型，如短路相别。

(3)保护装置及重合闸动作行为：识别保护装置跳闸出口动作时间以及重合闸动作时间。

(4)故障切除情况：故障切除时间以及切除后发展情况。

下面以现场实际例子介绍故障分析基本思路。

10.5.1　瞬时故障，重合闸成功

故障波形如图 10-10 所示。根据波形图可以确定如下内容：①故障发生时刻为 2006 年 1 月 2 日 6 时 20 分 19.993433 秒；②故障类型判断：由于 A 相电压下降，A 相电流变

大，并且有零序电压、电流，因此可以判断开始故障为 A 相接地；③通过波形图时间分析，可知故障发生后最快的保护：相应保护 15 ms 发出 A 相单相跳闸命令（节点，下同），故障电流持续 46.9 ms 被切除。

值得注意的是，单相故障跳闸后，零序电压一直存在，这是因为现场是 3/2 主接线方式，PT 在开关的后面。如果接入的是母线 PT 电压，则不会存在故障切除后的零序电压。故障切除后 748.8 ms 重合闸装置发出重合命令，线路开关于故障切除后 812.48 ms 重合，重合成功，电压恢复正常，系统恢复供电。

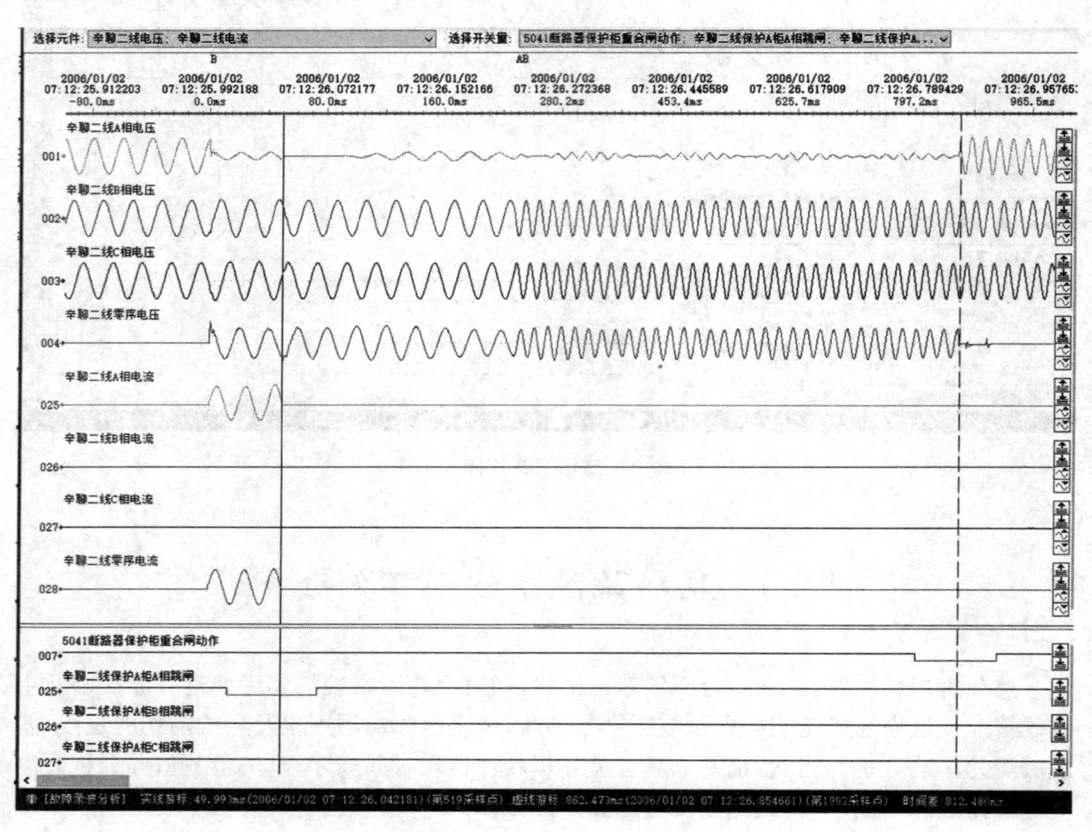

图 10-10　瞬时故障，重合闸成功波形图

10.5.2　永久故障，重合闸后加速跳闸

图 10-11 所示为现场某站实际故障。由图可知，故障开始于 0 ms 时刻，C 相接地，相应电压降低，电流变大，故障后 20 ms 保护 C 相出口。故障切除后 1067 ms，重合闸命令发出。首次故障后 1130 ms，C 相重合，C 相电压变低，电流变大。重合于故障后 15.85 ms，保护发出三相加速跳闸命令，线路开关跳三相，故障线路切除，母线电压恢复正常。

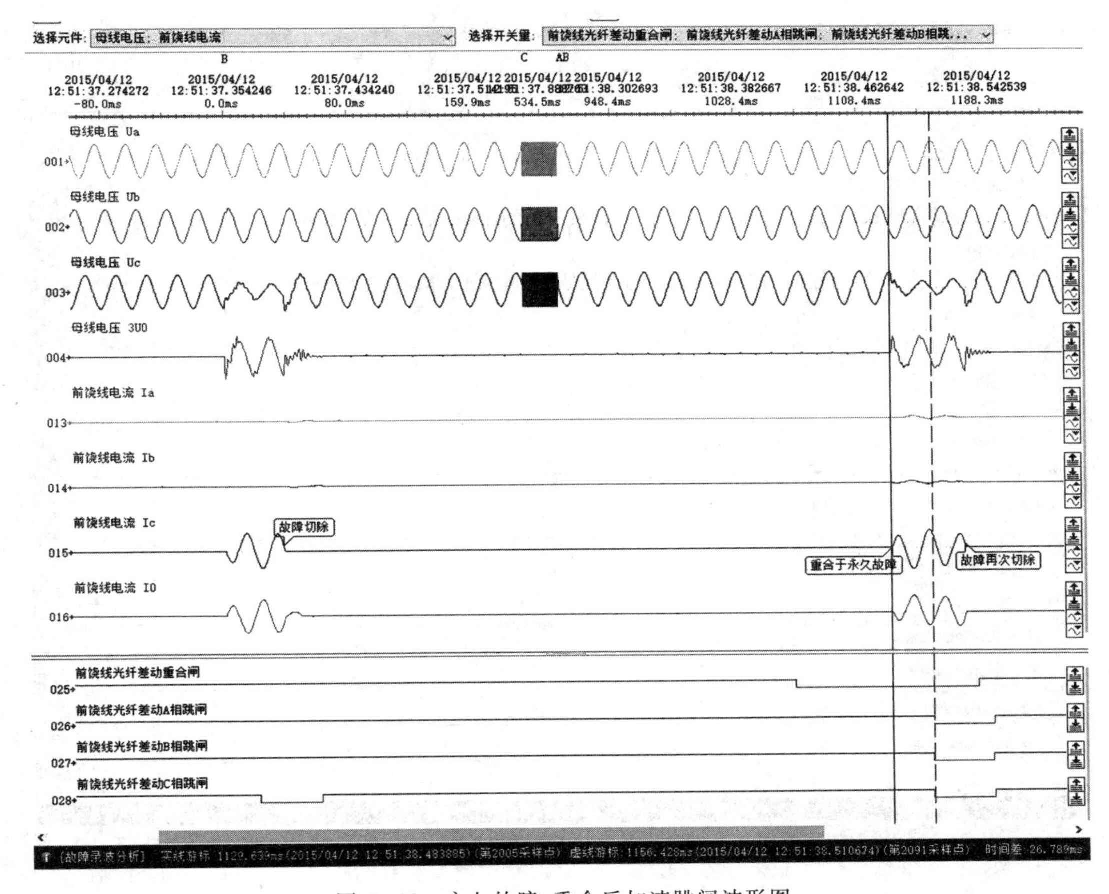

图 10-11　永久故障,重合后加速跳闸波形图

10.5.3　故障后重合成功,后加速跳闸

电力故障有很多偶然因素,因此必须综合考虑故障过程,才能判断保护动作是否正常,故障过程是否合理。典型的现场故障波形如图 10-12 所示。在本次故障过程中,从故障开始到重合成功,与图 10-10 中的例子相同,此处不再赘述。

本案例的特点是:故障重合成功后,经过 759 ms,又发生了 C 相(前次是 A 相)接地故障,保护发出了三相加速跳闸命令。

按正常理解,发生单相故障应该跳单相,而第二次故障却是跳三相。这是为什么呢?由波形图分析可知,从线路开关重合成功到第二次 C 相故障,时间为 759 ms。由于重合闸的充电准备时间为 10~15 s,在此时间内重合,保护装置认为是重合于故障,故发出三相加速跳闸命令,使得整条线路切除。动作过程是合理的,这是保护逻辑设计所致。

通过波形图还可以看到,故障切除后,线路开关跳开,线路上一直有残余电压存在,折算到一次侧有上万伏。这个电压由感应电压引起。因此,在检修线路开关时,开关刀闸断开后,检修部分要可靠接地。同学们应该具有这个安全知识。

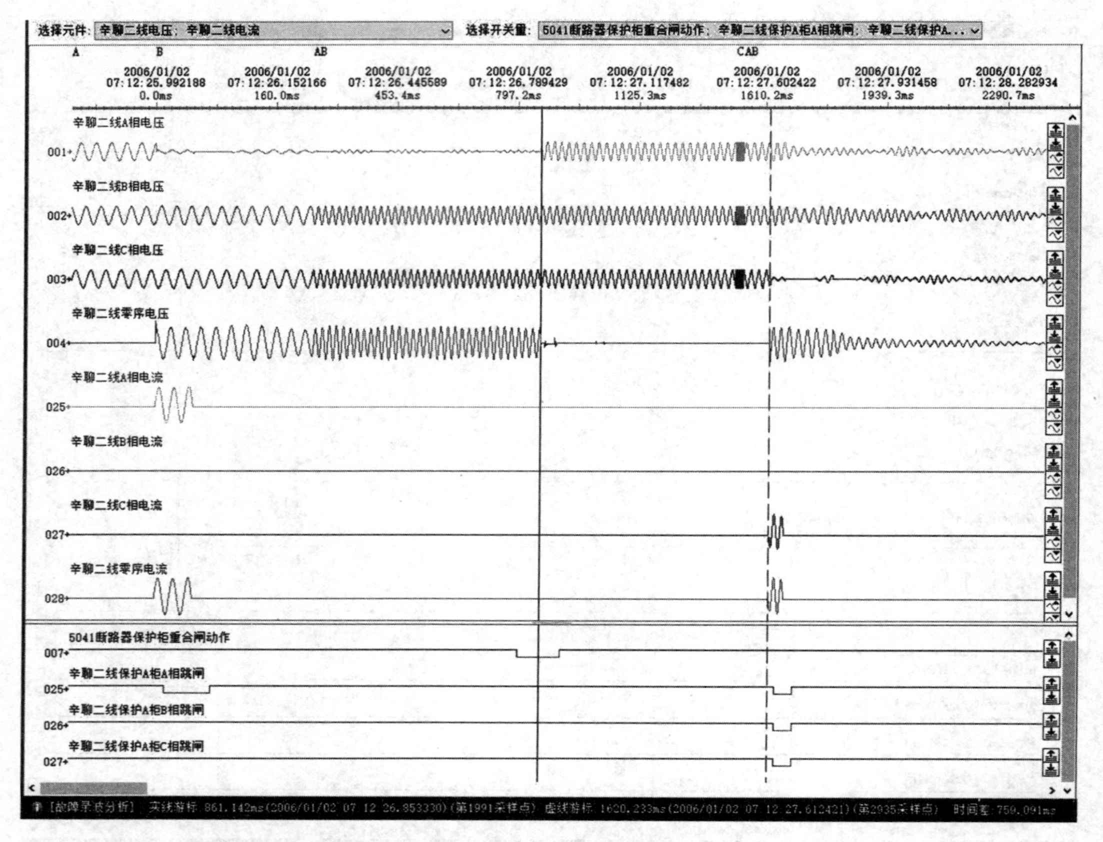

图 10-12　复杂故障过程波形图

10.5.4　励磁涌流引起跳闸

励磁涌流是由铁芯的磁饱和产生的。励磁涌流通常在接通电源 1/4 周期后开始产生，幅度最大值可能超过变压器额定电流的几倍甚至几十倍，持续时间较长，从数十个电源周期直至数十秒不等。励磁涌流的幅度与变压器的二次负荷无关，但持续时间与二次负荷有关。二次负荷越大，则涌流持续的时间越短；二次负荷越小，则涌流持续的时间越长。因此，空载的变压器涌流持续的时间最长。变压器的容量越大，涌流的幅度越大，持续的时间越长。涌流大小与开关的合闸角度有关，当在电压过零时刻投入变压器时，会产生最严重的磁饱和现象，因此励磁涌流最大；当在电压为峰值时刻投入变压器时，不会产生磁饱和现象，因此不会出现励磁涌流。

差动保护是用变压器原边和副边的电流计算差动电流的，在变压器正常运行时，励磁电流很小；当出现励磁涌流时，励磁电流的影响就不能再忽略。通常的做法是依靠各种判别条件来判别励磁涌流，可靠闭锁差动保护。其中判别方法就是利用以上特点来识别涌流，比如，采用二次谐波制动、波形对称原理。

图 10-13 所示为励磁涌流过大引起保护动作的动模试验波形。

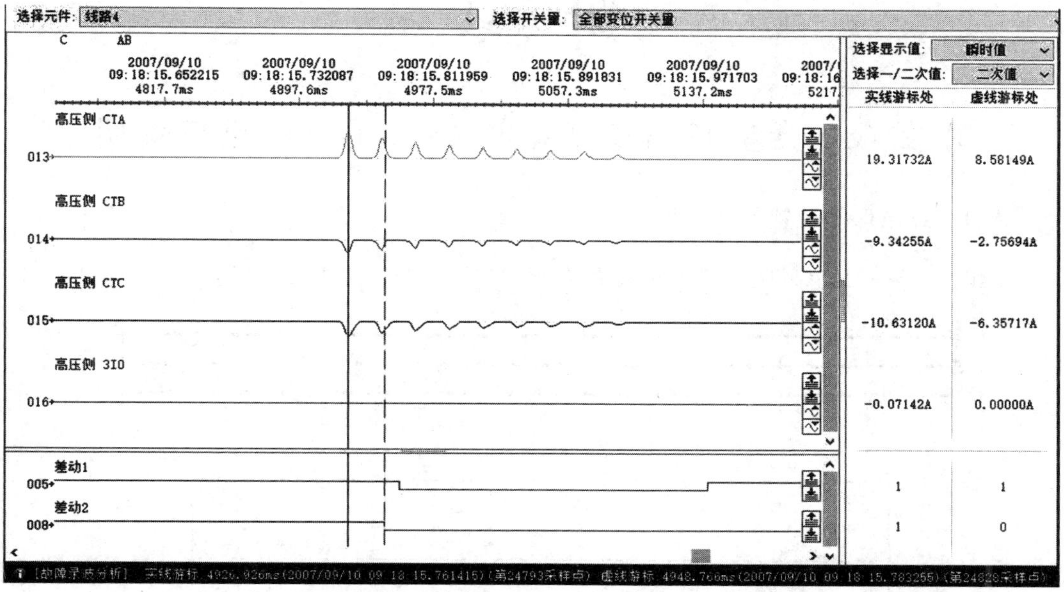

图 10-13　励磁涌流引起的保护动作波形图

思考题

1. 根据单相接地短路故障波形图，绘制 A 相接地故障相量图，并进行分析。
2. 根据两相短路故障波形图，绘制 A、B 两相短路相量图，并进行分析。
3. 根据两相接地短路故障波形图，绘制 A、B 两相接地短路相量图，并进行分析。
4. 根据三相短路故障波形图，绘制 A、B、C 三相短路相量图，并进行分析。

附 录

附录 A 典型超高压线路保护装置硬件原理说明

A.1 继电保护装置整体结构

1. 以 RCS-901 超高压线路保护装置为例，其整体结构如图 A-1 所示。

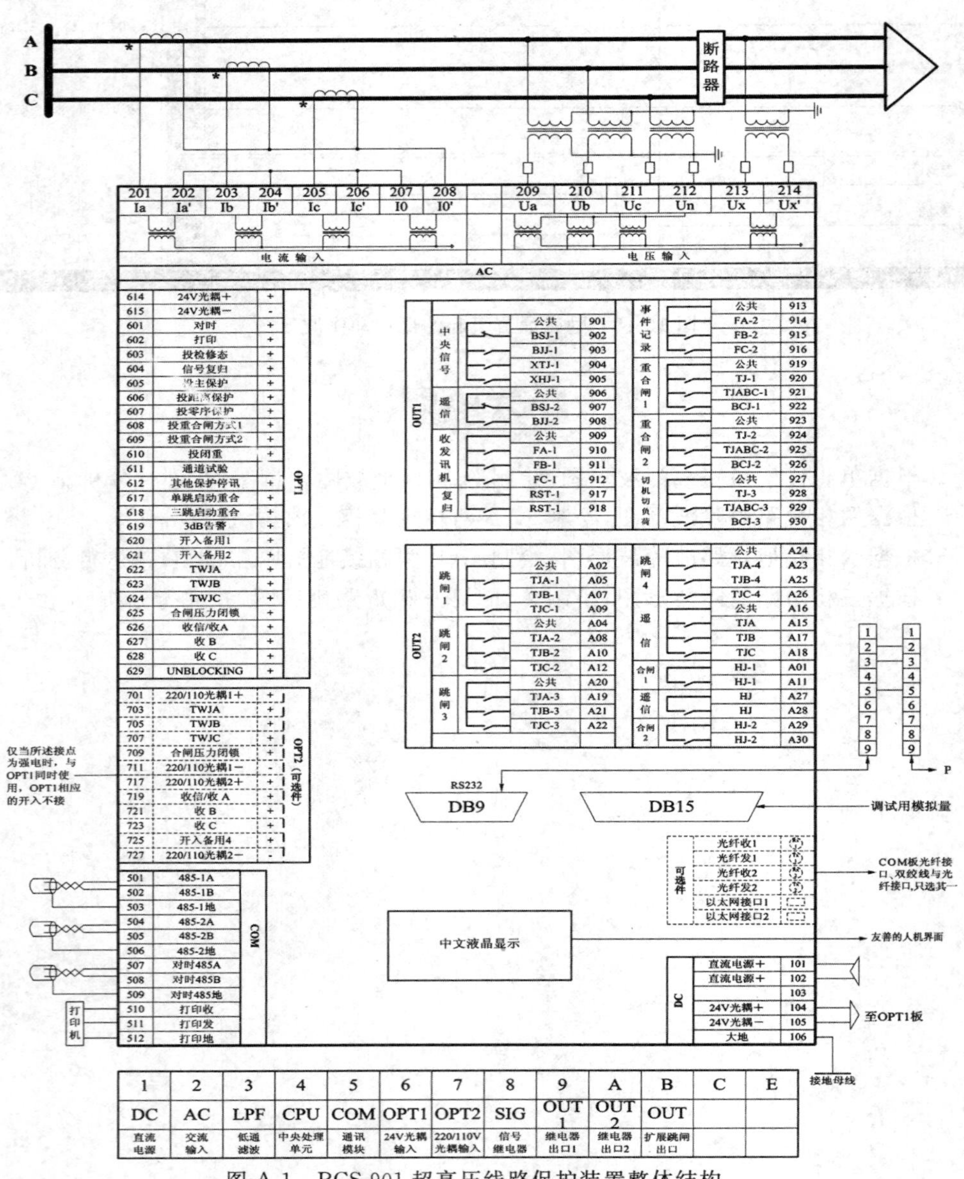

图 A-1 RCS-901 超高压线路保护装置整体结构

A.2 装置面板布置(见图 A-2)

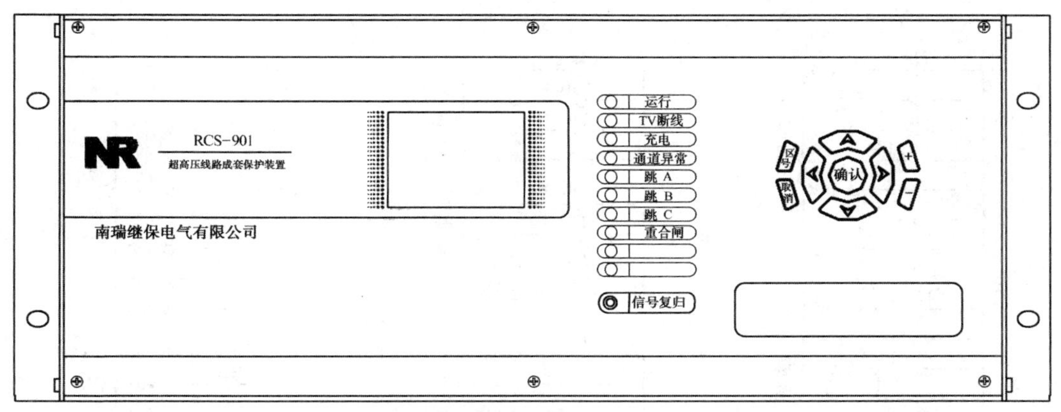

图 A-2 面板布置图(正面)

A.3 装置接线端子(见图 A-3)

1 DC	
直流电源+	101
直流电源-	102
	103
24V光耦+	104
24V光耦-	105
大地	106

2 AC				
IA	201	IA′	202	电流
IB	203	IB′	204	电流
IC	205	IC′	206	电流
I0	207	I0′	208	电流
UA	209	UB	210	电压
UC	211	UN	212	电压
Ux	213	Ux′	214	电压
215	大地			

3 LPF

4 CPU

5 COM		
485-1A	501	串口1
485-1B	502	串口1
485-1地	503	串口1
485-2A	504	串口2
485-2B	505	串口2
485-2地	506	串口2
对时485A	507	时钟同步
对时485B	508	时钟同步
对时地	509	时钟同步
打印RXA	510	打印
打印TXB	511	打印
打印地	511	打印

6 OPT1(24V)			
打印	602	对时	601
信号复归	604	投检修态	603
投距离	606	投主保护	605
重合方式1	608	投零序	607
投闭重	610	重合方式2	609
其他停讯	612	通道试验	611
24V光耦+	614		613
	616	24V光耦-	615
三跳重合	618	单跳重合	617
备用1	620	3dB告警	619
TWJA	622	备用2	621
TWJC	624	TWJB	623
收A	626	压力闭锁	625
收C	628	收B	627
	630	UNBLOCK	629

7 OPT2(220/110V)可选件			
	702	光耦1+	701
	704	TWJA	703
	706	TWJB	705
	708	TWJC	707
	710	压力闭锁	709
	712	光耦1-	711
	714		713
	716		715
	718	光耦2+	717
	720	收A	719
	722	收B	721
	724	收C	723
	726	UNBLOCK	725
	728	光耦2-	727
	730		729

8 SIG

9 OUT1				
BSJ-1	902	公共1	901	中央信号
XTJ-1	904	BJJ-1	903	中央信号
公共2	906	XHJ-1	905	遥信
BJJ-2	908	BSJ-2	907	遥信
FA-1	910	公共1	909	收发讯机
FC-1	912	FB-1	911	收发讯机
FA-2	914	公共2	913	事件记录
FC-2	916	FB-2	915	事件记录
RST-1	918	RST-1	917	复归
TJ-1	920	公共	919	启动重合闸1
BCJ-1	922	TJABC-1	921	启动重合闸1
TJ-2	924	公共	923	启动重合闸2
BCJ-2	926	TJABC-2	925	启动重合闸2
TJ-3	928	公共	927	切机切负荷
BCJ-3	930	TJABC-3	929	切机切负荷

A OUT2				
跳闸1公共	A02	合闸1公共	A01	公共
跳闸2公共	A04		A03	公共
	A06	TJA-1	A05	跳合闸
TJA-2	A08	TJB-1	A07	跳合闸
TJB-2	A10	TJC-1	A09	跳合闸
TJC-2	A12	HJ-1	A11	跳合闸
	A14		A13	
公共	A16	TJA	A15	遥信
TJC	A18	TJB	A17	遥信
公共	A20	TJA-3	A19	跳闸3
TJC-3	A22	TJB-3	A21	跳闸3
公共	A24	TJA-4	A23	跳闸4
TJC-4	A26	TJB-4	A25	跳闸4
HJ	A28	HJ	A27	遥信
HJ-2	A30	HJ-2	A29	合闸2

B
备用

C
备用

E
备用

图 A-3 RCS-901A 端子定义图(背视)

A.4 输出接点(见图 A-4)

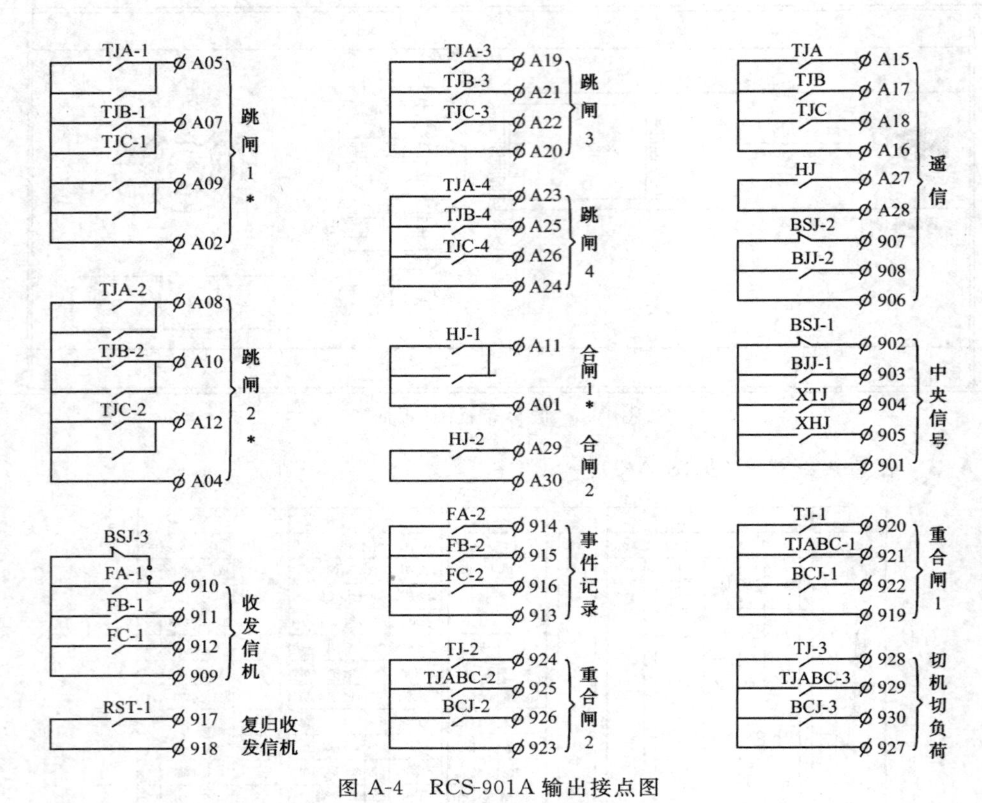

图 A-4 RCS-901A 输出接点图

A.5 各插件原理说明

组成装置的插件有电源插件(DC)、交流输入变换插件(AC)、低通滤波器(LPF)、CPU 插件(CPU)、通信插件(COM)、24 V 光耦插件(OPT1)、高压光耦插件(OPT2)、信号插件(SIG)、跳闸出口插件(OUT1、OUT2)、显示面板(LCD)。

具体硬件模块如图 A-5 所示。

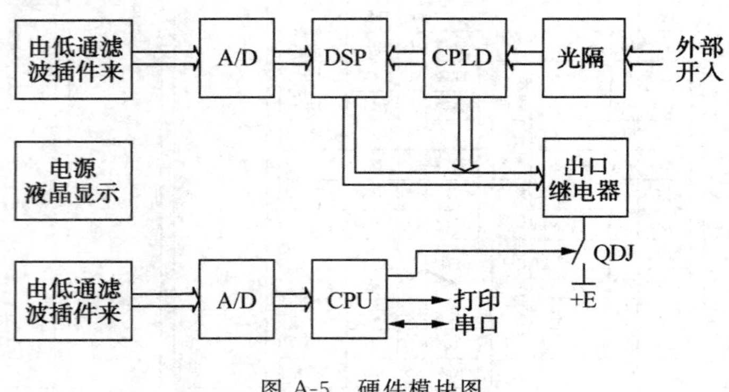

图 A-5 硬件模块图

下面仅介绍电源插件(DC)和交流输入变换插件(AC)。

1. 电源插件(DC)

从装置的背面看,第一个插件为电源插件,如图 A-6(a)所示。

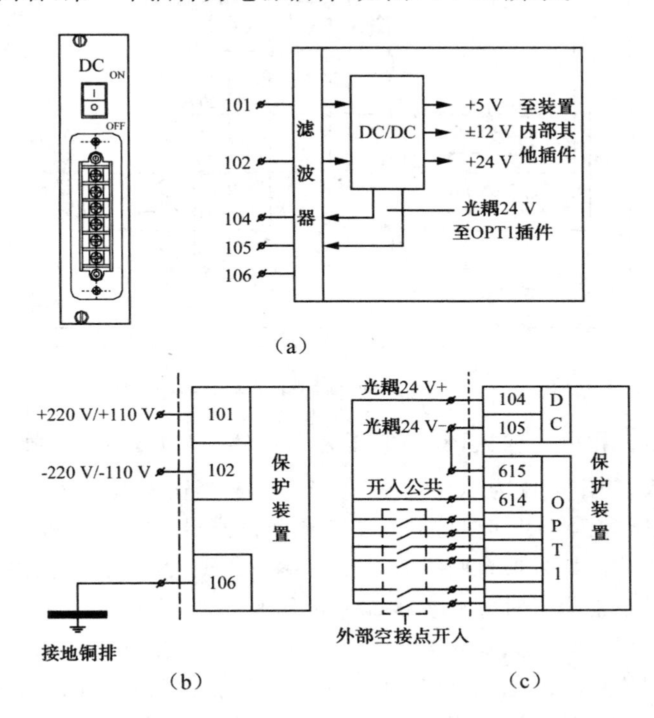

图 A-6 电源插件原理及输入接线图

保护装置的电源从 101 端子(直流电源+220 V/+110 V 端)、102 端子(直流电源−220 V/−110 V 端)经抗干扰盒、背板电源开关至内部 DC/DC 转换器,输出+5 V、±12 V、+24 V(继电器电源)给保护装置其他插件供电。另外,经 104、105 端子输出一组 24 V 光耦电源,其中 104 为光耦 24 V+,105 为光耦 24 V−。

输入电源的额定电压有 220 V 和 110 V 两种,投运时请检查所提供电源插件的额定输入电压是否与控制电源电压相同。电源输入连接如图 A-6(b)所示。

光耦电源的连接如图 A-6(c)所示。电源插件输出光耦 24 V−(105 端子),经外部连线直接接至 OPT1 插件的光耦 24 V−(615 端子);输出光耦 24 V+(104 端子)接至屏上开入公共端子。为监视开入 24 V 电源是否正常,需从开入公共端子或 104 端子经连线接至 OPT1 插件的光耦 24 V+(614 端子),其他开入的连接详见 OPT1 插件。

2. 交流输入变换插件(AC)

交流输入变换插件(AC)与系统的接线图如图 A-7 所示。

图中,Ia、Ib、Ic、I0分别为三相电流和零序电流输入。值得注意的是:虽然保护中零序方向、零序过流元件均采用自产的零序电流计算,但是零序电流启动元件仍由外部的输入零序电流计算,因此,如果零序电流不接,则所有与零序电流相关的保护均不能动作,如纵联零序方向、零序过流等。电流变换器的线性工作范围为 $30I_N$。

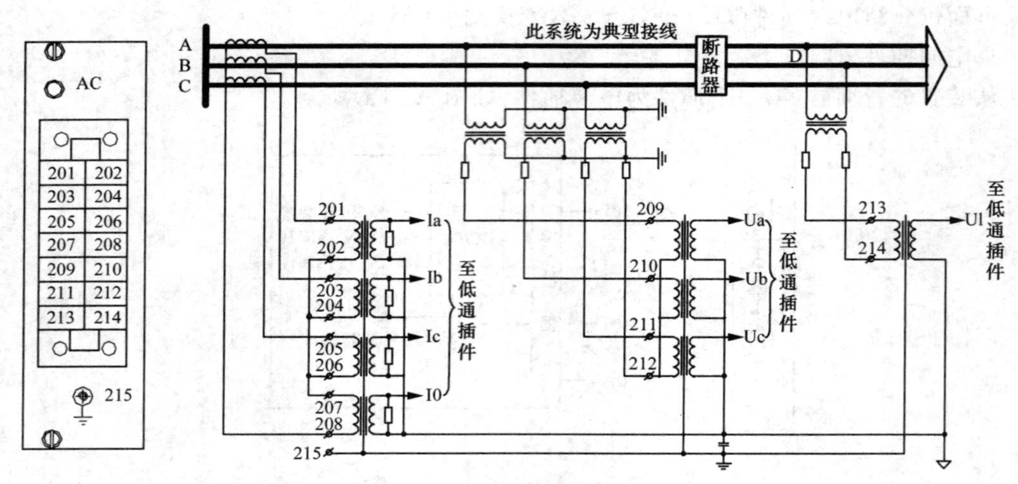

图 A-7　交流输入变换插件与系统的接线图

Ua、Ub、Uc为三相电压输入，额定电压为 100 V/$\sqrt{3}$；Ux为重合闸中检无压、检同期元件用的电压输入，额定电压为 100 V 或 100 V/$\sqrt{3}$。当输入电压小于 30 V 时，检无压条件满足；当输入电压大于 40 V 时，检同期中有压条件满足。如重合闸不投或不检重合，则该输入电压可以不接。如果重合闸投入且使用检无压或检同期方式(由定值中重合闸方式整定)，则装置在正常运行时应检查该输入电压是否大于 40 V。若小于 40 V，经 10 s 延时报线路 TV 断线告警，BJJ 继电器动作。正常运行时，测量Ux与Ua之间的相位差，作为检同期的固有相位差。因此，对Ux是哪一相或相间是没有要求的，保护能够自动适应。

215 端子为装置的接地点，应将该端子接至接地铜排。

附录 B　继电保护测试仪使用说明

B.1　测试模块说明

以 PW-30(AE)系列为例，以下就常用测试模块进行说明。

1.“手动测试”模块

(1)作为电压源和电流源能完成各种手动测试，测试仪能输出四路交流或直流电压和三路交流或直流电流。具有输出保持功能。

(2)能以任意一相或多相电压、电流的幅值、相位和频率为变量，在实验中可以随意改变其大小。也可以以阻抗值和阻抗角为变量改变输出值的大小。

(3)各相的频率可以分别设置，同时输出不同频率的电压和电流。

(4)可以根据给定的阻抗值，选择“短路计算”方式，确定电流、电压的输出值。

(5)选择接收 GPS 同步信号，实现多套测试仪的同步输出。

2.“状态序列”模块

(1)该模块可以输出四路交流电压和三路交流或直流电流。

(2)由用户定义多个实验状态，对保护装置的动作时间、返回时间以及重合闸，特别是多次重合闸进行测试。

(3)各状态可以分别设置电压、电流的幅值、相位和频率、直流值,并且在同一状态中,可以设定电压的变化(dV/dt)及范围和频率变化(df/dt)及范围。

(4)提供自动短路计算,可自动计算出各种故障情况下的短路电压、电流的幅值和相位。

(5)触发条件有多种,可以根据实验要求分别设置。

(6)有四路开入量输入接点(A、B、C、D)和四路开出量接点(1、2、3、4)。

3.“线路保护定值校验”模块

(1)根据保护整定值,通过设置整定值的倍数向测试列表中添加多个测试项目(测试点),从而对线路保护(包括距离、零序、高频、负序、自动重合闸、阻抗/时间动作特性、阻抗动作边界、电流保护)进行定值校验。

(2)线路保护装置的阻抗特性可从软件预定义的特性曲线库中直接选取调用,也可由用户通过专用的特性编辑器自行定义。

4.“距离保护(扩展)”模块

(1)通过设置阻抗扫描范围,可自动搜索阻抗保护的阻抗动作边界,绘制 $Z=f(I)$以及 $Z=f(V)$特性曲线。

(2)可扫描各种形状的阻抗特性,包括多边形、圆形、弧形及直线等动作边界。

(3)可设置序列扫描线,也可添加特定的单条扫描线。通过添加特定阻抗角下的扫描线,可找出某一具体角度下的阻抗动作边界。

5.“整组实验”模块

(1)对高频、距离、零序保护装置以及重合闸进行整组实验或定值校验。

(2)可控制故障时的合闸角,可在故障瞬间叠加按时间常数衰减的直流分量,用于测试量度继电器的暂态超越。

(3)可设置线路抽取电压的幅值、相位,校验线路保护重合闸的检同期或检无压。

(4)可模拟高频收发信机与保护的配合(通过故障时刻或跳闸时刻开出接点控制),完成无收发信机时的高频保护测试。

(5)通过 GPS 统一时刻,进行线路两端保护联调。

(6)有多种故障触发方式。

(7)可向测试计划列表中添加多个测试项目,一次完成所有测试项。

B.2　常用视窗说明

1.矢量图

显示输出状态或设定值的矢量。电压矢量有△和 Y 两种表达。

2.波形监视

实时显示测试仪输出端口输出值的波形,对输出波形进行监视。

3.历史状态

实时记录电压、电流值随时间变化的曲线及保护装置的动作情况。

4. 录波

从测试仪中读取其在实验中采样的电压、电流值及开关量的状态，实现对输出值的录波和实验分析。

5. 实验结果列表

记录实验结果，对要保存在报告里的实验数据进行筛选和评估设置。

6. 实验报告

打开实验报告。

7. 序分量

显示电压、电流的正序、负序和零序分量。

B.3 测试中的时间定义

1. 变化前延时

测试时，首先输出变量变化初值，直到变化前延时结束；然后再按步长及步长变化时间递变。在这段时间中，测试仪读取开入量状态，即被测保护装置在递变前的接点状态。

2. 触发后延时

保护动作后并且满足其触发条件或保护不动作但一个变化过程结束，变量立即停止递变直到延时结束后结束本项目的测试。

3. 间断时间

由多个项目按顺序进行测试，一个项目测试完成后，测试仪中断输出，直到间断时间结束，然后开始下一测试项目。

4. 最大故障时间

从故障开始到实验结束的时间即实验时间，包括跳闸、重合及永跳时间，一般为 5～10 s。

5. 故障前时间

进入故障状态之前输出额定电压及负荷电流的时间即故障前时间，在线路保护测试中，该时间要大于重合闸充电时间或保护装置的整组复归时间。微机保护一般取 20 s。在递变单元中，如果故障前时间的设置大于 0 s，变量在每次递变前，先进入故障前状态，输出故障前状态值直到时间结束。这种变化过程对于需要突变量启动或躲过长延时保护动作非常必要。

附录 C　实验基本要求

C.1 实验流程的要求

1. 实验的预习

学生应对本课程所有的实验进行预习，具体要求是：

(1)了解实验的基本内容和原理。

(2)根据需要拟定实验方案,其中应包括所依据的原理、实验步骤与方法。对于设计性或综合性实验,应该绘制实验流程图;对于创新性实验,应注明其创新点及特色。

(3)了解实验室的规章制度,特别是第一次做实验时,应认真听取老师讲解实验室的管理制度和操作规程及人身、设备安全注意事项。

(4)了解实验室的布局,如实验台上电源、被测装置的位置,使用仪表的种类,特别是贵重仪器使用的要求等。

经验证明:做好实验预习工作对保证实验效果、提高实验效率能够起到事半功倍的作用。因此,学生应引起充分重视,教师应进行预习的布置,提出具体要求,并在实验开始前进行检查(可抽查)。没有预习的学生不具备参加实验的资格,可酌情扣分。

2.实验的过程

(1)建立电力系统二次电路的工程概念,了解二次接线识图、读图;重视动手能力的培养,会按顺序接线(和现场一样),熟练掌握保护测试仪的使用。

(2)搞清楚测试接线顺序、测试标准,在此前提下允许少犯错误。学生们正是在发现错误、改正错误的过程中,提高了动手能力和发现问题及解决实际问题的能力。

(3)做好实验记录,包括实验数据、实验现象,以及在实验中出现的问题和解决的方法。这是培养工科学生的工作作风、严格认真的工作态度以及实验能力的一个很重要的方面。

(4)对于设计性、综合性、创新性实验,在实验操作过程中,应注意同学之间的合作。做到合理分工、相互协助。这有助于提高实验质量和效率,并培养团队合作的精神,这一点也很重要。

3.实验的收尾

(1)自己应首先进行检查,检查实验内容及记录是否完整、合理、正确,有无遗漏。

(2)然后由指导教师检查,在取得老师的认可后才能结束实验。

(3)整理实验设备,恢复实验台原样,做好清洁工作,并经签字交接后才能离开实验室。这些都是作为一个电气工程技术人员必须具备的基本素质,不要轻视,应逐步加以培养。

4.实验的报告

完成实验后,应及时整理实验记录,撰写实验报告。基本的格式和内容如下:

(1)专业:______ 班级:______ 学号:______ 姓名:______ 同组者:______

(2)实验题目和实验原理:对本实验涉及的基础理论、工作原理可进行简单的、概括性的叙述。

(3)实验内容和步骤:包括对实验过程、数据、现象、发生问题和解决方法的记录。

(4)对实验结果的分析和问题讨论,包括以下内容:

①对实验结果(数据、现象)的分析。

②允许失败,从中能找出经验教训,以利再战。这对大学生综合素质的提高是大有帮助的。创新不仅需要鼓励成功,同样要包容失败。

③回答问题时应注意结合所学的基础理论知识,将在实验中获得的感性认识进行理

论上的分析与探讨，以求上升到理性认识的高度。

④对本次实验的总体认识、体会、思考、意见和建议等。

写好实验报告，不仅是保证实验教学效果的基本要求，而且对于今后在工作中提高整理技术资料、总结工作经验、撰写科研论文的能力有很大帮助。在撰写实验报告时，应做到内容完整、书写工整、文字和作图规范。还应遵循严肃认真、实事求是的科学态度，如有引用的理论依据、计算公式或一些系数的选取等，应注明出处。如果是来自实验的结果或本人的见解，也应予以注明。

5. 实验的启示

由于电力系统继电保护实验室使用的测试仪和保护装置与变电站现场使用的设备相符，故所做实验是来自现场，还原现场。实验所做的就是实际变电站工作的一部分，可积累现场工作经验。对于本科毕业后报考本专业硕士研究生或直接到电力部门从事相关的工作，都具有实际的指导意义。同学们要注意自己角色的转换，从学校基础理论的学习到工作单位实际工作能力的过渡，应引起足够的重视。

C. 2　继电保护测试仪（PW-30 A 型，贵重仪器设备）使用注意事项

1. 禁止带电插拔数据电缆，连接数据电缆之前应先关闭计算机和测试仪主机电源。

2. 为防止测试仪运行中机身感应静电，实验之前应先通过接地端将主机可靠接地。

3. 36 V 以上电压输出时应注意安全，防止触电事故的发生。

4. 禁止外部电压和电流加在测试仪的电压、电流输出端，实验中务必防止被测保护装置上的外电压反馈到测试仪的输出端而损坏测试仪。

5. 为保证测试的准确性，应将保护装置的外回路断开，且将电压的 N 与电流的 N 在同一点共地。

6. 测试仪的直流电源（0～300 V，0.5 A）可以用作保护装置的直流电源，但不可以用作操作回路的直流电源。

7. 主机前后部及底部留有通风的散热槽，为确保装置正常工作，请勿堵塞或封闭散热风槽。

8. 软件可以在 Windows XP、Windows 7、Windows 10 等系统下运行。

主要参考文献

[1]张保会,尹项根.电力系统继电保护.第二版.北京:中国电力出版社,2009.

[2]贺家李,宋从矩.电力系统继电保护原理.第三版.北京:中国电力出版社,1994.

[3]杨奇逊.微机型继电保护基础.北京:中国电力出版社,1998.

[4]国家电力调度通信中心.电力系统继电保护实用技术问答.第二版.北京:中国电力出版社,2000.

[5]李晓明.电力系统继电保护基础.北京:中国电力出版社,2010.

[6]吴必信.电力系统继电保护.北京:中国电力出版社,2000.

[7]韩笑,赵景峰,邢素娟.微机保护测试技术.北京:中国水利水电出版社,2005.

[8]孟恒信.电力系统微机保护测试技术.北京:中国电力出版社,2009.

[9]国家电网技术学院培训教材,2015.

[10]南京南瑞继保公司.RCS-901 型超高压线路成套保护装置技术说明书,2006.

[11]北京博电公司.PW30A 继电保护测试仪说明书,2009.